稻米加工自动控制技术
Rice Processing Automatic Control Technology
蔡华锋 / 著

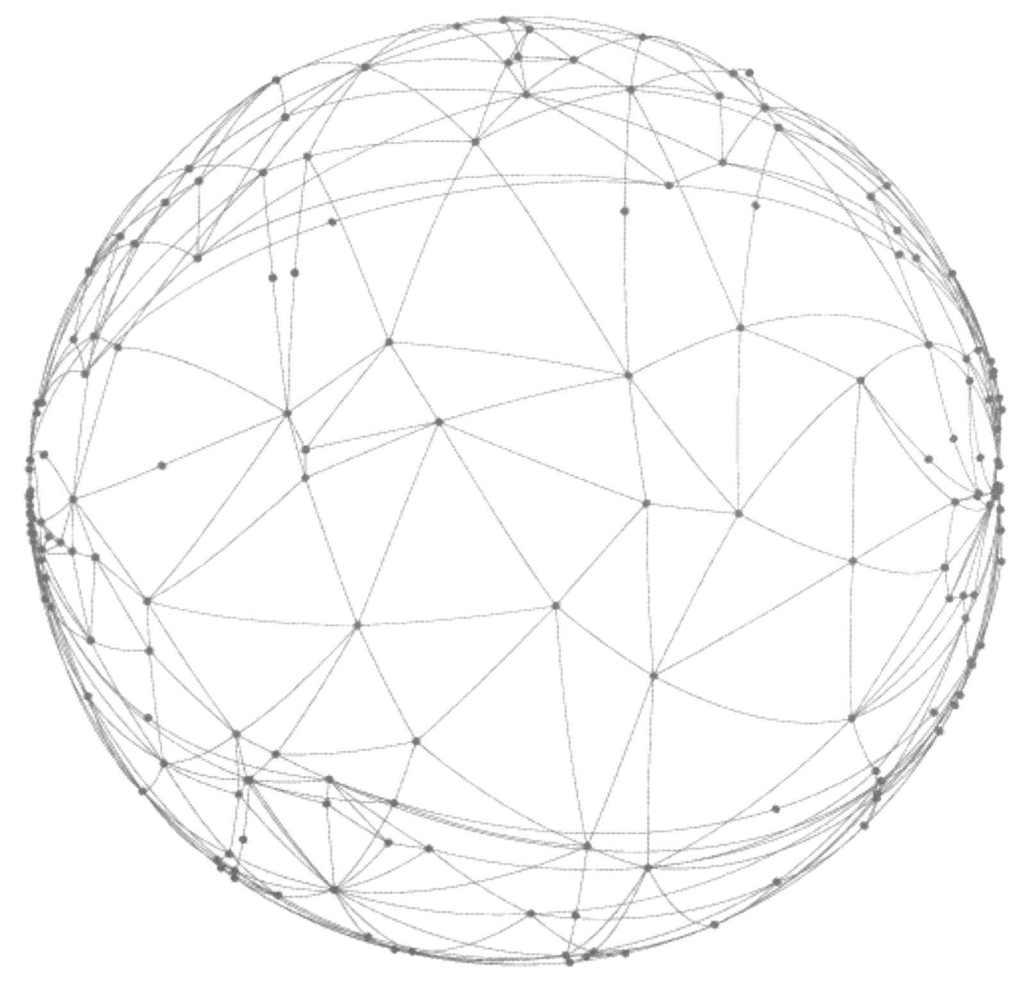

中国轻工业出版社

图书在版编目（CIP）数据

稻米加工自动控制技术/蔡华锋著．—北京：中国轻工业出版社，2019.6

ISBN 978-7-5184-2531-0

Ⅰ.①稻… Ⅱ.①蔡… Ⅲ.①稻—农业生产—农业机械化—自动控制 Ⅳ.①S233.71

中国版本图书馆CIP数据核字（2019）第126071号

责任编辑：江 娟 靳雅帅　　责任终审：劳国强　　封面设计：锋尚设计

策划编辑：江 娟　　版式设计：王超男　　责任监印：张 可

出版发行：中国轻工业出版社（北京东长安街6号，邮编：100740）

印　　刷：北京君升印刷有限公司

经　　销：各地新华书店

版　　次：2019年6月第1版第1次印刷

开　　本：720×1000　1/16　印张：13.75

字　　数：270千字

书　　号：ISBN 978-7-5184-2531-0　　定价：68.00元

邮购电话：010-65241695

发行电话：010-85119835　传真：85113293

网　　址：http://www.chlip.com.cn

Email：club@chlip.com.cn

如发现图书残缺请与我社邮购联系调换

181150K1X101ZBW

前　言

稻米加工自动控制技术是一个多学科交叉的实践技术，包含粮食加工工艺设计与分析、自动化控制技术、计算机软件技术等。系统设计的任何一个环节都不能孤立出来，必须相互贯通，才能将控制系统做到“傻瓜式”操作、智能化控制。

本书是作者在完成近40条稻米加工企业自动控制生产线设计与应用的基础上，总结出来的稻米先进的加工技术。本书从一条完整稻米加工生产线的实施入手，依次完成工艺分析、控制系统方案设计、电路设计、控制软件设计、人机界面设计、数据采集和报表生产。本书研究的技术为稻米加工智能化生产提供依据和实现实例，增加稻谷整米率，减少电能消耗，降低系统故障率，方便使用者操作，同时为成本预算提供数据支撑，为消费者提供大米加工信息溯源。

本书以一条完整的稻米加工生产线为例，完整介绍了稻米加工自动控制系统工艺要求分析、控制方案论证、控制策略设计与系统建模、电路设计、下位机控制软件实践、人机界面软件实践和加工过程数据采集与管理。第一章论述了稻谷生产的现状，分析了目前稻米加工技术现状包含加工工艺和加工控制关键技术；第二章对稻米加工控制系统进行了详细的设计，包括稻米加工工艺分析方法和实例，稻米加工自动控制系统方案的提出；第三章论述了稻米加工控制系统策略与建模，详细阐述了稻谷清理砻谷、糙米碾米系统、白米色选抛光和稻壳粉碎控制策略，并完成了它们的Petri 网建模；第四章论述稻米加工控制系统的硬件设计，分别从主电路和控制电路两大方面对清理砻谷段、碾米阶段、色选抛光段和稻壳粉碎段进行设计；第五章论述稻米加工控制系统的软件实现，根据系统的控制要求完成本系统的软件设计，通过 PLC 控制技术实现系统的自动化控制，完成了系统软件总体设计、各子单元的软件设计以及系统初始化方案、故障报警处理系统的功能设计；第六章论述稻米加工控制系统的人机界面技术，包含组态王工程建立、变量定义、人机交流界面设计、动画实现和故障功能组态；第七章论述稻米加工数据采集与管理，主要阐述了稻米加工电能数据采集、物料流量数据采集，在 VB 与组态王之间通过 DDE 协议进行数据交换，最后根据行业需要完成报表设计。

湖北工业大学廖冬初教授对本书提出了许多有益的建议，在此表示感谢。本书的出版得到湖北省教育厅项目（XD2014115）的支持。

本书是在作者所完成的多个米业公司项目成果中选择的日产 200 吨大米的稻米加工自动控制系统，同时参考了部分国内外同行的数据和成果，在此表示衷心的感谢。

由于作者写作能力和学术水平有限，书中难免有不妥之处，敬请读者给予批评指正。

蔡华锋

2019 年 3 月于武汉

目　　录

第一章 绪　论

第一节　稻谷生产现状与特点

一、稻谷生产的现状

稻谷是人类粮食的重要作物，是世界上30亿人口赖以生存的基本食物。根据稻米加工行业市场调研报告统计，2016年全球稻谷种植面积中，亚洲就占总面积的90%而排在首位，其次是非洲和美洲。其中，种植稻谷较多的国家有印度和中国，而世界稻谷产量最高的国家是中国。中国、南亚和东南亚是亚洲水稻三个主要产区，中国稻谷产量占亚洲的36%，2016年全球稻谷产量部分统计情况如表1－1所示。

表1－1　　2016年全球稻谷产量情况

排名	国家	产量/千吨	占比/%
1	中国	144850	30.08
2	印度	106500	22.12
3	印度尼西亚	37150	7.71
4	孟加拉国	34578	7.18
5	越南	27861	5.79
6	泰国	18600	3.86
7	缅甸	12400	2.58
8	菲律宾	11500	2.39
9	巴西	8160	1.69
10	日本	7780	1.62

从表1－1可以看出，世界水稻生产集中度较高，主产区集中在亚洲，产量

前10位的国家有9个分布在亚洲。其中，中国居世界首位，是世界上100多个水稻生产国中的“稻米王国”，2016年稻谷产量约为1.45亿吨，占世界稻谷年总产量的30.08%，排在第二位的是印度，产量约为1.07亿吨。

中国大米生产布局与稻谷种植分布高度相关。根据2014年统计，中国大米生产主要集中在华中、华东、东北三大地区，产量合计占国内大米总产量的近90%。上述三大地区是中国的稻谷生产集中区，因此，也成了中国大米加工企业的主要集聚区，稻谷产量分布如图1-1所示。

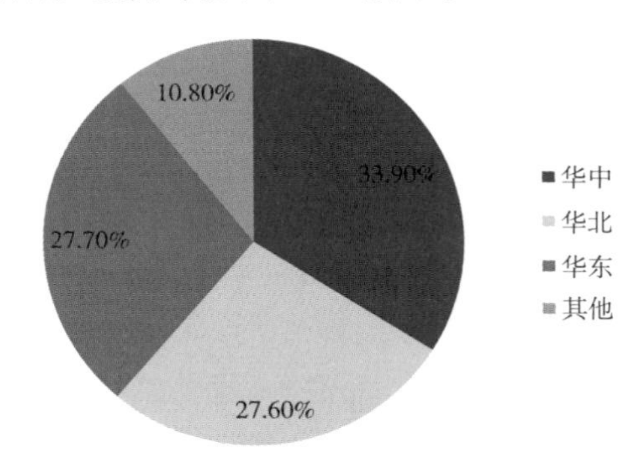

图1-1　中国各地区稻谷商品率分布图

据统计，2014年全国生产大米1.304亿吨，较2009年增加0.732亿吨，如图1-2所示。按省产量来说，大米产量最高的为湖北省，2014年大米产量2631万吨，其后依次为安徽省1725万吨，黑龙江省1504万吨，湖南省1245万吨，吉林省1041万吨，江苏省998万吨，辽宁省707万吨，江西省687万吨，河南省600万吨，四川省616万吨。其中前6省大米产量9144万吨，占国内大米产量的70%。可见，大米生产非常集中。

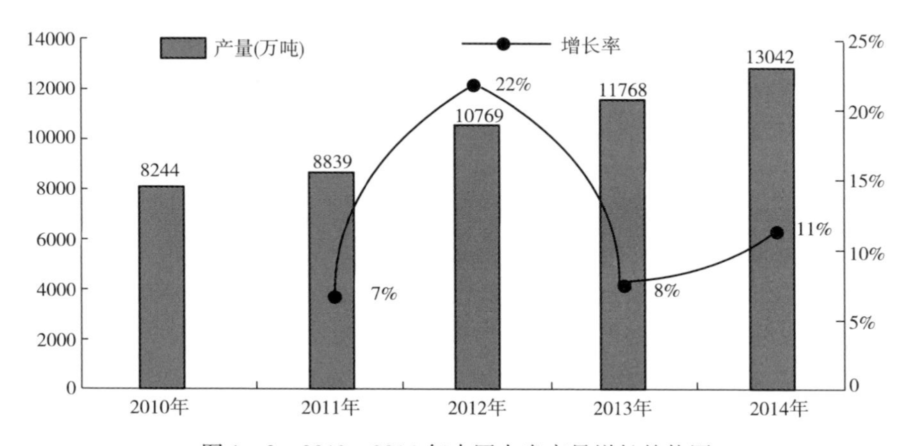

图1-2　2010—2014年中国大米产量增长趋势图

大米产量持续增长的原因，一是人口增加，对大米和以大米为原料的食品需求持续增加；二是统计体系不断健全，大米加工企业不断增多；三是加工企业规模不断扩大，符合行业统计标准的企业增多，统计的企业大米产量也不断增多；另外，大米加工量也存在重复统计的可能。

经过多年发展和竞争的洗礼，大米加工企业经历了由少到多、又由多到少的过程，龙头企业的规模不断提升。据统计，2008 年中国统计的大米加工企业 7311 个，加工能力 16074 万吨；2012 年底增加到 9349 个，产能 3.1 亿吨；2014 年下降为 8519 个，产能 2.43 亿吨。前期加工企业数量和产能快速增长的主要原因是中国粮食刚刚全面市场化，又适逢稻米市场持续上涨，加工利润较高，因而出现盲目上马，产能无序扩大。后期加工的企业数量下降的主要原因是稻米市场牛市结束，产能严重过剩，加上进口大米冲击，企业竞争激烈，亏损严重，关停增多。

另外，经过多年的发展，国内稻米加工技术和装备水平也在迅速提高，产业链将逐渐延伸，综合利用水平有所提升。

二、稻谷生产的特点

1. 稻谷产量持续增长

国内稻谷种植面积和产量持续增长。2014 年中国稻谷总产量 20642.7 万吨，较 2013 年增加 313.7 万吨，产量连续 4 年保持在 2 亿吨之上。

2. 水稻种植区域较为集中

中国水稻分为籼稻、粳稻，还有少量糯稻。其中籼稻产量占 2/3 左右，粳稻约占 1/3。主要产区分布在东北地区、长江流域、珠江流域，各品种间分布区域差异较大。

中晚籼稻产量约占国内稻谷产量的一半，主要分布于南方，即海南、广东、广西、湖南、湖北、云南、贵州、四川、重庆、福建、江西、浙江、江苏、安徽、陕西和河南。据国家粮油信息中心估计，2014 年中国中晚籼稻产量 10211 万吨。

粳稻分布地区主要有 3 个，分别为北方粳稻区，南方粳稻区和云贵高原粳稻区。其中黑、吉、辽、苏、浙、皖、云 7 省粳稻播种面积和产量约占全国粳稻的 85%。2014 年，中国粳稻产量 7020 万吨。

早籼稻产量约占稻谷产量的 1/6，主要分布在长江以南 13 个省（区），其中湖南、江西、广西、广东是全国早籼稻种植面积最大的 4 个省，产量都在 500 万吨以上，此 4 省播种面积占全国的 80%，决定着全国早籼稻播种面积的大局。2015 年全国早稻总产量 3369.1 万吨，比 2014 年下降 0.9%。

仅黑龙江、江苏、湖南、湖北、江西、四川和安徽 7 省的稻谷种植面积和产量就占了全国 60% 以上。其中，黑龙江和江苏两省的粳稻面积和产量占全国粳稻的 60% 以上。湖南、四川、湖北、江西 4 省中晚籼稻产量合计占全国的 55% 。

3. 粳稻增产势头强劲

2014 年稻谷增产主要来自于粳稻，当年国内粳稻产量较 2003 年增加 2850 万吨，增幅 68% ；而同期籼稻产量增加 1727 万吨，增幅 14% 。

形成这种局面的主要原因为受种植效益相对较好的刺激，东北特别是黑龙江的粳稻迅速发展，成为中国新的水稻主产区。而籼稻主产区在南方，受制于城镇化、工业化以及农业结构调整，种植面积难以增加，相反有下降的趋势，导致产量徘徊不前。

4. 机械化程度不断提升

随着种植技术的不断革新和劳动力成本的上升，水稻规模化种植的示范效应日益显现，国家也出台了许多政策来扶持水稻规模化种植，鼓励土地流转，发展家庭农场和合作社。水稻规模化种植是中国实现农业生产现代化的必由之路，一方面有利于推广机械化生产，提高效率，减少稻谷收获损耗，提高种植效益；另一方面有利于采取标准化生产，提高优质稻品质，并可以建立追溯体系，让老百姓吃上放心稻米。初步统计，2014 年全国水稻机插、机收、机耕面积分别达 1.6 亿亩、3.6 亿亩、4.3 亿亩，水稻耕种、收割综合机械化水平估计达到 74% ，比 2010 年提高 16 个百分点（1 亩 = 666.6m^2）。

5. 单产稳步提高

据统计，2014 年中国稻谷单产 6810.7kg/hm^2，较 2003 年增加 749.7kg/hm^2，增幅 12.4% 。单产提高的主要原因是政策支持，水利灌溉设施提升，良种良法推广，机械化水平提升等［1 公顷（hm^2） = 10^4m^2］。

随着稻谷产量增加和科技水平不断提升，中国大米加工业也取得了长足发展。2014 年全国大米加工企业约 8500 多家，生产大米 1.3 亿吨，实现销售收入 4000 多亿元。

第二节　稻米加工技术现状及发展

一、稻米加工工艺发展

稻谷的结构从外至内依次是稻壳、米糠层、胚芽和胚乳。其中稻壳的重量约占稻谷的 20% ，稻谷去壳后变为糙米，糙米经过碾压后变为白米。稻谷的稻壳没有营养价值，加工时通过砻谷工序分离成为大糠。经砻谷机脱壳后得到糙米，虽然糙米的表面平滑，但沟纹处的皮层在碾米时很难全部除去，导致加工精度变低，因此稻米加工精度常以留皮程度来衡量。

随着国内经济的发展，国内稻谷加工技术也越来越接近或超过国外的大米加工技术水平。稻谷的传统工艺越来越不能满足现在大米加工精度和生活水平的要求，新的稻米加工技术显得越来越重要，包括大米分级加工技术、碾米着水调质技术、糙米的精碾技术、白米抛光与色选技术和营养米配米技术等。

传统稻米加工工艺流程如图 1－3 所示，这种稻米加工工艺简单、投资少、见效快，但该加工工序精度偏低。碾米系统一般采用“一砂两铁”，很难把糙米表面的残留皮层去除掉，不利于精米的品质提升，大米的黄粒米和白粒米得不到有效的控制，传统工艺同时也会增加碎米量，降低米厂经济效益。

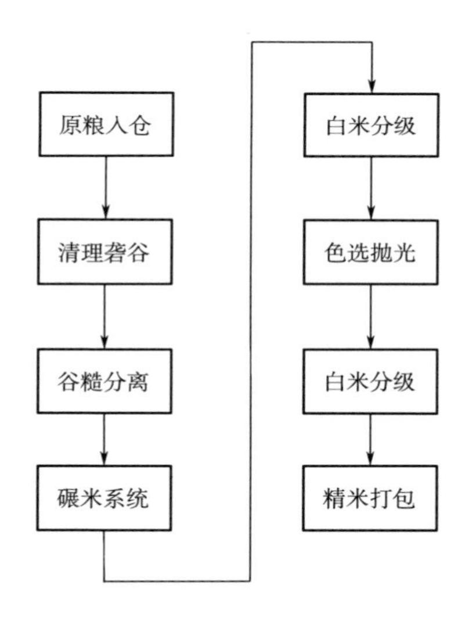

图 1－3　传统稻米加工工艺

稻米加工新的工艺中碾米系统采取“一砂三铁”，采取三级递进抛光办法，这种新工艺更易保持大米的色泽度和饱满度。稻米加工中的着水调质处理使糙米更有利于碾压，糙米经过着水调质处理后，糙米表皮的米糠和大米由于吸水速度和膨胀系数不同，在吸水后发生微小的位移有利于“碾米”操作。

二、稻米加工控制技术发展

稻米产业的必由之路是加大深加工技术的发展，当前国内稻米加工企业生存艰难，只有加大研发力度，发展稻米深加工才能摆脱加工产业面临的困境。

首先，发展稻米深加工能提升企业竞争力，提高经济效益。据发达国家稻米深加工利用经验表明，稻谷精深加工后可增值5～10倍。其次，可以节约资源。稻谷各组成部分都有特殊的营养功能，建设稻米加工全产业链是由稻谷的物性科学而定的。据测算，如果全国的稻壳用作燃料，可替代2000余万吨煤，可生产200亿千瓦时电，还能减少燃煤发电带来的30万吨二氧化硫的排放。如果全部水稻加工产生的米糠用来榨油，可产220多万吨米糠油，等于增加了1.1亿亩大豆的种植面积。最后，可以满足人们生活多样性的要求。随着人们生活水平的提高和工作节奏的加快，对大米的营养性、方便性提出了更高的要求。

未来加工企业将会合理控制加工精度，大力发展大米副产物的综合利用，提高出米率，减少大米营养损失。同时，可积极开发碎米产品，如米线、米粉、淀粉、啤酒、味精等；发展米糠制油，提取谷维素、植酸钙、肌醇等；开发米胚芽制品等。另外，稻壳粉碎制糠、制炭粒也将成为稻米深度加工的主要副产品。

国内稻米加工企业普遍存在“小、散、弱”的状况，粮源难以保证，加工产品质量难以稳定。而水稻种植更是分散在千家万户，农户在市场上难有话语权。水稻规模化种植后，为规避市场风险，种植户迫切需要建立一个机制来保障种植收益，而稻米加工企业的不断壮大，也需要保障原料供给，尤其能稳定获得优质稻谷资源。由于具有共同要求，双方将会采取订单收购—加工—销售的方式或“公司＋农户”等方式来加强合作。同时，加工企业规模扩大后，为增强竞争力，也会加强对产品营销渠道的建设和对下游大米经销商的控制。随着各方合作的不断紧密，未来龙头企业将会逐步向集育种、种植、加工、储运和销售为一体的大型企业发展，市场竞争力和抗风险能力也将得到大大加强。

规模化、集团化生产经营不仅是国家政策的调控目标，也是市场发展运行的要求。目前，中国稻米加工企业以中小型企业为主，同质化竞争激烈，企业利润空间越来越小。只有凭借规模优势，依托产加销一体化，积极做大产业链，加大品牌建设，才能不断增强市场竞争力。也只有大型企业才能凭借规模优势，建设完善的大米加工全产业链，实现更高的附加值。国家出台的《粮食加工业发展规划2011—2020年》明确提出，至2020年，在稻谷主产区和大米主销区及重要物流节点，重组和建设一批年处理稻谷20万吨以上的大型龙头企业和若干个年处理稻谷100万吨的大型企业集团，建设完善的大米加工全产业链。政策的支持将加快推进加工企业向规模化、集团化方向发展。

品牌是一个企业、一个地方的形象。品牌大米市场影响大，竞争优势较为突出。目前，政府、企业对大米品牌的建设力度不断加大。各地稻米主产区正在制定完善的县级、市级乃至省级整合方案，以打响地方品牌。大中型企业也在大力实施名牌工程，以提高经营管理水平和产品质量，增强市场竞争力。通过兼并、重组，未来5～10年，中国大米行业将出现一批一线品牌，其市场占有率将大幅上升，而小品牌的市场份额将被挤压。

三、稻米加工控制关键技术

1. 流程分段连锁控制

在稻米加工系统中，自动控制设备按照工艺要求自动运行与停止，实现流程分段连锁控制。该技术要求科学地、专业地将工艺流程进行分段，同时合理地设计每段流程中，各设备启停顺序，设备之间连锁控制，以及不同段之间设备间的互锁控制。

2. 故障预警

稻米加工过程中，常会出现异常情况，例如，碾米机、抛光机和提升机的堵料，提升机、皮带机等设备皮带断裂等，这些情况的发生将会影响生产的正常运行，一旦发生将导致全线停产，而且维修时间较长。因此，如何避免稻米加工自动化生产线中出现这些现象，通过设备故障提前预警，是稻米加工控制系统的关键技术之一。

稻米加工设备故障预警和状态监测是根据设备运行规律，在设备真正发生故障之前，能及时预报设备的异常状况，并采取相应的措施，从而最大限度地降低稻米加工设备故障所造成的损失。随着稻米加工量增加，设备装置和工程控制系统的规模和复杂性也随之增大，为保证生产过程的安全可靠，通过可靠的状态监测和及时有效的设备异常诊断就显得尤为重要。目前，稻米加工设备故障预警技术主要有基于机理模型的方法、基于知识的方法和基于数据驱动的方法。其中，基于知识的方法是以稻米加工行业相关人员的启发性经验为基础，定性或定量描述过程中各单元之间的连接关系、故障传播模式等，在设备出现异常征兆后通过推理、演绎等方式模拟过程专家在监测上的推理能力，从而自动完成设备故障预警和设备监测。而基于数据驱动的方法是通过挖掘加工过程状态数据中的内在信息建立数学模型和表达过程状态，根据模型来实施过程的有效监测。

3. 人机交流智能设计

稻米加工系统人机交流设计是关键技术之一，主要表现在两个方面，一是人机界面的艺术设计，二是人机界面操作的实现。

人机界面的美，不仅要作为艺术审美形式的美来满足人们感觉上的愉悦性，更多的是要作为人所操作的一种工具，来满足人实现某种功能时带来的愉悦性。美的造型经常以鲜明生动的形式：形态、色彩、质感等给人以舒服悦目的感受。它在产品的实用及认知功能基础上产生一种心理和精神范畴的功能。

（1）功能美　功能是能够满足人们完成一定任务、使命的能力。功能美就是指功能的形态化所体现的美，这是社会目的性与客观规律性的统一。功能美不是对机械产品赋予无缘的外加美，而是产品就其本身而言，把自身内部应该发扬的美用协调的形式展现出来。

（2）技术美　这是美的本质的典型体现，比功能美具有更广泛的内涵。工业技术的美不是从外附加给产品外表的，而是一种内涵美。软件界面的设计要体现出技术美。即使技术很先进，如果设计出来的界面形式粗制滥造，形式与语义不相匹配，也会使人觉得技术水平低下。

（3）形态美　人机界面的形态不是一个孤立的外观形式，也不是被动地去适应结构等因素的要求。它是由界面最基本的造型元素点、线、面和颜色通过编码上升为体，然后上升为空间的概念。

人机界面操作功能在稻米加工行业存在不一致的现象，不同开发者的综合能力层次不同，但应该是越“傻瓜”越好。稻米加工行业采用智能设计，将系统中各种参数在系统中自动识别环境而自适应改变，无需用户修改专业参数，采用一键启动与友好的人机交流提示信息，降低对操作者的专业素养要求。

第二章　稻米加工控制系统设计

稻米加工系统中，根据稻谷不同品种特性，加工工艺不一，但主要工艺流程基本相同，其工艺流程如图 2－1 所示。工艺流程包含原粮进仓、清理砻谷（清理、去石、砻谷、谷糙分离等）、碾米系统（着水调质、碾米、白米分级）、色选抛光（色选、抛光、白米分级等）和成品包装几个环节，每个阶段按照加工标准需要达到相应要求。

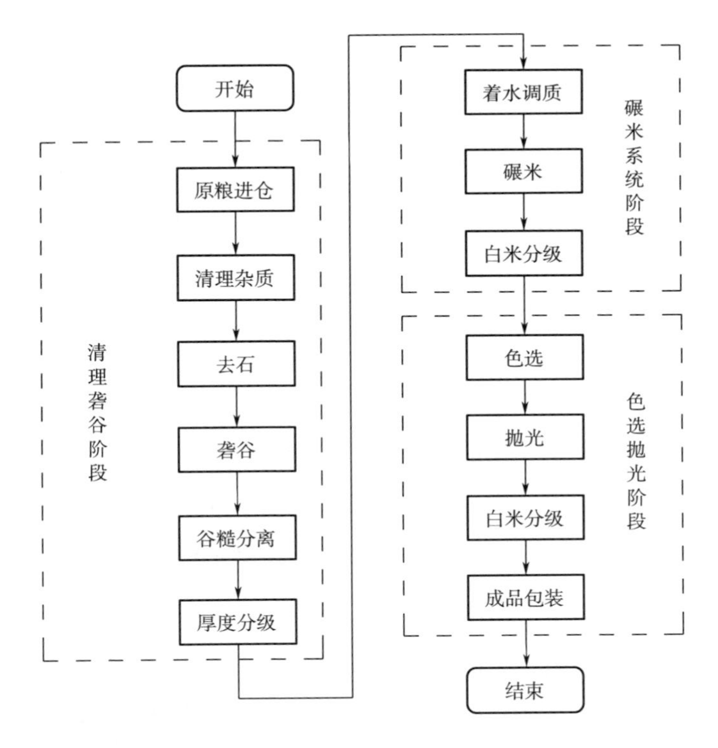

图 2－1　稻米加工工艺流程

在稻米加工自动控制系统中，为了实现稻谷原粮入仓到精米打包的加工过程设备自动运行的控制，根据设备运行特点可将稻米加工系统分为三个阶段，分别为稻谷清理砻谷阶段、糙米碾米系统阶段和白米色选抛光阶段。然而不同企业根据发展需求建有稻壳粉碎与副产品打包、营养米生产和炭棒制粒系统。这里以某米业有限公司稻米加工生产线为例，详细描述稻米加工自动化控制技术应用。

第一节　稻米加工工艺分析

一、稻谷清理砻谷流程分析

由于多方面的原因，稻谷原粮中含杂较多。在原粮检测中发现，相当多批次的稻谷含杂量达到7%左右，个别批次的稻谷含杂量高达10%。稻米加工的工艺中，按照GB 1350—2009《稻谷》中稻谷含杂总量低于1.0%的技术指标来设计。

1. 稻谷清理砻谷基本流程

稻谷清理即是根据不同杂质与谷物在物理特性上的不同并借助风力或机械运动设备将杂质和谷物进行分离。谷物经过清理后，含杂量需要达到国标要求，才能确保成品质量、安全生产和环境保护等要求。初清处理过程中，直径大于14mm的杂质基本要求除净，且大杂质中不得含谷粒，除泥砂效率在65%以上，除小杂质效率在70%以上；振动处理过程中，大杂质中含粮食不超过1%，轻杂质中含粮食不超过1粒/kg；在去石处理过程中，沙中含稻谷，每千克含稻谷不超过50粒，净谷中含并肩石不超过1粒/kg，去石效率在95%以上。

稻谷砻谷就是清理后的稻谷脱除稻谷谷壳的工序。脱除谷壳的糙米进入谷糙分离工序，将稻谷、糙米、稻壳等进行分离，糙米送往碾米机碾白，未脱壳的稻谷返回到砻谷机再次脱壳，稻壳则作为副产品加以利用。稻谷砻谷过程中，保证稻谷脱壳率应在80%~85%，保证以每厘米胶辊接触长度每小时产糙米80~100kg为宜。

谷糙分离是稻谷加工过程中的一个极为重要的环节，其工艺效果的好坏，不仅影响其后续工序的效果，而且还影响成品大米的质量、出率、产量和成本。因此，稻谷砻谷时，在确保一定脱壳率的前提下，应尽量保持糙米籽粒的完整，减少籽粒损伤，以提高大米出率和谷糙分离的工艺效果。谷糙分离效果要求回砻谷中含糙米量不应超过15%；净糙米中含稻谷粒不应超过8粒/kg；回本机流量不应超过净糙流量的50%。

根据稻谷清理砻谷工艺流程设计原则，本案例中清理砻谷工艺流程图如图2-2所示。

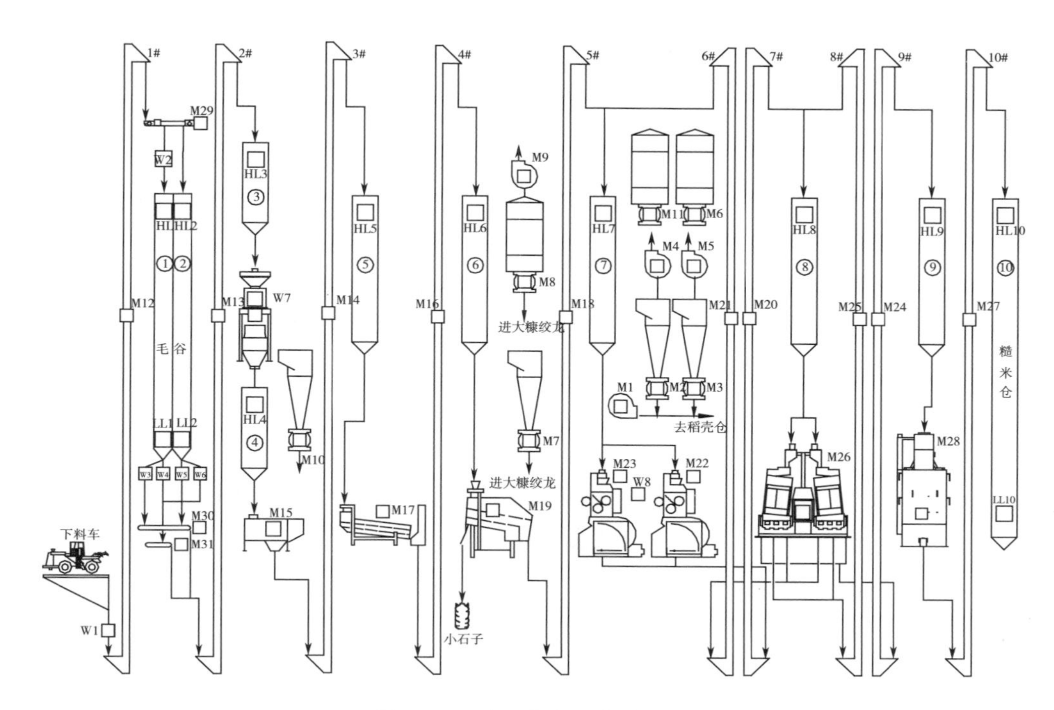

图 2－2　清理砻谷工艺流程图

清理砻谷工艺首先为了保证时流量的稳定，在清理流程的开始，设立毛谷仓，将进入生产车间的原粮先存入毛谷仓中。毛谷仓既可调节物料流量，又可储存一定量的物料。原粮经过毛谷秤实现原粮统计，统计后进入初清筛，将特大杂质清除掉，物料经过提升机提升后进入振动缓冲仓中，物料流经振动筛后，其中的大、中、小、轻杂基本已经除去，剩下的就只有最不易清除的比肩石杂质了。为了保证成品的质量和纯度，所以采用主流去石的工艺路线。待大、中、小、轻杂、比肩石杂质都清理出去以后，所得的净谷经提升后进入砻谷缓冲仓，砻谷机砻谷处理后再进入谷糙分离。此外，为了使清理砻谷工序和碾米工序之间生产协调，在清理砻谷工序之后还设立糙米仓。

砻谷段的副产品稻壳直接通过风运输送至副产品车间，根据各种需要进行加工处理，以达到副产品综合利用的目标，做到物尽其用，实现经济利益最大化。

2. 稻谷清理砻谷段设备

对于控制系统来说，熟悉工艺后需要明确控制对象、检测对象，稻谷清理砻谷段控制设备包含加工设备、传输设备、闸门等，检测对象包括料仓高料位、低料位、设备运行状态、提升机失速等，稻谷清理砻谷段设备如表 2－1 所示。

表 2-1　稻谷清理砻谷设备

序号	设备名称	设备编号	功率/kW	备注
1	吹壳风机	M1	15	
2	1#砻谷关风器	M2	0.75	
3	2#砻谷关风器	M3	0.75	
4	1#砻谷风机	M4	15	
5	2#砻谷风机	M5	15	
6	砻谷脉冲关风器	M6	1.5	
7	砻谷脉冲刮板	M6.1	1.5	与 M6 动作一致
8	去石关风器	M7	0.75	
9	去石脉冲关风器	M8	1.5	
10	去石脉冲刮板	M8.1	1.5	与 M8 动作一致
11	去石风机	M9	18.5	
12	清理关风器	M10	0.75	
13	清理脉冲关风器	M11	1.5	
14	清理脉冲刮板	M11.1	1.5	与 M11 动作一致
15	1#提升机	M12	11	
16	2#提升机	M13	3	
17	3#提升机	M14	3	
18	初清筛	M15	1.5	
19	4#提升机	M16	3	
20	振动筛	M17	1.5	
21	5#提升机	M18	3	
22	去石机	M19	0.75	
23	7#提升机	M20	3	
24	6#提升机	M21	3	
25	1#砻谷机	M22	11	
26	2#砻谷机	M23	11	
27	9#提升机	M24	3	
28	8#提升机	M25	3	
29	谷糙筛	M26	4	
30	10#提升机	M27	3	
31	厚度机	M28	2.2	

续表

序号	设备名称	设备编号	功率/kW	备注
32	稻谷仓上刮板机	M29	4	
33	1#皮带机	M30	2.2	
34	2#皮带机	M31	2.2	
35	进粮口闸门	W1	—	气动闸门，电磁阀
36	原料仓上闸门	W2	—	气动闸门，电磁阀
37	1#原料仓下闸门	W3	—	气动闸门，电磁阀
38	2#原料仓下闸门	W4	—	气动闸门，电磁阀
39	3#原料仓下闸门	W5	—	气动闸门，电磁阀
40	4#原料仓下闸门	W6	—	气动闸门，电磁阀
41	原料秤控制	W7	—	中间继电器
42	砻谷机进料驱动	W8	—	中间继电器
43	1#仓高料位器	HL1	—	阻旋料位计“NO”触点
44	2#仓高料位器	HL2	—	阻旋料位计“NO”触点
45	3#仓高料位器	HL3	—	阻旋料位计“NO”触点
46	4#仓高料位器	HL4	—	阻旋料位计“NO”触点
47	5#仓高料位器	HL5	—	阻旋料位计“NO”触点
48	6#仓高料位器	HL6	—	阻旋料位计“NO”触点
49	7#仓高料位器	HL7	—	阻旋料位计“NO”触点
50	8#仓高料位器	HL8	—	阻旋料位计“NO”触点
51	9#仓高料位器	HL9	—	阻旋料位计“NO”触点
52	10#仓高料位器	HL10	—	阻旋料位计“NO”触点
53	1#仓低料位器	LL1	—	阻旋料位计“NO”触点
54	2#仓低料位器	LL2	—	阻旋料位计“NO”触点
55	10#仓低料位器	LL10	—	阻旋料位计“NO”触点
56	合计		152	

二、糙米碾米系统流程分析

1. 糙米碾米系统基本流程

碾米工艺即是用砂轮磨削糙米外表皮，除去淡棕色层，使糙米变成白色的米粒，碾下的副产品为淡棕色的糠粉，糠粉含有油脂，可用于其他产品制造，这里将不详述。

在碾米阶段，为满足生产出的大米精度达到国标一级米要求，依据多机轻碾的工艺思想，对于粳稻用二道砂辊碾去较多的糊粉层，再采用两道铁辊进一步碾削；对于籼稻先用一道砂辊轻碾，再采用三道摩擦力较小的铁棍碾磨。

在本案例中，采用四道碾米机——一砂三铁组合，均选用喷风米机，在碾米过程中可以降低米粒温度，减少爆腰。

在碾米系统阶段会有糠粉产生，由风机、脉冲关风器、关风器和绞龙组成的吸糠系统完成加工过程中糠粉的传递，本案例中糙米碾米系统工艺流程如图 2－3 所示。

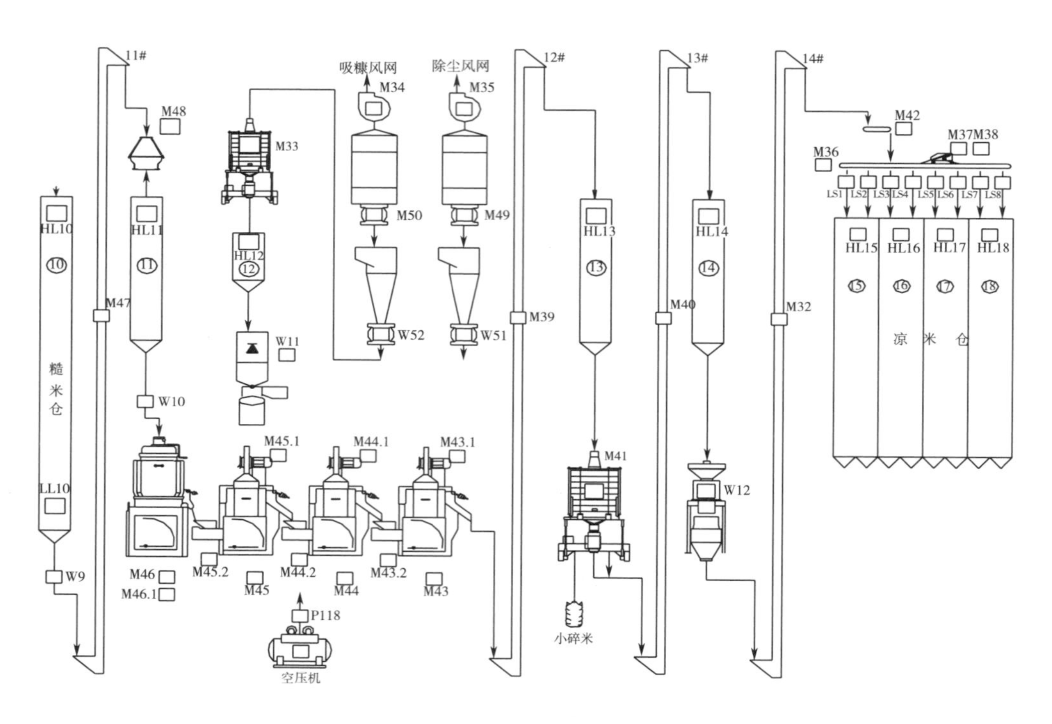

图 2－3　碾米系统工艺流程

糙米进入碾压工艺前，采用雾化着水调质润糙，可以有效提高成品米的整米率，改善白米外观及食用品质，同时也能有效降低电耗。在不改变原有碾米工艺、设备的基础上，在糙米进入 1#米机前，增加一台糙米雾化着水机，通过对糙米进行均匀雾化着水，将糙米皮层水分增加到 16.5%～17.0%，在 11#仓内存放，使得糙米的糠层吸水后膨胀软化，形成外大内小的水分梯度和外小内大的强度梯度，糠层与白米籽粒结构间产生相对位移，皮层、糊粉层组织结构强度减弱、白米籽粒强度相对增强，糙米外表面的摩擦系数增大。这样，不必用很大的挤压力和剪切力即可实现碾白，大大减少了碾米过程中的破碎和裂纹，使白米表面更光滑，整米率大幅度提高。

谷物加工流程：糙米仓→11#提升机→着水机→11#缓冲仓→1#米机处理→2#米机处理→3#米机处理→4#米机处理→12#提升机→13#缓冲仓→白米筛→13#提升机→14#缓冲仓→流量秤→14#提升机→凉米仓。

2. 糙米碾米系统段设备

对于控制系统来说，熟悉工艺后需要明确控制对象、检测对象，糙米碾米系统段控制设备有加工设备、传输设备、闸门等，检测对象包括料仓高料位、低料位、设备运行状态、提升机失速等，碾米系统段设备如表2-2所示。

表2-2　碾米系统段设备

序号	设备名称	设备编号	功率/kW	备注
1	14#提升机	M32	3	
2	糠粞筛	M33	1.5	
3	米机风机	M34	37	
4	除尘风机	M35	18.5	
5	小车皮带机	M36	4	
7	1#小车正转	M37	0.75	
8	1#小车反转	M38		
9	12#提升机	M39	2.2	
10	13#提升机	M40	2.2	
11	白米筛	M41	2.2	
12	皮带机	M42	2.2	15#~18#凉米仓上
13	4#米机	M43	55	
14	4#米机反吹	M43.1	1.5	
15	4#米机喂料	M43.2	2.2	
16	3#米机	M44	55	
17	3#米机反吹	M44.1	1.5	
18	3#米机喂料	M44.2	2.2	
19	2#米机	M45	55	
20	2#米机反吹	M45.1	1.5	
21	2#米机喂料	M45.2	2.2	
22	1#米机	M46	55	
23	11#提升机	M47	2.2	
24	喷雾着水机	M48	0.55	

续表

序号	设备名称	设备编号	功率/kW	备注
25	除尘脉冲关风器	M49	1.5	
26	除尘脉冲刮板	M49.1	1.1	
27	米机脉冲关风器	M50	1.5	
28	米机脉冲刮板	M50.1	1.1	
29	1#米机关风	M51	0.75	
30	2#米机关风	M52	0.75	
31	糙米仓下闸门	W9	—	气动闸门，电磁阀
32	米机进口闸门	W10	—	气动闸门，电磁阀
33	糠包装电源控制	W11	—	中间继电器
34	白米秤控制	W12	—	中间继电器
35	11#仓上高料位器	HL11	—	阻旋料位计“NO”触点
36	12#仓上高料位器	HL12	—	阻旋料位计“NO”触点
37	13#仓上高料位器	HL13	—	阻旋料位计“NO”触点
38	14#仓上高料位器	HL14	—	阻旋料位计“NO”触点
39	15#仓上高料位器	HL15	—	阻旋料位计“NO”触点
40	16#仓上高料位器	HL16	—	阻旋料位计“NO”触点
41	17#仓上高料位器	HL17	—	阻旋料位计“NO”触点
42	18#仓上高料位器	HL18	—	阻旋料位计“NO”触点
43	凉米仓上卸料限位1	LS1	—	无源“NO”触点
44	凉米仓上卸料限位2	LS2	—	无源“NO”触点
45	凉米仓上卸料限位3	LS3	—	无源“NO”触点
46	凉米仓上卸料限位4	LS4	—	无源“NO”触点
47	凉米仓上卸料限位5	LS5	—	无源“NO”触点
48	凉米仓上卸料限位6	LS6	—	无源“NO”触点
49	凉米仓上卸料限位7	LS7	—	无源“NO”触点
50	凉米仓上卸料限位8	LS8	—	无源“NO”触点
51	空气压力开关	P118	—	无源“NO”触点
52	合计		314	

三、白米色选抛光流程分析

对于大米色选抛光工艺而言，其需要经过色选、抛光、分级三个过程，同时也要遵循大米色选机的设计原则，辅以吸尘风网，并配备压缩空气系统，这样才能更好优化色选机的色选精度。

1. 白米色选抛光基本流程

霉变的大米会产生黄曲霉素强致癌物质，后者洗不掉、高温煮沸也无法去除。大米色选机是根据大米光学特性的差异，利用光电技术将大米中的异色颗粒自动分拣出来，从而达到提升大米品质，去除杂质的效果，保证大米安全。

糙米碾成大米后，米粒的表面还带有少量糠粉，影响大米的外观品质、储存性和米饭的口感。通过加入适量的水进行抛光，有利于彻底去除米粒表面上的米糠，还能使米粒表面淀粉胶质化，提高大米的光洁度，既改善大米外观效果，同时利于保存。

一般情况下，大米色选前应该先进行抛光，处理后的大米，含糠少、表面洁白光亮、流动性好，有利于提高色选效果。而本案例中的原粮主要是东北优质粳稻，所以经多机碾白后的白米不需要抛光直接进入色选工序。

在色选抛光阶段会有糠产生，由风机、脉冲关风器、关风器和绞龙组成的吸糠系统完成加工过程中糠的传递，本系统中白米色选抛光工艺流程如图 2－4（1）和（2）所示。

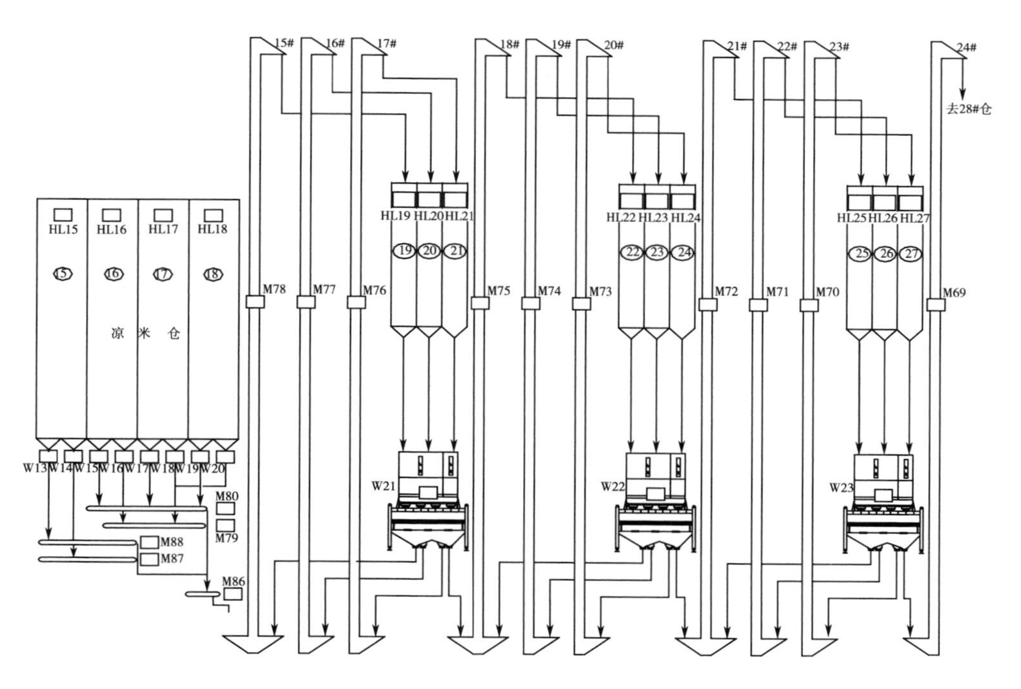

（1）

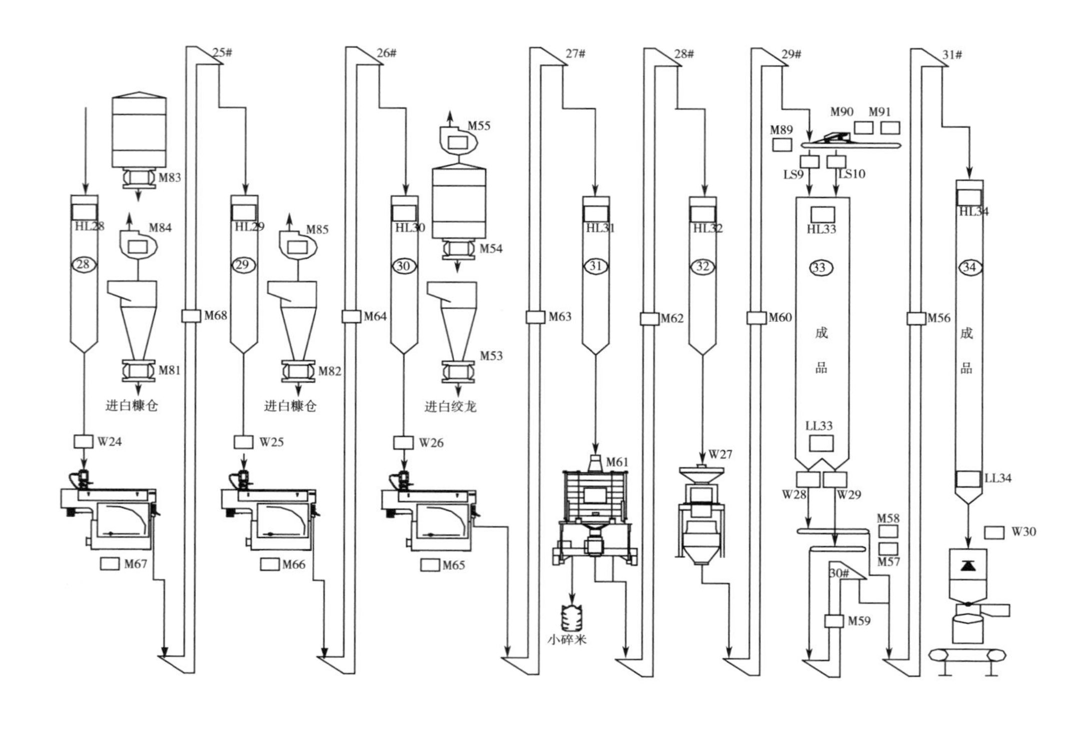

（2）

图 2-4　抛光色选工艺流程

凉米仓中的物料根据不同品种流向启动相应传输设备，进入三次色选系统进行复选，以达到对大米质量进行不同层次要求的色选效果。现在随着人们生活水平的提高，对食用大米的要求越来越高，在一次色选难以达到要求的情况下，大部分企业增加了色选机数量，以便根据需要进行三次色选。色选后的大米进入抛光工艺阶段，本案例中采用三级抛光，减少增碎，提高米的光洁度和均匀度。最后再进行最后大米分级，分离抛光过程中产生的碎米，提高成品大米的品质。

成品米存储在缓冲仓中，根据销售需要进行独立包装。此阶段存在米糠和碎米，通过风网、皮带完成物料的传输。

2. 白米色选抛光段设备

对于控制系统来说，熟悉工艺后需要明确控制对象、检测对象，白米色选抛光阶段控制设备包含加工设备、传输设备、闸门等，检测对象包括料仓高料位、低料位、设备运行状态、提升机失速等，色选抛光段设备如表 2-3 所示。

表 2 – 3　　色选抛光段设备

序号	设备名称	设备编号	功率/kW	备注
1	4#抛光关风器	M53	0. 75	
2	2#抛光脉冲关风器	M54	1. 5	
3	2#抛光脉冲刮板	M54. 1	1. 1	
4	3#抛光风机	M55	22	
5	31#提升机	M56	2. 2	
6	1#皮带机	M57	2. 2	
7	2#皮带机	M58	2. 2	
8	30#提升机	M59	2. 2	
9	29#提升机	M60	2. 2	
10	2#白米分级筛	M61	2. 2	
11	28#提升机	M62	2. 2	
12	27#提升机	M63	2. 2	
13	26#提升机	M64	2. 2	
14	1#抛光机	M65	75	
15	2#抛光机	M66	75	
16	3#抛光机	M67	75	
17	25#提升机	M68	2. 2	
18	24#提升机	M69	2. 2	
19	23#提升机	M70	2. 2	
20	22#提升机	M71	2. 2	
21	21#提升机	M72	2. 2	
22	20#提升机	M73	2. 2	
23	19#提升机	M74	2. 2	
24	18#提升机	M75	2. 2	
25	17#提升机	M76	2. 2	
26	16#提升机	M77	2. 2	
27	15#提升机	M78	2. 2	
28	3#皮带机	M79	2. 2	
29	4#皮带机	M80	2. 2	
30	1#抛光关风器	M81	2. 2	
31	2#抛光关风器	M82	2. 2	

续表

序号	设备名称	设备编号	功率/kW	备注
32	1#抛光脉冲关风器	M83	1.5	
33	1#抛光脉冲刮板	M83.1	1.1	
34	1#抛光风机	M84	22	
35	2#抛光风机	M85	22	
36	5#皮带机	M86	2.2	
37	6#皮带机	M87	2.2	
38	7#皮带机	M88	2.2	
39	小车皮带机	M89	3	
40	2#小车正转	M90	0.75	
41	2#小车反转	M91		
42	凉米15#仓下闸门1	W13	—	气动闸门，电磁阀
43	凉米15#仓下闸门2	W14	—	气动闸门，电磁阀
44	凉米16#仓下闸门1	W15	—	气动闸门，电磁阀
45	凉米16#仓下闸门2	W16	—	气动闸门，电磁阀
46	凉米17#仓下闸门1	W17	—	中间继电器
47	凉米17#仓下闸门2	W18	—	中间继电器
48	凉米18#仓下闸门1	W19	—	中间继电器
49	凉米18#仓下闸门2	W20	—	中间继电器
50	一道色选进料	W21	—	电磁阀，无源触点
51	二道色选进料	W22	—	电磁阀，无源触点
52	三道色选进料	W23	—	电磁阀，无源触点
53	一道色选进料	W24	—	电磁阀，无源触点
54	二道色选进料	W25	—	电磁阀，无源触点
55	三道色选进料	W26	—	电磁阀，无源触点
56	精米秤控制	W27	—	中间继电器
57	成品仓下闸门1	W28	—	中间继电器
58	成品仓下闸门2	W29	—	中间继电器
59	成品包装电源	W30	—	中间继电器
60	19#仓上高料位器	HL19	—	阻旋料位计“NO”触点
61	20#仓上高料位器	HL20	—	阻旋料位计“NO”触点
62	21#仓上高料位器	HL21	—	阻旋料位计“NO”触点

续表

序号	设备名称	设备编号	功率/kW	备注
63	22#仓上高料位器	HL22	—	阻旋料位计“NO”触点
64	23#仓上高料位器	HL23	—	阻旋料位计“NO”触点
65	24#仓上高料位器	HL24	—	阻旋料位计“NO”触点
66	25#仓上高料位器	HL25	—	阻旋料位计“NO”触点
67	26#仓上高料位器	HL26	—	阻旋料位计“NO”触点
68	27#仓上高料位器	HL27	—	阻旋料位计“NO”触点
69	28#仓上高料位器	HL28	—	阻旋料位计“NO”触点
70	29#仓上高料位器	HL29	—	阻旋料位计“NO”触点
71	30#仓上高料位器	HL30	—	阻旋料位计“NO”触点
72	31#仓上高料位器	HL31	—	阻旋料位计“NO”触点
73	32#仓上高料位器	HL32	—	阻旋料位计“NO”触点
74	33#仓上高料位器	HL33	—	阻旋料位计“NO”触点
75	34#仓上高料位器	HL34	—	阻旋料位计“NO”触点
76	33#仓上低料位器	LL33	—	阻旋料位计“NO”触点
77	34#仓上低料位器	LL34	—	阻旋料位计“NO”触点
78	成品仓上卸料限位1	LS9	—	无源“NO”触点
79	成品仓上卸料限位2	LS10	—	无源“NO”触点
80	合计		360	

四、稻壳粉碎流程分析

1. 稻壳粉碎基本流程

稻壳是稻米加工过程中产生的主要副产品，长期以来国内外对稻壳的综合利用进行了广泛的研究，以使稻壳得到合理利用变废为宝。稻壳富含纤维素和木质素，作为能源燃料，其可燃成分达70%以上，发热量12.5～14.6MJ/kg，约为标准煤的一半，稻壳发电有一定优越性。稻壳自然堆积密度小，约130kg/m^3，运输不便，增加运输成本。

本系统中，用户规划中将稻壳进行粉碎，制成壳糠和炭棒，充分利用副产品的附加值。根据稻壳粉碎工艺流程设计原则，本案例中稻壳粉碎与副产品打包工艺流程如图2－5所示。

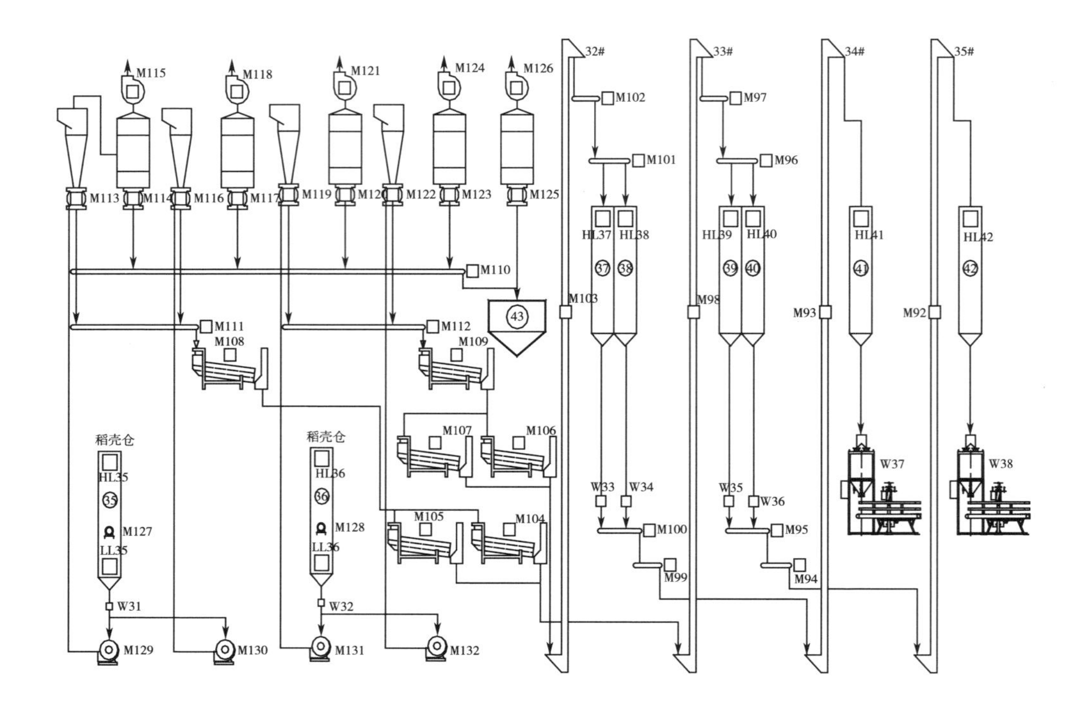

图 2－5　稻壳粉碎工艺流程

稻壳经过粉碎机后，通过风网和绞龙传输到糠筛中进行分离，细糠进行缓存、打包处理，粗糠可进一步利用，例如可加工成炭棒等。

2. 稻壳粉碎段设备

对于控制系统来说，熟悉工艺后需要明确控制对象、检测对象，稻壳粉碎段控制设备有加工设备、传输设备、闸门等，检测对象包括料仓高料位、低料位、设备运行状态、提升机失速等，稻壳粉碎段设备如表 2－4 所示。

表 2－4　　　　稻壳粉碎段设备

序号	设备名称	设备编号	功率/kW	备注
1	35#提升机	M92	3	
2	34#提升机	M93	4	
3	1#绞龙	M94	4	
4	2#绞龙	M95	2.2	
5	3#绞龙	M96	2.2	
6	4#绞龙	M97	2.2	

续表

序号	设备名称	设备编号	功率/kW	备注
7	33#提升机	M98	3	
8	5#绞龙	M99	4	
9	6#绞龙	M100	2. 2	
10	7#绞龙	M101	2. 2	
11	8#绞龙	M102	2. 2	
12	32#提升机	M103	3	
13	1#糠筛	M104	2. 2	
14	2#糠筛	M105	2. 2	
15	3#糠筛	M106	2. 2	
16	4#糠筛	M107	2. 2	
17	5#糠筛	M108	2. 2	
18	6#糠筛	M109	2. 2	
19	9#绞龙	M110	2. 2	
20	10#绞龙	M111	2. 2	
21	11#绞龙	M112	2. 2	
22	1#关风器	M113	1. 5	
23	1#脉冲关风器	M114	1. 5	
24	1#风机	M115	18. 5	
25	2#关风器	M116	1. 5	
26	2#脉冲关风器	M117	1. 5	
27	2#风机	M118	18. 5	
28	3#关风器	M119	1. 5	
29	3#脉冲关风器	M120	1. 5	
30	3#风机	M121	18. 5	
31	4#关风器	M122	1. 5	
32	4#脉冲关风器	M123	1. 5	
33	4#风机	M124	18. 5	
34	5#脉冲关风器	M125	1. 5	
35	5#风机	M126	11	
36	1#搅齿	M127	2. 2	
37	2#搅齿	M128	2. 2	

续表

序号	设备名称	设备编号	功率/kW	备注
38	1#粉碎机	M129	75	
39	2#粉碎机	M130	75	
40	3#粉碎机	M131	75	
41	4#粉碎机	M132	75	
42	1#原料仓下闸门	W31	—	气动闸门，电磁阀
43	2#原料仓下闸门	W32	—	气动闸门，电磁阀
44	3#原料仓下闸门	W33	—	气动闸门，电磁阀
45	4#原料仓下闸门	W34	—	气动闸门，电磁阀
46	5#原料仓下闸门	W35	—	气动闸门，电磁阀
47	6#原料仓下闸门	W36	—	气动闸门，电磁阀
48	糠秤 1 电源控制	W37	—	中间继电器
49	糠秤 2 电源控制	W38	—	中间继电器
50	35#仓上低料位器	LL35	—	阻旋料位计“NO”触点
51	36#仓上低料位器	LL36	—	阻旋料位计“NO”触点
52	35#仓上高料位器	HL35	—	阻旋料位计“NO”触点
53	36#仓上高料位器	HL36	—	阻旋料位计“NO”触点
54	37#仓上高料位器	HL37	—	阻旋料位计“NO”触点
55	38#仓上高料位器	HL38	—	阻旋料位计“NO”触点
56	39#仓上高料位器	HL39	—	阻旋料位计“NO”触点
57	40#仓上高料位器	HL40	—	阻旋料位计“NO”触点
58	41#仓上高料位器	HL41	—	阻旋料位计“NO”触点
59	42#仓上高料位器	HL42	—	阻旋料位计“NO”触点
60	合计		457	

第二节　稻米加工控制系统方案

稻米加工工艺流程每个企业要求各有不同，但控制系统基本需求相近。系统由监控操作站、控制网络、驱动器件（接触器、电磁阀等）及各种检测装置组成，主要完成工艺流程操作所要求的流程顺序启动、顺序停止、故障停机、流程切换及单台设备的操作功能；失速报警、满与空料位报警；工艺流程生产自动监控、在线通信数据的采集与分析等。

一、系统控制需求分析

1. 稻米加工控制主要功能

（1）流程控制操作，按照加工工艺顺序控制每个工段设备启动与停止，操作人员只需一键启停，流程控制过程中无需人为干预。

（2）单台设备控制操作，稻米加工生产线每台设备能单独进行启停控制，与其他设备不相关联，根据操作员的需求决定。

（3）自动收集设备状态数据并指示设备运行和设备故障状态。

（4）流程联锁和逻辑控制。

（5）料位、失速、故障的声光报警，上一级设备关联停机。

（6）自动与手动的转换，异地操作。

选用可编程逻辑控制器（PLC）作为控制系统的核心控制器，负责现场设备的输入/输出信号的处理，接收来自上位监控计算机的操作指令，检测现场设备的信号并送到监控计算机上予以显示，对执行器发出驱动指令。同时，PLC 的逻辑程序用以实现流程操作、单机操作、上下游设备联锁控制等功能，充分满足工艺要求。

2. 稻米加工监控需要分析

控制系统以设于中控室的监控计算机为控制中心，对系统的工艺设备进行控制，完成生产工艺流程中作业的设备控制、系统操作、流程画面及图形显示、监控等工作。控制系统通过监控计算机实时地、动态地显示工艺流程的作业情况，主要显示以下内容。

（1）系统工艺全貌显示；

（2）提升机、米机、色选机等设备的运行状态和故障显示；

（3）流程运行状态显示；

（4）辅助设备（如风机、除尘器等）的状态显示（如运行和故障）；

（5）闸门的状态显示（开到位、故障等）；

（6）单台设备操作的窗口显示；

（7）流程操作的窗口显示。

操作人员可根据上述的各类显示画面，按照工艺操作的需要选择流程，并经流程确认后，按逆料流方向顺序启动流程设备，完成流程启动。当流程运行完成后，操作人员可以停止流程，流程中的设备按顺流的方向顺序停止流程设备。

根据系统接收和显示的故障信息，指示故障所在流程、区域、故障设备名称、故障时间和故障原因，并由声光报警信号输出。

在显示画面中，能通过鼠标和下拉菜单操作选择需要的某个菜单画面、系统概貌图画面，如某个流程的具体画面、菜单画面、流程图画面、控制分组画面、报警画面、系统状态画面、画面中能够显示图形、符号、文本等多种组合，所有监控画面显示和打印输出的文字为中文。

在设计控制系统流程画面时，除在功能和内容上满足技术规格书的要求外，对画面的整体布局、视觉效果、配色等诸多方面均将给予充分的考虑。

3. 系统操作方式分析

控制系统分中控室自动操作方式、中控室集中手动操作方式和现场本地手动操作方式。通过控制室监控计算机上的选择开关和现场就地操作箱内的选择开关，选择不同的操作方式。在各种操作方式设备运行中，所有设备的状态信号都能在监控计算机画面上显示。

（1）中控室集中手动操作方式　当中控室选择开关处于集中手动位置和现场就地操作箱选择开关处于远控位置时，中控室可完成集中手动操作方式，操作人员通过鼠标启动设备，启动时不要求下游设备必须运行；每台设备能单独进行停车控制，与其他设备不相关联，根据操作员的需求决定。该操作方式主要用于设备的调试。

（2）现场本地手动操作方式　当现场就地操作箱选择开关处于本地位置时，中控室不能对设备进行操作，只能通过现场就地操作箱对设备进行操作。皮带机、刮板机、斗提机等设备仅带有限的保护运行。该操作方式不能实现上下游设备的联锁，主要用于现场设备的维修和设备调试时使用，不作为正常的生产作业操作。

（3）中控室自动操作方式　当中控室选择开关处于自动位置和现场就地操作箱选择开关处于远控位置时，中控室可完成自动操作方式，该操作方式能完成下述控制功能。

①流程设定和选择：操作人员根据生产需求，通过监控操作站的键盘和鼠标将有关信息输入控制系统，并根据筒仓情况、皮带机及其他设备的完好情况等综合信息，选择流程。

②流程启动和停止：流程设定完成，并确认各设备准备完毕和阀门等装置位于正确的位置后，启动流程，启动前皮带机沿线报警铃给出报警。启动顺序为逆流启动，即从下游设备到上游设备顺序启动。正常停机时，流程的停止顺序为顺流停机，即从上游设备到下游设备顺序停机。

③故障停机和紧急停机：作业过程中如果设备发生故障，故障设备和上游设备立即停机，下游设备不停机。操作画面上设有紧急停机按钮，当发生紧急情况时，操作人员可以操作该按钮，使输送系统紧急停机。

二、稻米加工控制系统整体结构设计

控制系统主要分为上位机与下位机部分，上位机由工业计算机（安装开发的监控软件）完成工艺流程生产自动监控、在线数据的采集、计算、分析、统计、汇总、打印等；下位机由可编程逻辑控制器（PLC）组成监控操作站，驱动器件（接触器、电磁阀等）及各种检测装置组成，主要完成工艺流程操作所要求的流程顺序启动、顺序停止、故障停机、流程切换及单台设备的操作功能；失速报警、物料满报警、声光报警等功能。系统整体结构图如图 2－6 所示。

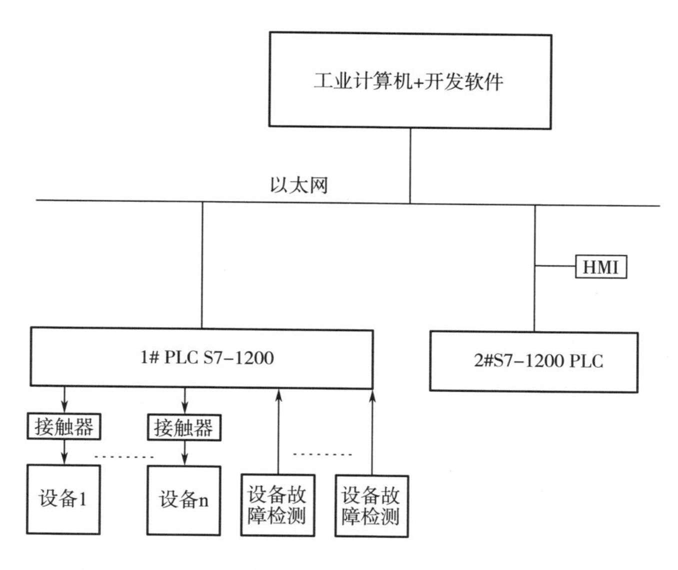

图 2－6　稻米加工控制系统结构框图

图 2－6 所示稻米加工控制系统中，1#PLC 控制生产线主体工序，包含清理砻谷、碾米系统和色选抛光工序，2#PLC 独立完成稻壳粉碎加工工作。其中，2#PLC 控制系统可以在中控室完成监控任务，为了方便现场工作，现场安装了一台 HMI 同时可以完成稻壳粉碎段操作。

1. 设备控制与检测

根据上一节的分析可知，本稻米加工控制系统中控制设备共 132 个，闸门和电源开关 38 个；由于米机不能经常启动，所以其启动后需要保持连续运行；米机风机是为了能吸走碾米过程中的油糠，功率超过 15kW 采用星三角启动；其他设备均采用直接启动方式实现启停控制。

设备在 PLC 控制期间，需要检测哪些信号，从而可以判断设备是否正常运行，如果故障则尽可能提示故障原因，所以，每台直接控制设备需检测主电路中断路器、接触器的返回信号，同时检测提升机运行状态信号。

2. 闸门控制与检测

大米加工行业中，闸门一般分电动闸门和气动闸门。气动闸门即为气动螺旋闸门，就是在手动螺旋闸门基础上装上一个气动装置，具有结构简单、操纵灵活、重量轻、无卡阻、启闭迅速，特别适用于各类固体物料和50mm左右块状、团状物料的流量调节，安装不受角度限制，操作方便。而电动闸门是将气动螺旋闸门驱动由气动换成电动，控制电机正反转，增加关到位和开到位行程开关。该系统中所有闸门均采用气动闸门，由一个电磁阀控制其开与关，而气缸开到位安装有电磁开关检测，控制方便，便于维护。

3. 料位检测

稻米加工系统中料位检测常用料位开关，主要用于原粮仓、缓冲仓和成品仓的高、低料位测量，通过螺纹或法兰，定点安装于料仓的顶部、侧面，包括阻旋料位开关、电容式料位开关、射频导纳料位开关等。

阻旋式料位开关是利用微型马达作驱动装置，传动轴与离合器相连接，当未接触物料时，马达正常运转，当叶片接触物料时，马达停止转动，检测装置输出常开触点信号，同时切断电源停止转动。

电容料位开关可对块状、颗粒状、粉末状物料料仓的料位进行检测，适用于高温、高压、强腐蚀、多粉尘的恶劣环境，但其安装和调试需要有经验操作人员，灵敏度调节有一定难度。

根据性价比和技术售后问题，这里选用阻旋式料位开关作为料位检测传感器。

4. 主控器PLC选择

PLC即可编程逻辑控制器，是一种采用一类可编程的存储器，用于其内部存储程序，执行逻辑运算、顺序控制、定时、计数与算术操作等面向用户的指令，并通过数字或模拟式输入/输出控制各种类型的机械或生产过程。

根据近几年中国PLC市场调查研究表明，在中国市场份额比较大的PLC生产厂家有西门子、三菱和欧姆龙。而在稻谷加工控制系统中，使用较多的是欧姆龙PLC和西门子PLC。西门子公司当前的主流PLC产品系列有LOGO!、S7-200、S7-300、S7-400以及S7-1200和S7-1500。

SIMATIC S7-1200是一款紧凑型的PLC，可完成简单逻辑控制、高级逻辑控制、HMI和网络通信等任务。

该系列PLC有五种不同机型模块，分别为CPU1211C、CPU1212C、CPU1214C、CPU1215C和CPU1217C。其中的每一种模块都可以进行扩展，以满足不同的系统需要。可在任何CPU的前方加入一个信号板，轻松扩展数字或模拟量I/O，同时不影响控制器的实际大小。可将信号模块连接至CPU的右侧，进一步扩展数字量或模拟量I/O容量。CPU1212C可连接2个信号模块，CPU

1214C、CPU1215C 和 CPU1217C 可连接 8 个信号模块，且所有的 SIMATIC S7 - 1200 CPU 控制器的左侧均可连接多达 3 个通信模块，便于实现端到端的串行通信。

用户程序和用户数据之间的浮动边界提供多达 50kB 的集成工作内存。同时提供多达 2MB 的集成加载内存和 2kB 的集成记忆内存。可选的 SIMATIC 存储卡可轻松转移程序供多个 CPU 使用。该存储卡也可用于存储其他文件或更新控制器系统固件。

集成的 PROFINET 接口用于进行编程以及 HMI 和 PLC - to - PLC 通信。另外，该接口支持使用开放以太网协议的第三方设备。该接口具有自动纠错功能的 RJ45 接口，并提供 10/100 兆比特/秒的数据传输速率。它支持多达 16 个以太网连接以及以下协议：TCP/IP native、ISO on TCP 和 S7 通信。

SIMATIC S7 - 1200 具有用于进行计算和测量、闭环回路控制和运动控制的集成技术，是一个功能非常强大的系统，可以实现多种类型的自动化任务。

Step7 Basic 是针对逻辑控制、HMI 和网络通信功能进行开发的通用型编辑器。所有向导、工具条和菜单具有相似的可视化效果，易于学习与维护，可节约使用者大量时间。

基于上述的比较及用户需求，本系统选用西门子 S7 - 1200 系列 PLC 中型号为 CPU 1214CDC/DC/RLY 的机型，该机型具有 14 个数字量输入点和 2 个模拟量输入点，以及 10 个数字量输出点，工作储存器的大小为 100kB，支持最多 8 个信号模块，功耗仅为 12W。

三、稻米加工控制系统资源分配

1. 稻米加工设备输出分配

经过以上的研究分析可知，本案例设计中使用的稻米加工设备控制输出点数 91 个，其详细输出资源分配如表 2 - 5 所示。

表 2 - 5　　稻米加工设备输出资源表

编号	功能	PLC 地址	编号	功能	PLC 地址
M1	吹壳风机输出	Q0. 0	M47	11#提升机输出	Q16. 6
M2	1#砻谷关风器输出	Q0. 1	M48	喷雾着水机输出	Q16. 7
M3	2#砻谷关风器输出	Q0. 2	M49	除尘脉冲关输出	Q17. 0
M4	1#砻谷风机输出	Q0. 3	M50	米机脉冲关输出	Q17. 1
M5	2#砻谷风机输出	Q0. 4	M51	1#米机关风输出	Q17. 2
M6	砻谷脉冲关输出	Q0. 5	M52	2#米机关风输出	Q17. 3
M7	去石关风输出	Q0. 6	M53	4#抛光关风输出	Q17. 4

续表

编号	功能	PLC 地址	编号	功能	PLC 地址
M8	去石脉冲输出	Q0.7	M54	2#抛光脉冲关输出	Q17.5
M9	去石风机输出	Q12.0	M55	3#抛光风机输出	Q17.6
M10	清理关风输出	Q12.1	M56	31#提升机输出	Q17.7
M11	清理脉冲关输出	Q12.2	M57	皮带机 1#输出	Q18.0
M12	1#提升机输出	Q12.3	M58	2#皮带机输出	Q18.1
M13	2#提升机输出	Q12.4	M59	30#提升机输出	Q18.2
M14	3#提升机输出	Q12.5	M60	29#提升机输出	Q18.3
M15	初清筛输出	Q12.6	M61	2#白米分级筛输出	Q18.4
M16	4#提升机输出	Q12.7	M62	28#提升机输出	Q18.5
M17	振动筛输出	Q13.0	M63	27#提升机输出	Q18.6
M18	5#提升机输出	Q13.1	M64	26#提升机输出	Q18.7
M19	去石机输出	Q13.2	M65	1#抛光机输出	Q19.0
M20	7#提升机输出	Q13.3	M66	2#抛光机输出	Q19.1
M21	6#提升机输出	Q13.4	M67	3#抛光机输出	Q19.2
M22	1#砻谷机输出	Q13.5	M68	25#提升机输出	Q19.3
M23	2#砻谷机输出	Q13.6	M69	24#提升机输出	Q19.4
M24	9#提升机输出	Q13.7	M70	23#提升机输出	Q19.5
M25	8#提升机输出	Q14.0	M71	22#提升机输出	Q19.6
M26	谷糙筛输出	Q14.1	M72	21#提升机输出	Q19.7
M27	10#提升机输出	Q14.2	M73	20#提升机输出	Q20.0
M28	厚度机输出	Q14.3	M74	19#提升机输出	Q20.1
M29	1#仓上刮板输出	Q14.4	M75	18#提升机输出	Q20.2
M30	1#皮带机输出	Q14.5	M76	17#提升机输出	Q20.3
M31	2#皮带机输出	Q14.6	M77	16#提升机输出	Q20.4
M32	14#提升机输出	Q14.7	M78	15#提升机输出	Q20.5
M33	糠粞筛输出	Q15.0	M79	3#皮带机输出	Q20.6
M34	米机风机输出	Q15.1	M80	4#皮带机输出	Q20.7
M35	除尘风机输出	Q15.2	M81	1#抛光关风输出	Q21.0
M36	小车皮带机输出	Q15.3	M82	2#抛光关风输出	Q21.1
M37	1#小车正转输出	Q15.4	M83	1#抛光脉冲关输出	Q21.2
M38	1#小车反转输出	Q15.5	M84	1#抛光风机输出	Q21.3

续表

编号	功能	PLC 地址	编号	功能	PLC 地址
M39	12#提升机输出	Q15.6	M85	2#抛光风机输出	Q21.4
M40	13#提升机输出	Q15.7	M86	5#皮带机输出	Q21.5
M41	白米筛输出	Q16.0	M87	6#皮带机输出	Q21.6
M42	皮带机输出	Q16.1	M88	7#皮带机输出	Q21.7
M43	4#米机输出	Q16.2	M89	小车皮带机输出	Q22.0
M44	3#米机输出	Q16.3	M90	2#小车正输出	Q22.1
M45	2#米机输出	Q16.4	M91	2#小车反输出	Q22.2
M46	1#米机输出	Q16.5			

2. 稻米加工闸门与三通输出分配

经过以上的研究分析可知，本案例设计中使用的稻米加工闸门和三通控制输出点数共 30 个，其详细输出资源分配如表 2 - 6 所示。

表 2 - 6　　稻米加工闸门和三通输出资源表

编号	功能	PLC 地址	编号	功能	PLC 地址
W1	进粮口闸门	Q22.3	W16	16#仓下闸门 2	Q24.2
W2	原料仓上闸门	Q22.4	W17	17#仓下闸门 1	Q24.3
W3	1#原料仓下闸门	Q22.5	W18	17#仓下闸门 2	Q24.4
W4	2#原料仓下闸门	Q22.6	W19	18#仓下闸门 1	Q24.5
W5	3#原料仓下闸门	Q22.7	W20	18#仓下闸门 2	Q24.6
W6	4#原料仓下闸门	Q23.0	W21	一道色选进料	Q24.7
W7	原料秤控制	Q23.1	W22	二道色选进料	Q25.0
W8	砻谷机进料驱动	Q23.2	W23	三道色选进料	Q25.1
W9	糙米仓下	Q23.3	W24	一道色选进料	Q25.2
W10	米机进口	Q23.4	W25	二道色选进料	Q25.3
W11	糠包装电源控制	Q23.5	W26	三道色选进料	Q25.4
W12	白米秤控制	Q23.6	W27	精米秤控制	Q25.5
W13	15#仓下闸门 1	Q23.7	W28	成品仓下闸门 1	Q25.6
W14	15#仓下闸门 2	Q24.0	W29	成品仓下闸门 2	Q25.7
W15	16#仓下闸门 1	Q24.1	W30	成品包装电源	Q26.0

3. 稻谷加工设备反馈分配

经过以上的研究分析可知，本案例设计中使用的稻米加工设备状态信息输入点数共有211个，其详细输入资源分配如表2-7所示。

表2-7　　稻米加工设备输入资源表

编号	功能	PLC地址	编号	功能	PLC地址
QF1	吹壳风机断路器	I0.0	SQ47	11#提升机测速	I24.2
KM1	吹壳风机接触器	I0.1	QF48	喷雾着水机断路器	I24.3
QF2	1#砻谷关风断路器	I0.2	KM48	喷雾着水机接触器	I24.4
KM2	1#砻谷关风接触器	I0.3	QF49	除尘脉冲断路器	I24.5
QF3	2#砻谷关风断路器	I0.4	KM49	除尘脉冲接触器	I24.6
KM3	2#砻谷关风接触器	I0.5	QF50	米机脉冲断路器	I24.7
QF4	1#砻谷风机断路器	I0.6	KM50	米机脉冲接触器	I25.0
KM4	1#砻谷风机接触器	I0.7	QF51	1#米机关风断路器	I25.1
QF5	2#砻谷风机断路器	I12.0	KM51	1#米机关风接触器	I25.2
KM5	2#砻谷风机接触器	I12.1	QF52	2#米机关风断路器	I25.3
QF6	砻谷脉冲断路器	I12.2	KM52	2#米机关风接触器	I25.4
KM6	砻谷脉冲接触器	I12.3	QF53	4#抛光关风断路器	I25.5
QF7	去石关风断路器	I12.4	KM53	4#抛光关风接触器	I25.6
KM7	去石关风接触器	I12.5	QF54	2#抛光脉冲断路器	I25.7
QF8	去石脉冲断路器	I12.6	KM54	2#抛光脉冲接触器	I26.0
KM8	去石脉冲接触器	I12.7	QF55	3#抛光风机断路器	I26.1
QF9	去石风机断路器	I13.0	KM55	3#抛光风机接触器	I26.2
KM9	去石风机接触器	I13.1	QF56	31#提升机断路器	I26.3
QF10	清理关风断路器	I13.2	KM56	31#提升机接触器	I26.4
KM10	清理关风接触器	I13.3	SQ56	31#提升机测速	I26.5
QF11	清理脉冲断路器	I13.4	QF57	1#皮带机断路器	I26.6
KM11	清理脉冲接触器	I13.5	KM57	1#皮带机接触器	I26.7
QF12	1#提升机断路器	I13.6	QF58	2#皮带机断路器	I27.0
KM12	1#提升机接触器	I13.7	KM58	2#皮带机接触器	I27.1
SQ12	1#提升机测速	I14.0	QF59	30#提升机断路器	I27.2
QF13	2#提升机断路器	I14.1	KM59	30#提升机接触器	I27.3
KM13	2#提升机接触器	I14.2	SQ59	30#提升机测速	I27.4
SQ13	2#提升机测速	I14.3	QF60	29#提升机断路器	I27.5
QF14	3#提升机断路器	I14.4	KM60	29#提升机接触器	I27.6
KM14	3#提升机接触器	I14.5	SQ60	29#提升机测速	I27.7

续表

编号	功能	PLC 地址	编号	功能	PLC 地址
SQ14	3#提升机测速	I14. 6	QF61	2#白米分级断路器	I2. 0
QF15	初清筛断路器	I14. 7	KM61	2#白米分级接触器	I2. 1
KM15	初清筛接触器	I15. 0	QF62	28#提升机断路器	I2. 2
QF16	4#提升机断路器	I15. 1	KM62	28#提升机接触器	I2. 3
KM16	4#提升机接触器	I15. 2	SQ62	28#提升机测速	I2. 4
SQ16	4#提升机测速	I15. 3	QF63	27#提升机断路器	I2. 5
QF17	振动筛断路器	I15. 4	KM63	27#提升机接触器	I2. 6
KM17	振动筛接触器	I15. 5	SQ63	27#提升机测速	I2. 7
QF18	5#提升机断路器	I15. 6	QF64	26#提升机断路器	I3. 0
KM18	5#提升机接触器	I15. 7	KM64	26#提升机接触器	I3. 1
SQ18	5#提升机测速	I16. 0	SQ64	26#提升机测速	I3. 2
QF19	去石机断路器	I16. 1	QF65	1#抛光机断路器	I3. 3
KM19	去石机接触器	I16. 2	KM65	1#抛光机接触器	I3. 4
QF20	7#提升机断路器	I16. 3	QF66	2#抛光机断路器	I3. 5
KM20	7#提升机接触器	I16. 4	KM66	2#抛光机接触器	I3. 6
SQ20	7#提升机测速	I16. 5	QF67	3#抛光机断路器	I3. 7
QF21	6#提升机断路器	I16. 6	KM67	3#抛光机接触器	I4. 0
KM21	6#提升机接触器	I16. 7	QF68	25#提升机断路器	I4. 1
SQ21	6#提升机测速	I17. 0	KM68	25#提升机接触器	I4. 2
QF22	1#砻谷机断路器	I17. 1	SQ68	25#提升机测速	I4. 3
KM22	1#砻谷机接触器	I17. 2	QF69	24#提升机断路器	I4. 4
QF23	2#砻谷机断路器	I17. 3	KM69	24#提升机接触器	I4. 5
KM23	2#砻谷机接触器	I17. 4	SQ69	24#提升机测速	I4. 6
QF24	9#提升机断路器	I17. 5	QF70	23#提升机断路器	I4. 7
KM24	9#提升机接触器	I17. 6	KM70	23#提升机接触器	I5. 0
SQ24	9#提升机测速	I17. 7	SQ70	23#提升机测速	I5. 1
QF25	8#提升机断路器	I18. 0	QF71	22#提升机断路器	I5. 2
KM25	8#提升机接触器	I18. 1	KM71	22#提升机接触器	I5. 3
SQ25	8#提升机测速	I18. 2	SQ71	22#提升机测速	I5. 4
QF26	谷糙筛断路器	I18. 3	QF72	21#提升机断路器	I5. 5
KM26	谷糙筛接触器	I18. 4	KM72	21#提升机接触器	I5. 6

续表

编号	功能	PLC 地址	编号	功能	PLC 地址
QF27	10#提升机断路器	I18.5	SQ72	21#提升机测速	I5.7
KM27	10#提升机接触器	I18.6	QF73	20#提升机断路器	I6.0
SQ27	10#提升机测速	I18.7	KM73	20#提升机接触器	I6.1
QF28	厚度机断路器	I19.0	SQ73	20#提升机测速	I6.2
KM28	厚度机接触器	I19.1	QF74	19#提升机断路器	I6.3
QF29	1#仓上刮板断路器	I19.2	KM74	19#提升机接触器	I6.4
KM29	1#仓上刮板接触器	I19.3	SQ74	19#提升机测速	I6.5
QF30	1#皮带机断路器	I19.4	QF75	18#提升机断路器	I6.6
KM30	1#皮带机接触器	I19.5	KM75	18#提升机接触器	I6.7
QF31	2#皮带机断路器	I19.6	SQ75	18#提升机测速	I7.0
KM31	2#皮带机接触器	I19.7	QF76	17#提升机断路器	I7.1
QF32	14#提升机断路器	I20.0	KM76	17#提升机接触器	I7.2
KM32	14#提升机接触器	I20.1	SQ76	17#提升机测速	I7.3
SQ32	14#提升机测速	I20.2	QF77	16#提升机断路器	I7.4
QF33	糠粞筛断路器	I20.3	KM77	16#提升机接触器	I7.5
KM33	糠粞筛接触器	I20.4	SQ77	16#提升机测速	I7.6
QF34	米机风机断路器	I20.5	QF78	15#提升机断路器	I7.7
KM34	米机风机接触器	I20.6	KM78	15#提升机接触器	I8.0
QF35	除尘风机断路器	I20.7	SQ78	15#提升机测速	I8.1
KM35	除尘风机接触器	I21.0	QF79	3#皮带机断路器	I8.2
QF36	小车皮带机断路器	I21.1	KM79	3#皮带机接触器	I8.3
KM36	小车皮带机接触器	I21.2	QF80	4#皮带机断路器	I8.4
QF37	1#小车断路器	I21.3	KM80	4#皮带机接触器	I8.5
KM37	1#小车正转接触器	I21.4	QF81	1#抛光关风断路器	I8.6
KM38	1#小车反转接触器	I21.5	KM81	1#抛光关风接触器	I8.7
QF39	12#提升机断路器	I21.6	QF82	2#抛光关风断路器	I9.0
KM39	12#提升机接触器	I21.7	KM82	2#抛光关风接触器	I9.1
SQ39	12#提升机测速	I22.0	QF83	1#抛光脉冲断路器	I9.2
QF40	13#提升机断路器	I22.1	KM83	1#抛光脉冲接触器	I9.3
KM40	13#提升机接触器	I22.2	QF84	1#抛光风机断路器	I9.4
SQ40	13#提升机测速	I22.3	KM84	1#抛光风机接触器	I9.5

续表

编号	功能	PLC 地址	编号	功能	PLC 地址
QF41	白米筛断路器	I22.4	QF85	2#抛光风机断路器	I9.6
KM41	白米筛接触器	I22.5	KM85	2#抛光风机接触器	I9.7
QF42	皮带机断路器	I22.6	QF86	5#皮带机断路器	I10.0
KM42	皮带机接触器	I22.7	KM86	5#皮带机接触器	I10.1
QF43	4#米机断路器	I23.0	QF87	6#皮带机断路器	I10.2
KM43	4#米机接触器	I23.1	KM87	6#皮带机接触器	I10.3
QF44	3#米机断路器	I23.2	QF88	7#皮带机断路器	I10.4
KM44	3#米机接触器	I23.3	KM88	7#皮带机接触器	I10.5
QF45	2#米机断路器	I23.4	QF89	小车皮带机断路器	I10.6
KM45	2#米机接触器	I23.5	KM89	小车皮带机接触器	I10.7
QF46	1#米机断路器	I23.6	QF90	2#小车断路器	I11.0
KM46	1#米机接触器	I23.7	KM90	2#小车正接触器	I11.1
QF47	11#提升机断路器	I24.0	KM91	2#小车反接触器	I11.2
KM47	11#提升机接触器	I24.1			

4. 稻谷加工闸门与料位反馈分配

经过以上的研究分析可知，本系统设计中使用的稻米加工闸门和三通状态信息输入点数共有 80 个，其详细输入资源分配如表 2－8 所示。

表 2－8　　稻米加工闸门与三通输入资源表

编号	功能	PLC 地址	编号	功能	PLC 地址
LW1	进粮口闸门开	I11.3	P118	空气压力开关	I32.3
LW2	原料仓上闸开	I11.4	HL1	1#仓上高料位器	I32.4
LW3	1#原料仓下闸开	I11.5	HL2	2#仓上高料位器	I32.5
LW4	2#原料仓下闸开	I11.6	HL3	3#仓上高料位器	I32.6
LW5	3#原料仓下闸开	I11.7	HL4	4#仓上高料位器	I32.7
LW6	4#原料仓下闸开	I28.0	HL5	5#仓上高料位器	I33.0
LW7	原料秤控制	I28.1	HL6	6#仓上高料位器	I33.1
LW8	砻谷机进料驱动	I28.2	HL7	7#仓上高料位器	I33.2
LW9	糙米仓下闸开	I28.3	HL8	8#仓上高料位器	I33.3
LW10	米机进口闸开	I28.4	HL9	9#仓上高料位器	I33.4
LW11	糠包装电源控制	I28.5	HL10	10#仓上高料位器	I33.5

续表

编号	功能	PLC 地址	编号	功能	PLC 地址
LW12	白米秤控制	I28. 6	HL11	11#仓上高料位器	I33. 6
LW13	15#仓下闸门 1 开	I28. 7	HL12	12#仓上高料位器	I33. 7
LW14	15#仓下闸门 2 开	I29. 0	HL13	13#仓上高料位器	I34. 0
LW15	16#仓下闸门 1 开	I29. 1	HL14	14#仓上高料位器	I34. 1
LW16	16#仓下闸门 2 开	I29. 2	HL15	15#仓上高料位器	I34. 2
LW17	17#仓下闸门 1 开	I29. 3	HL16	16#仓上高料位器	I34. 3
LW18	17#仓下闸门 2 开	I29. 4	HL17	17#仓上高料位器	I34. 4
LW19	18#仓下闸门 1 开	I29. 5	HL18	18#仓上高料位器	I34. 5
LW20	18#仓下闸门 2 开	I29. 6	HL19	19#仓上高料位器	I34. 6
LW21	一道色选进料	I29. 7	HL20	20#仓上高料位器	I34. 7
LW22	二道色选进料	I30. 0	HL21	21#仓上高料位器	I35. 0
LW23	三道色选进料	I30. 1	HL22	22#仓上高料位器	I35. 1
LW24	一道色选进料	I30. 2	HL23	23#仓上高料位器	I35. 2
LW25	二道色选进料	I30. 3	HL24	24#仓上高料位器	I35. 3
LW26	三道色选进料	I30. 4	HL25	25#仓上高料位器	I35. 4
LW27	精米秤控制	I30. 5	HL26	26#仓上高料位器	I35. 5
LW28	成品仓下闸门 1 开	I30. 6	HL27	27#仓上高料位器	I35. 6
LW29	成品仓下闸门 2 开	I30. 7	HL28	28#仓上高料位器	I35. 7
LW30	成品包装电源	I31. 0	HL29	29#仓上高料位器	I36. 0
LS1	凉米仓上卸料限位 1	I31. 1	HL30	30#仓上高料位器	I36. 1
LS2	凉米仓上卸料限位 2	I31. 2	HL31	31#仓上高料位器	I36. 2
LS3	凉米仓上卸料限位 3	I31. 3	HL32	32#仓上高料位器	I36. 3
LS4	凉米仓上卸料限位 4	I31. 4	HL33	33#仓上高料位器	I36. 4
LS5	凉米仓上卸料限位 5	I31. 5	HL34	34#仓上高料位器	I36. 5
LS6	凉米仓上卸料限位 6	I31. 6	LL1	1#仓上低料位器	I36. 6
LS7	凉米仓上卸料限位 7	I31. 7	LL2	2#仓上低料位器	I36. 7
LS8	凉米仓上卸料限位 8	I32. 0	LL10	10#仓上低料位器	I37. 0
LS9	成品仓上卸料限位 1	I32. 1	LL33	33#仓上低料位器	I37. 1
LS10	成品仓上卸料限位 2	I32. 2	LL34	34#仓上低料位器	I37. 2

5. 稻壳粉碎输入/输出分配

经过以上的研究分析可知，本案例设计中使用的稻壳粉碎功能由独立的

PLC 控制器来控制，其与稻米加工系统主控器不是同一个 PLC，稻壳粉碎系统控制与状态检测输入/输出点数共有 153 个，其详细输入/输出资源分配如表 2－9 所示。

表 2－9　　稻壳粉碎输入/输出资源表

编号	功能	PLC 地址	编号	功能	PLC 地址
M92	35#提升机输出	Q0.0	QF104	1#糠筛断路器	I14.4
M93	34#提升机输出	Q0.1	KM104	1#糠筛接触器	I14.5
M94	1#绞龙输出	Q0.2	QF105	2#糠筛断路器	I14.6
M95	2#绞龙输出	Q0.3	KM105	2#糠筛接触器	I14.7
M96	3#绞龙输出	Q0.4	QF106	3#糠筛断路器	I15.0
M97	4#绞龙输出	Q0.5	KM106	3#糠筛接触器	I15.1
M98	33#提升机输出	Q0.6	QF107	4#糠筛断路器	I15.2
M99	5#绞龙输出	Q0.7	KM107	4#糠筛接触器	I15.3
M100	6#绞龙输出	Q12.0	QF108	5#糠筛断路器	I15.4
M101	7#绞龙输出	Q12.1	KM108	5#糠筛接触器	I15.5
M102	8#绞龙输出	Q12.2	QF109	6#糠筛断路器	I15.6
M103	32#提升机输出	Q12.3	KM109	6#糠筛接触器	I15.7
M104	1#糠筛输出	Q12.4	QF110	9#绞龙断路器	I16.0
M105	2#糠筛输出	Q12.5	KM110	9#绞龙接触器	I16.1
M106	3#糠筛输出	Q12.6	QF111	10#绞龙断路器	I16.2
M107	4#糠筛输出	Q12.7	KM111	10#绞龙接触器	I16.3
M108	5#糠筛输出	Q13.0	QF112	11#绞龙断路器	I16.4
M109	6#糠筛输出	Q13.1	KM112	11#绞龙接触器	I16.5
M110	9#绞龙输出	Q13.2	QF113	1#关风器断路器	I16.6
M111	10#绞龙输出	Q13.3	KM113	1#关风器接触器	I16.7
M112	11#绞龙输出	Q13.4	QF114	1#脉冲关风器断路器	I17.0
M113	1#关风器输出	Q13.5	KM114	1#脉冲关风器接触器	I17.1
M114	1#脉冲关风器输出	Q13.6	QF115	1#风机断路器	I17.2
M115	1#风机输出	Q13.7	KM115	1#风机接触器	I17.3
M116	2#关风器输出	Q14.0	QF116	2#关风器断路器	I17.4
M117	2#脉冲关风器输出	Q14.1	KM116	2#关风器接触器	I17.5
M118	2#风机输出	Q14.2	QF117	2#脉冲关风器断路器	I17.6
M119	3#关风器输出	Q14.3	KM117	2#脉冲关风器接触器	I17.7

续表

编号	功能	PLC 地址	编号	功能	PLC 地址
M120	3#脉冲关风器输出	Q14.4	QF118	2#风机断路器	I18.0
M121	3#风机输出	Q14.5	KM118	2#风机接触器	I18.1
M122	4#关风器输出	Q14.6	QF119	3#关风器断路器	I18.2
M123	4#脉冲关风器输出	Q14.7	KM119	3#关风器接触器	I18.3
M124	4#风机输出	Q15.0	QF120	3#脉冲关风器断路器	I18.4
M125	5#脉冲关风器输出	Q15.1	KM120	3#脉冲关风器接触器	I18.5
M126	5#风机输出	Q15.2	QF121	3#风机断路器	I18.6
M127	1#搅齿输出	Q15.3	KM121	3#风机接触器	I18.7
M128	2#搅齿输出	Q15.4	QF122	4#关风器断路器	I19.0
M129	1#粉碎机输出	Q15.5	KM122	4#关风器接触器	I19.1
M130	2#粉碎机输出	Q15.6	QF123	4#脉冲关风器断路器	I19.2
M131	3#粉碎机输出	Q15.7	KM123	4#脉冲关风器接触器	I19.3
M132	4#粉碎机输出	Q16.0	QF124	4#风机断路器	I19.4
W31	1#原料仓下闸门	Q16.1	KM124	4#风机接触器	I19.5
W32	2#原料仓下闸门	Q16.2	QF125	5#脉冲关风器断路器	I19.6
W33	3#仓下闸门	Q16.3	KM125	5#脉冲关风器接触器	I19.7
W34	4#原料仓下闸门	Q16.4	QF126	5#风机断路器	I20.0
W35	5#原料仓下闸门	Q16.5	KM126	5#风机接触器	I20.1
W36	6#原料仓下闸门	Q16.6	QF127	1#搅齿断路器	I20.2
W37	糠秤 1 电源控制	Q16.7	KM127	1#搅齿接触器	I20.3
W38	糠秤 2 电源控制	Q17.0	QF128	2#搅齿断路器	I20.4
QF92	35#提升机断路器	I0.0	KM128	2#搅齿接触器	I20.5
KM92	35#提升机接触器	I0.1	QF129	1#粉碎机断路器	I20.6
SQ92	35#提升机速度检测	I0.2	KM129	1#粉碎机接触器	I20.7
QF93	34#提升机断路器	I0.3	QF130	2#粉碎机断路器	I21.0
KM93	34#提升机接触器	I0.4	KM130	2#粉碎机接触器	I21.1
SQ93	34#提升机速度检测	I0.5	QF131	3#粉碎机断路器	I21.2
QF94	1#绞龙断路器	I0.6	KM131	3#粉碎机接触器	I21.3
KM94	1#绞龙接触器	I0.7	QF132	4#粉碎机断路器	I21.4
QF95	2#绞龙断路器	I12.0	KM132	4#粉碎机接触器	I21.5
KM95	2#绞龙接触器	I12.1	LW31	1#原料仓下闸门	I21.6

续表

编号	功能	PLC 地址	编号	功能	PLC 地址
QF96	3#绞龙断路器	I12. 2	LW32	2#原料仓下闸门	I21. 7
KM96	3#绞龙接触器	I12. 3	LW33	3#仓下闸门	I22. 0
QF97	4#绞龙断路器	I12. 4	LW34	4#原料仓下闸门	I22. 1
KM97	4#绞龙接触器	I12. 5	LW35	5#原料仓下闸门	I22. 2
QF98	33#提升机断路器	I12. 6	LW36	6#原料仓下闸门	I22. 3
KM98	33#提升机接触器	I12. 7	LW37	糠秤 1 电源控制	I22. 4
SQ98	33#提升机速度检测	I13. 0	LW38	糠秤 2 电源控制	I22. 5
QF99	5#绞龙断路器	I13. 1	LL35	35#仓上低料位器	I22. 6
KM99	5#绞龙接触器	I13. 2	LL36	36#仓上低料位器	I22. 7
QF100	6#绞龙断路器	I13. 3	HL35	35#仓上高料位器	I23. 0
KM100	6#绞龙接触器	I13. 4	HL36	36#仓上高料位器	I23. 1
QF101	7#绞龙断路器	I13. 5	HL37	37#仓上高料位器	I23. 2
KM101	7#绞龙接触器	I13. 6	HL38	38#仓上高料位器	I23. 3
QF102	8#绞龙断路器	I13. 7	HL39	39#仓上高料位器	I23. 4
KM102	8#绞龙接触器	I14. 0	HL40	40#仓上高料位器	I23. 5
QF103	32#提升机断路器	I14. 1	HL41	41#仓上高料位器	I23. 6
KM103	32#提升机接触器	I14. 2	HL42	42#仓上高料位器	I23. 7
SQ103	32#提升机速度检测	I14. 3			

第三节　稻米加工系统控制对象

一、稻米加工清理砻谷设备

1. 圆筒初清筛

圆筒初清筛一般由链轮、摆线针轮减速电机、机壳、传动轴、筛筒、吸风口、进料斗、清理刷等零部件构成。筛筒为桶形，内有导向螺旋，桶底与传动轴以螺栓相连。筛筒外有清扫刷。吸风口与中央吸风系统相连接，防止灰尘外扬，清理刷用以清理筛筒，防止筛孔堵塞，筛筒由摆线针轮减速机通过一组链轮传动。

工作时，原料从进料口经过料斗落入筛筒内部，筛筒旋转时，穿过筛孔的筛下物从出口流出，通不过筛孔的大杂物废弃物在滚动的作用下，借助筛筒内壁的导向螺旋，被引至位于进口通道，从大杂质出口排出机外，导向螺旋不仅有助于排出大杂弃物，并起到阻止物料随同筛上物外流的作用。

2. 振动清理筛

振动筛具有大振幅、大振动强度、较低频率和弹性筛面的工艺特点。工作过程中始终保持最大的开孔率，从而使其效率高、处理能力大，筛板更换方便，降低了成本。振动筛超大筛面和大处理能力可满足现场的生产需要。振动筛筛子的结构采用“多段筛面振动而筛箱和机架不参与振动”的运动方式，使筛子实现了大型化。

振动筛工作时，两电机同步反向旋转使激振器产生反向激振力，迫使筛体带动筛网做纵向运动，使其上的物料受激振力而周期性向前抛出一个射程，从而完成物料筛分作业。

3. 吸气式比重去石机

比重去石机是粮食加工行业中必不可少的设备。比重去石机按气流供应方式不同可分为吸气式和吹气式，但其工作原理相似。其一般由进出料装置、吸气系统、筛体、偏心传动机构及机架等部分组成。

去石机工作时，物料不断地从左端进入去石筛面，由于物料各成分的比重及空气动力学特性的不同，在适当的振动和气流参数作用下，比重较小的谷粒便浮在上层，比重较大的石子沉入底层，与去石筛面接触，形成自动分级现象。由于自下而上穿过物料的气流作用，使物料之间的空隙度增大，降低了料层之间的正压力和摩擦力，使之处于流化状态，更加促使自动分级的形成。比重较小的上层物料在重力、惯性力、气流和连续进料的推动下，以下层物料为滑动面，相对于去石筛面下滑至净谷粒出口。在上层物料下滑过程中，重的石子等杂物逐渐从谷粒中分离出来进入下层。下层的石子及未悬浮的谷粒在振动的作用下沿筛面上滑，其中谷粒不断呈半悬浮状态进入上层，在达到聚集区末端时，下层物料所含谷粒已经很少了。当通过精选区时，在反吹气流作用下，少量谷粒返回聚集区，石子等杂物则由排石口排出。

4. 砻谷机

砻谷机是将稻谷脱去颖壳，制成糙米的粮食加工机械。它能脱去稻谷外壳，减少米粒爆腰和表皮受损，尽量保持糙米完整。主要由料斗进料装置、机头装置、谷壳分离室、齿轮变速箱、机架等组成。常见的砻谷机设备有胶辊砻谷机、砂盘砻谷机和离心砻谷机等，目前市场主流砻谷机为胶辊砻谷机。

胶辊砻谷机主要工作部件是一对在铸铁圆筒上黏结或套装胶层的水平橡胶辊筒或塑料辊筒。两辊轴线位于同一水平面内或略有高度差，以不同的转速相向转动，其中一辊的位置固定，另一辊可以移动，使两辊间的轧距可调。两辊线速之差为2～3.2m/s，线速之和不宜超过30m/s。稻谷经淌板在胶辊全长上均匀地喂入两辊之间，等径辊筒以不同的线速逆向回转，通过压托的压力使经过辊间的稻谷受到挤压和搓撕。由于受到两辊的挤压和由两辊速度差产生的搓撕作用，绝大部分稻谷达到脱壳的目的，进入谷壳分离装置，再经吸风口以4～5m/s的风速吸除稻壳。谷糙混合物与稻壳分离后，谷糙混合物从出料淌板排出。轧距调节机构有定压调节和定距调节两类。为了使两胶辊保持正确的线速度的线速度差，我国还发展了齿轮变速箱和三角胶带相结合的传动方式。胶辊砻谷机的脱壳率高，糙米表面光滑，碎米少，但在气温高时胶辊损耗快，糙米爆腰较多，生产成本较高。

5. 谷糙筛

谷糙筛即为谷糙分离机，根据稻谷和糙米在粒度、比重等方面存在差异，通过双向倾斜、往复振动的分离板实现谷糙分离的。重力谷糙分离机的功能就是对大米进行加工以及种粮筛选。重力谷糙分离机是最为常用的谷糙分离工艺，效果较为理想。将重力谷糙分离机用于碾米加工，使其整、精米率得以提高，从而提高了米厂的经济效益。在生产过程中，主要在室内环境下开展作业，由于该设备通常都是固定不变的，不轻易移动。因此，通常采用膨胀螺丝对其四个脚进行固定，这样就能避免由于剧烈震动带来的设备跳动和位移。

6. 厚度机

厚度机也叫厚度分级机，是稻米加工过程中的精选设备。厚度机根据糙米的厚度进行分级，简单有效地去除糙米中的不完善粒、碎米粒、虫蚀粒和破碎粒，所以能获得较高纯度的糙米，减轻后续加工设备的负荷，降低稻米加工成本。

厚度机一般由进料箱、筛筒、清理刷、传动装置等部件组成。当物料进入进料箱后，通过吸风室，吸出轻杂；在压力门的控制下流入振动喂料槽，在振动的作用下物料均匀地布满整个槽宽，并借助分配箱将物料平均进入八角形的筛筒进行筛理。通过调节压力门可以有效地控制流量。进入旋转筛筒的物料在八角形筛筒的作用下，不断翻滚，并借助旋转形成薄壁的料层，使过筛物充分与筛面接触，从而得到充分筛理，比筛孔尺寸大的、品质好的筛上物料沿筛筒的倾斜方向，由筛上物出口排出；不完善粒、糙碎穿过筛筒，由筛下物出口排出。

二、稻米加工碾米设备

1. 着水机

着水机也称为糙米调质机，其在一定的温度下，对糙米以喷雾加湿，并在糙米仓内经过一定时间的湿润调整，来调整糙米的品质。着水机的目的是改善糙米加工性能，利于米机碾白。糙米受水雾后，糙米表面糠层吸水膨胀软化，在糙米颗粒中形成外大内小的水分梯度和外低内高的强度梯度分布，糠层与白米粒结构间产生相对位移，皮层糊粉层组织结构强度相对减弱，白米粒结构强度相对增强，这样就可以用较轻的碾白压力去除糠层，极大地改善了糙米加工性能。特别适用于陈粮或烘干过的稻谷加工。

2. 砂辊碾米机

磨削型砂辊米机由机架和抽风机构成，碾米室固定在机架上，进料装置装在碾米室的上部，集糠料斗装在碾米室的下部，碾米室内的主轴是空心轴，进风口设在空心轴的两端，出米嘴装有清理凉米机装置，斜向导料板安装在出米嘴内，导料板的下部装有清理凉米装置。磨削型砂辊米机的特点是碾米室的压力较低、碾米辊的线速度较高。

由于磨削仅存在碾米辊与糙米、糙米与排糠筒之间，再加上负压双向多通道进风，所以碾米过程的碎米率低。在工作过程中，糙米由进料斗通过流量调节机构进入碾米室的端部，受到旋转的螺旋推进器的推动而进入碾米室内部，当糙米充满碾米室后，推进螺旋仍不断地把糙米推入，使碾米室内的压力不断增加，当糙米群的压力大到足以克服出料口压力门的阻力时，出料口开启，米粒群排出碾米室，糙米从米机进口到出口，始终受到磨削作用，皮层逐渐被剥离而成为米糠，经排糠圆筒的孔眼排出，最后完成碾米。出料口处配置有清理凉米装置，对米粒进一步降温。

砂辊碾米机碾辊线速较高，一般在15m/s左右，但由于碾白压力较小，米粒在碾白室里密度较小，相应的碾白室应较大。所以与生产能力相当的擦离碾米机比较，其机型较大。

3. 铁辊碾米机

摩擦型铁辊米机的特点是碾米室的压力高、碾白辊的线速度较低。由于摩擦存在于整个碾米室内的整个糙米群中，涉及每一粒糙米，所以碾米均匀度高，但相应的碎米率也高。因此，铁辊米机适合于加工皮层韧性好、粒强度高的角质米。

碾辊线速度较低，一般在5m/s左右。由于碾白压力较大，米粒在碾白室内的密度较大，即单位碾白室容积的米粒数较多，在碾削相同的大米时，其碾白室容积较其他类型的碾米机要小。因此摩擦型碾米机的机型较小。

摩擦型碾米机由于碾白压力较大，还可以用于稻谷的直接碾米，但出碎严重，动力消耗大。此外，它还可以用于碾轧饲料等，具有一机多能的特点，而且结构简单，价格便宜，维修方便。但由于碾白路线较长，且出碎严重，一般常多机出白。

简单地说，就是靠强烈的摩擦作用而使糙米去皮的碾米方法。也就是在碾米机的碾白室里，米粒和碾白室构件之间以及米粒与米粒之间的相对运动，使之产生摩擦，当强烈的摩擦作用深入到米粒皮层的内部，使米皮沿着胚乳的表面产生相对滑动，并被拉伸、断裂、擦离。利用这种作用碾制白米的方法称为摩擦擦离碾白。

摩擦擦离碾白，必须在较大压力的擦离下进行，因为较小的压力只对米皮层起光洁作用。

为了提高碾米的工艺效果，摩擦擦离碾白所需的摩擦力应该大于米粒皮层的结构强度和米皮与胚乳的结合力，而小于胚乳自身的结合强度。摩擦压力要适当，过大容易产生碎米，过小起不到碾白作用。碾米过程中容易碎米，成品米光洁度和色泽较好。

4. 白米筛

白米分级平转筛主要是利用整米与碎米粒度的差异，在平面回转的筛面上流动时形成自动分级，经过适当配备筛面的连续筛理，分离出整米、大碎米、中碎米、小碎米 4 个等级。其结构主要由进料机构、吸风装置、筛体、偏心回转机构和机架等部分组成。筛体内装有 4 层有一定倾角的抽屉式筛格，筛格下设有倾角相反的导流淌板，可以延长筛理路线。由于采取了两次提取整米的工艺，整米的提取率较高。该设备在进机物料的含碎率小于 35% 时，其提取的整米中含碎率小于 5%，小碎中几乎不含整米。另外由于带有吸风装置，它还具有凉米、降湿、吸糠的功能。

白米分级回转筛工作原理与白米分级平转筛相同，主要由进料机构、吸糠装置、传动机构、筛体机架和悬挂装置组成。筛体由钢丝绳吊挂在机架上。筛体内装有两层抽屉式筛格，分前、后两段。上层前段筛面配备较大筛孔，后段筛面配备较小筛孔；下层前段筛面配备较小筛孔，后段筛面配备较大筛孔，将白米分成 4 种不同的粒度等级。物料在筛面上具有特殊的运动轨迹，进料端为大椭圆形，以后其长轴不断缩短，至筛面中部时成为圆形，至出料端已逐渐过渡为往复直线运动。因此，进料端物料与筛面的相对运动速度大，有利于物料的自动分级。出料端物料与筛面的相对速度小，有利于物料穿过筛孔，形成粒度分离。但从工艺流程上可以看出，物料在筛面上停留时间短，筛理的有效面积小，分级精度较差。

重力白米分级筛是由重力谷糙分离筛改进而成。其工作原理和重力谷糙分离筛相同，是利用整米、碎米、米粞粒度和摩擦系数等方面的物理特性差异将进机白米分成 3 种：整米，整、碎混合米和小碎、米粞混合物。它的主要优点是产量大，可以保证整齐度的稳定、一致。在不影响正常生产的情况下，通过调节筛面倾角和出料端的分离隔板，即可随时控制成品含碎及碎米中含整米以达到最佳分离效果。但不足之处是分离精度粗放，只能保证整米含碎的要求，其他两种分离出来的物料需要通过其他设备来二次分离。

三、稻米加工色选抛光设备

1. 抛光机

抛光机按抛辊性质的不同，分为铁辊抛光机和大米抛光机两大类。铁辊抛光机即为擦离型抛光机，大米抛光机则为抛削型和混合型抛光机。

抛光机还可以按照抛光机抛辊主轴的装置形式，分为立式抛光机和横式抛光机两大类。立式抛光机由于其抛白作用较小，一般需要多道抛白，台产量较低，加之立式传动比较麻烦，目前国内使用得比较少，目前主要使用横式抛光机。

糙米经过多机碾白后，去除碎米和糠片，经喷雾着水、润米后（使胚乳和米糠的结合力减小，由于添加的水很少，仅在米粒的表面形成一层薄薄的膜，加之抛光时间不长，对大米的含水率没有影响），再进入抛光机的抛光室内，在一定的压力和温度下，通过摩擦使米粒表面上光。通过抛光处理，不仅可以清除米粒表面浮糠，还起到使米粒表面淀粉预糊化和胶质化作用，淀粉糊化弥补裂纹，从而获得色泽晶莹光洁的外观质量，提高大米的储藏性能和实用品质，因而大米抛光处理十分有必要。

各种类型抛光米机主要结构大同小异，主要由喷雾着水部分、抛光部分、供水系统和喷风机构组成，进料装置和排料装置也是各种类型抛光米机的重要装置。

（1）喷雾着水部分　喷雾着水部分由喷嘴、喷嘴清理器、混水器、喂料螺旋、搅拌辊等组成。当物料通过流量计时，流量被测出，由此控制加水量。

（2）抛光部分　抛光部分是抛光米机的核心部分，由喂料螺旋、抛光辊、八片米筛组成的八角筛筒、出料压力门等组成。其中抛光辊按材料性质分为铁辊和砂辊，设计时应该明确砂辊线速度比铁辊线速度要高（铁辊线速度为5m/s左右，抛光压力较高，平均值为0.1MPa。砂辊线速度为15m/s左右，抛光压力较低，平均值为0.02MPa）。

2. 色选机

粮食安全在现代社会是一个至关重要的问题，霉变的大米会产生黄曲霉菌，是强致癌物质，在身体里很难降解，一旦蓄积到一定量，就会导致癌症的发生。

粮食加工企业在保证人们对粮食产量高需求的同时还要保证大米产品的质量卫生。为了实现双面的协调统一，大米色选机应运而生。一旦大米进了厂门，一律是除杂质，一道道减下去，直到全部成为干净的大米。一粒大米在历经千锤百炼后，想要成为色选机认可的产品，还再要经受剥皮等17道工序。随着市场上大米色选机的需求日趋增多，大米色选机产品技术也一直在创新迭代。

当大米沿着机器自动设置的滑道自上而下缓缓流动时，藏在滑道两边的高速光学摄像镜头会自动采集大米的颜色信息。一旦发现稻穗队伍中藏匿有跟健康大米不一样颜色、不一样形状、不一样大小的非正常米粒时，摄像头会瞬间将其捕获成像并锁定目标。此时，光信号转为电信号，高频电磁阀装置接到信号后即刻打开气流开关，驱动器会驱使喷射器，喷射出高速、短促的气流将混在米粒中的杂质迅速剔除。事实上，大米在高速运转的色选机内部前早已经历了精细加工，色选机像蜻蜓一样拥有复眼。

大米色选机是根据大米光学特性的差异，利用光电技术将大米中的异色颗粒自动分拣出来，从而达到提升大米品质，去除杂质的效果。

3. 精选机

精选机又称长度分级机，主要结构是由滚筒、螺旋绞龙和机架等组成。它是一种按长度进行分级的设备。物料进入滚筒后，较小的颗粒落入袋孔中，随着滚筒的旋转被带至一定的高度，然后落入小粒集料槽中，通过绞龙输出滚筒；而较大的颗粒只上升较低的高度就下滑，最后在滚筒底部滚动排出，从而实现长短粒的分离。从分离的程度上讲，筛选和重力分级只是粗放型分选，而长度分级机则可以对物料进行精细分选，其分级精度是筛选和重力分级选所难以达到的。长度分级机可以单筒使用，也可以双筒或三筒串联或并联组合使用，在工艺布置上比较灵活，稻米加工工艺中可根据加工精度和成品含碎要求来进行组合。一般情况下，长度分级机碎米的提取率很高，筒出物中含碎率可以小于1%，但槽出物中含整米还是比较多的，需进一步精选。长度分级机比较适合在长度上差别较大的白米分级，因此同种袋孔规格的滚筒，分离长粒米的效果要好于短粒米。

四、稻米加工其他设备

1. 斗式提升机

料斗把物料从下面的储藏室中舀起，随着输送带或链提升到顶部，绕过顶轮后向下翻转，斗式提升机将物料倾入接收槽内。带传动的斗式提升机的传动带一般采用橡胶带，装在下或上面的传动滚筒和上下面的改向滚筒上。链传动的斗式提升机一般装有两条平行的传动链，上或下面有一对传动链轮，下或上面是一对改向链轮。斗式提升机一般都装有机壳，以防止斗式提升机中粉尘飞扬。

2. 除尘风网设备

稻米加工过程中，对稻谷的处理加工会产生大量的灰尘，这些灰尘扩散到周围造成环境污染。同时，大量灰尘存在潜在安全危险，当灰尘含量达到一定浓度时，甚至会发生爆炸。通风除尘既可收集扩散的灰尘将其输送到指定地点，又可降低设备和物料温度，保证稻米加工的安全稳定运行。

除尘风网的组合根据设置吸风口数量的不同分为独立风网和集中风网。独立风网主要用于对风量要求较大的设备及工艺，这些设备和工艺常需要对风量、风压要求极高，才能满足工艺要求。而集中风网使用较为普遍，其优点是投资小且操作方便，集中风网组合常根据不同的生产需求、粉尘量和吸风点数量等参数进行配置。独立风网和集中风网可根据大米加工清理的生产要求进行灵活配置，可以单一使用或协同作用以减少生产成本和能量消耗。

根据工艺要求划分，灰尘处理的常规方法分为集中收集处理、单独处理和灰尘回流等。其中集中收集处理、单独处理较为普遍，集中收集处理需要铺设输送管道和设备。而灰尘回流因为工艺的特殊性，主要应用于粮食中转、储备等项目。大米加工厂尘源较多，清理去石、砻谷、碾米、抛光和白米整理等多种加工工艺产生的灰尘量、灰尘成分和灰尘尺寸各不相同，在实际设计中需根据工艺要求来设置除尘风网，可单独收集，也可混合收集，在满足生产需求的同时，尽可能降低生产运行成本和能量损耗。同时，除尘风网灰尘回流应收集处理，防止灰尘循环。

3. 关风器

旋转阀俗称关风机、锁气器、星形卸料器、旋转供卸料器等，可以用在收集物料系统中，作为料仓的卸料器，星形卸料器是目前国内最先进的卸料装置，常用在除尘系统中作为除尘系统的重要设备之一，它特别适用于粉尘、小颗粒物料，深受环保、冶金、化工、粮食、水泥、筑路、干燥设备等工业行业的工程项目择优选用。

关风器工作时由减速电机通过联轴带动叶轮转动，把壳体上部的物料均匀带到下部，由下一个装置把物料送走。所以刚性叶轮给料机只能直立安装，而不允许水平安装，给料机的上部要保持一定的料柱。减速器、传动轴、叶轮联为一体，工作可靠轻便节能。由于该关风器的轴承和减速机都是向外凸出，能够避免粉尘挤进轴承和大颗粒物料卡死的现象。

4. 脉冲关风器

脉冲除尘器主要由上箱体、中箱体、灰斗、进风均流管、支架滤袋及喷吹安装、卸灰安装等组成。含尘气体从除尘器的进风均流管进入各分室灰斗，并在灰斗导流安装的导流下，大颗粒的粉尘被分离，直接落入灰斗，而较细粉尘平均地进入中部箱体而吸附在滤袋的表面上，洁净气体透过滤袋进入上箱体，并经各离线阀和排风管排入大气。随着过滤工况的停止，滤袋上的粉尘越积越多，当设备阻力到达限定的阻力值（普通设定为1500Pa）时，由清灰控制安装按差压设定值或清灰时间设定值自动关闭一室离线阀后，按设定程序翻开电控脉冲阀，停止停风喷吹，应用紧缩空气霎时喷吹使滤袋内压力剧增，将滤袋上的粉尘停止抖落至灰斗中，由排灰机构排出。

第三章　稻米加工控制策略与建模

稻米加工生产线属于复杂的离散事件动态系统，控制系统结构复杂，控制对象多且控制量大，控制对象之间的逻辑结构也很繁琐，使用一种可读性良好的建模方法对控制系统进行建模，通过模型反映系统结构，就能发现并克服系统可能存在的致命错误，提高系统设计效率。

Petri 网是离散控制系统建模采用的最多的方法之一，Petri 网的并发、动态、直观等特点能很好地表达复杂的顺序、同步、并发等关系，其不仅是一种可视化的图形描述工具，而且有坚实的数学基础作为依据。

第一节　Petri 网基础

一、Petri 网

Petri 网是 1962 年由 Carl A. Petri（卡尔・A. 佩特里）在其博士论文中提出的，描述事件和条件关系的网络。适合于描述异步的、并发的计算机系统模型，以网图的方式简洁的、直观的模拟离散事件系统。Petri 网既有严格的数学表述方式，也有直观的图形表达方式。

Petri 网是简单的过程模型，由库所（Position，简写 P）、变迁（Transition，简写 T）和有向弧（Arc）元素组成。

库所集 P，$P = \{P_1, P_2, \cdots, P_m\}$ 为库所的集合。图形显示一般用圆圈节点“○”表示，通常表示系统中存在该资源，也表示一个场所，它是一种状态元素。在稻米加工自动控制系统中，库所与设备、闸门输出和操作对应。

变迁集 T，$T = \{T_1, T_2, \cdots, T_n\}$ 为变迁的集合。一般用粗实线或方框“▬”或“□”表示，它代表着系统中事件的转移，包括系统中资源的消耗、转移及其某种元素的状态变化。在稻米加工自动控制系统中，变迁与输入和控制条件对应。

有向弧 F，$F=(P\times T)\cup(T\times P)$ 为输入函数和输出函数集流关系。通常用箭头“→”表示，具有方向性，是库所和变迁之间的有向弧，用来连接库所和转移，联系状态和事件。

Petri 网可由三元组（P，T，F）构成，其充分必要条件如下。

①$P\cap T=\varnothing$：规定了库所 P 和变迁 T 是两类不同的元素；

②$P\cup T\neq\varnothing$：表示网中至少有一个元素；

③$F=(P\times T)\cup(T\times P)$：建立了从库所到变迁、从变迁到库所的单方向联系，并且规定同类元素之间不能直接联系，其中“×”为笛卡尔积；

④$dom(F)\cup cod(F)=P\cup T$：表明 Petri 网中没有孤立的元素，式中 $dom(F)=\{x\mid\exists y:(x,y)\in F\}$，$cod(F)=\{x\mid\exists x:(x,y)\in F\}$ 分别是指关系流 F 的定义域和值域。

库所集表示系统的状态，变迁集表示资源的消耗、使用及使系统状态产生的变化变迁发生，关系流是系统状态和事件之间的关系。在 Petri 网模型中，标记（Token）包含在库所中，它们表示事物、信息、条件或对象的状态，是库所中的动态对象。如果一个库所描述一个条件，当一个标记表现在这个位置中，条件为真，否则是假。如果一个变迁的所有输入库所至少包含一个标记，那么这个变迁可以实施。图 3－1 为一个简单的具有 2 个库所和 1 个变迁的 Petri 网模型。

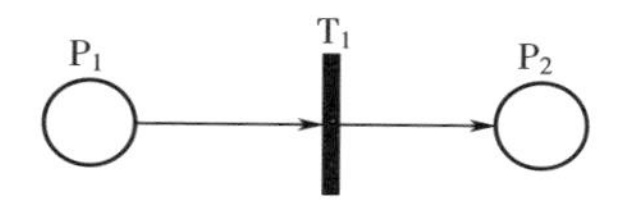

图 3－1　简单的 Petri 网模型

经典 Petri 网的规则是：关系流是有方向的，2 个库所或变迁之间不允许有流，库所可以拥有任意数量的标记。如果一个变迁的每个输入库所都拥有标记，该变迁即为被允许。一个变迁被允许时，变迁将发生，输入库所的标记被消耗，同时为输出库所产生标记。

二、Petri 网模型的建立方法

由于稻米加工自动控制系统中设备、提升机、风网系统等控制基本都是顺序启动与停止的，因此对于解决顺序控制类的 PLC 程序设计，其 Petri 网模型一方面可根据控制工作流程图建立，另一方面可直接由状态表或功能图转换而来。要将 Petri 网细化到执行元件和传感器作为位置元素。

本系统采用工作流程图到 Petri 网建模，其转换方法如图 3－2（1）所示。它由起始框、判断框、执行框、流程线等组成，其中执行框的作用为输出相应的控制动作，判断框的作用是对给定的控制条件进行判断，判断条件是否成立将决定下一步流程线流向的方向。流程线则将判断条件和执行框连接起来并引起控制过程的流动顺序。

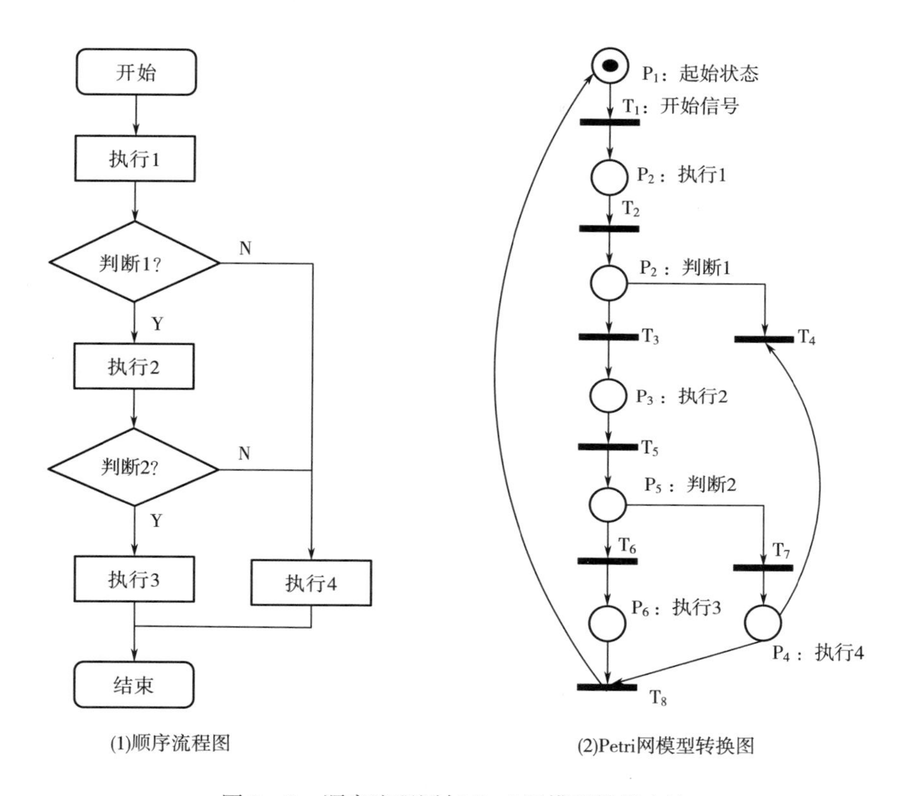

(1)顺序流程图

(2)Petri网模型转换图

图 3－2 顺序流程图与 Petri 网模型转换方法

图 3－2（1）中，执行 1～执行 4 为动作执行步，判读 1、判断 2 为判断条件，箭头线段为流动方向。系统启动后，执行 1 动作，执行完毕后判断 1 是否成立，如果成功执行 2 动作否则执行 4 动作。执行 2 完毕后，判断 2 是否成立，如果成功执行 3 动作否则执行 4 动作。无论执行 1 或执行 4 动作后系统都将结束本次工作。

顺序控制流程图设计时，将系统一个工作任务划分为若干步，并明确每一步要执行的输出动作，步与步之间通过相应条件进行转换，只要正确设置步与步之间的转换条件，就可以完成被控任务的全部动作。在 Petri 网中，把库所与流程图的执行框和判断框相对应，把变迁与流程图的流动条件相对应，从而得到 Petri 网图与流程图的对应关系，如图 3－2（2）所示。

因此，利用 Petri 网建模时，只需确定整个控制过程的顺序流程图，并根据 Petri 网图与顺序流程图的对应关系便可建立控制系统的 Petri 网模型。

第二节　清理砻谷控制建模

一、稻谷清理砻谷控制策略

在系统中，稻谷清理砻谷段控制策略主要是在自动运行时本段所有对象如何正常工作。自动启动时，启动顺序为先启动风网，再运行提升机和传输设备，最后从后向前依次启动砻谷和清理设备。依据此控制原则，稻谷清理砻谷段自动控制启动工艺顺序流程图如图3－3所示。

清理砻谷启动→砻谷脉冲关风器（M6）启动同时清理脉冲关风器（M11）和清理关风器（M10）启动→只有当M6、M11、M10同时运行，吹壳风机（M1）启动，且启动后自锁状态→2#砻谷关风器（M3）启动→2#砻谷风机（M5）启动，且启动后自锁状态→1#砻谷关风器（M2）启动→1#砻谷风机（M4）启动，且启动后自锁状态→10#提升机（M27）启动→若10#仓没有满仓，厚度机（M28）启动→9#提升机（M24）、8#提升机（M25）、6#提升机（M21）同时启动→若9#仓没有满仓，谷糙筛（M26）启动→7#提升机（M20）启动→1#砻谷机（M22）、2#砻谷机（M23）同时启动→若8#仓没有满仓，砻谷机进料驱动W8打开→去石关风器（M7）、去石脉冲关风器（M8）同时启动→只有当M7、M8时运行，去石风机（M9）启动，且启动后自锁状态→5#提升机（M18）启动→若7#仓没有满仓，去石机（M19）启动→4#提升机（M16）启动→若6#仓没有满仓，振动筛（M17）启动→3#提升机（M14）启动→若5#仓没有满仓，初清筛（M15）启动→2#提升机（M13）启动。

若选择了4#或6#闸门（W4或W6）放料，2#皮带机（M31）启动→若3#仓没有满仓，4#闸门（W4）或6#闸门（W6）打开。

若选择了3#或5#闸门（W3或W5）放料，1#皮带机（M30）启动→若3#仓没有满仓，3#闸门（W3）或5#闸门（W5）打开。

清理砻谷启动后→原粮进料信号开，刮板机（M29）启动→1#提升机（M12）启动→若W2打开，且1#仓没有满仓，原粮进料W1打开→若W2关闭，且2#仓没有满仓，原粮进料W1也打开。

在稻谷清理砻谷段自动运行中，设备启动表示设备启动条件满足就可以启动，而条件不满足时立即停止；设备自锁则表示设备启动条件成立则直接运行，即使运行过程中条件变化，该设备依然保持运行状态，直到正常停车延时时间到才停止。后面三个阶段设备启动和设备自锁表达的含义与此一致。

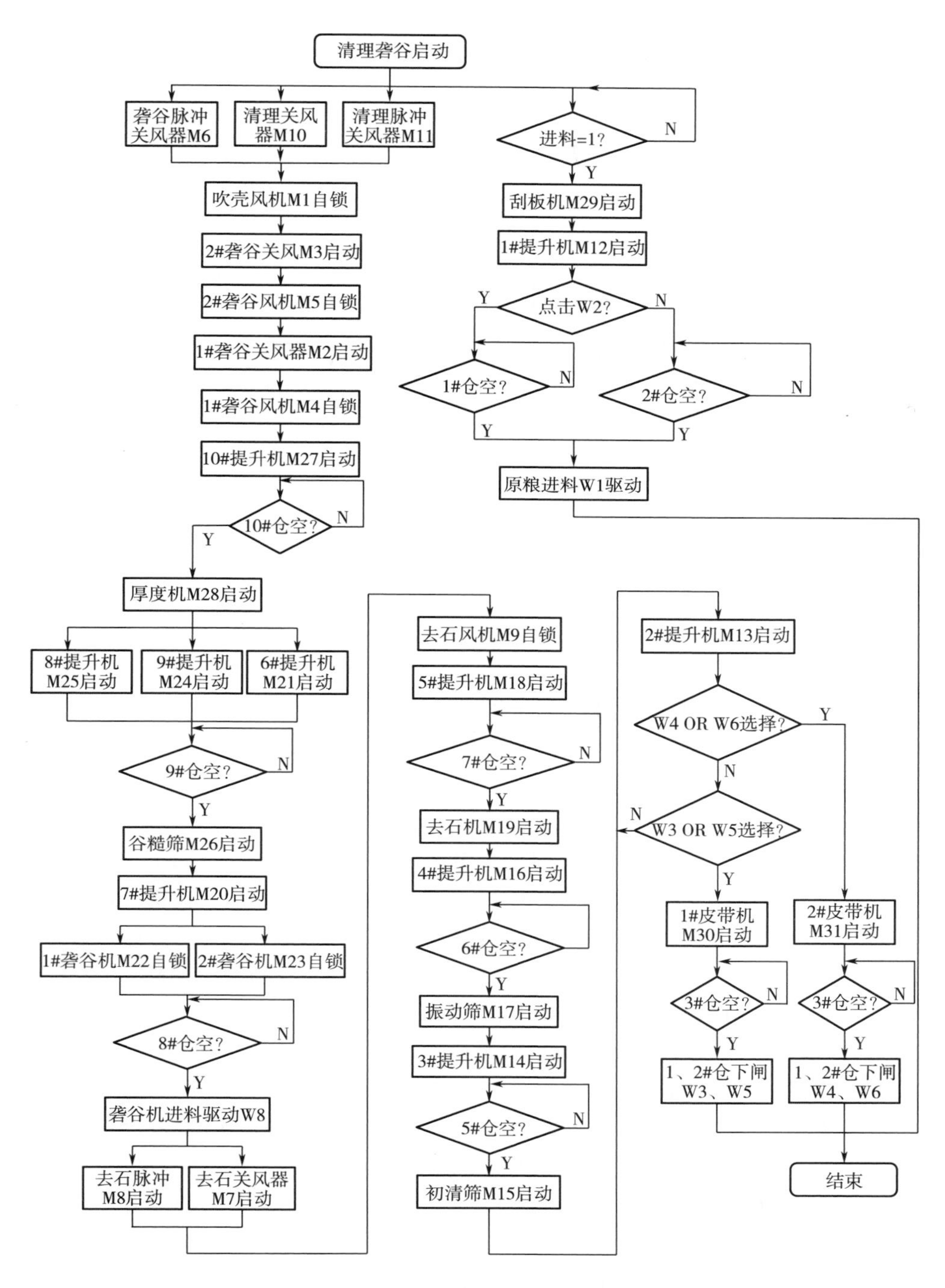

图 3－3　稻谷清理砻谷段启动顺序流程图

系统启动后处于运行状态，当需要正常停车时，先从前到后停止清理和砻谷设备，再停止传输设备，最后关闭风网。依据此停车原则，稻谷清理砻谷段自动控制停车工艺流程图如图 3 –4 所示。

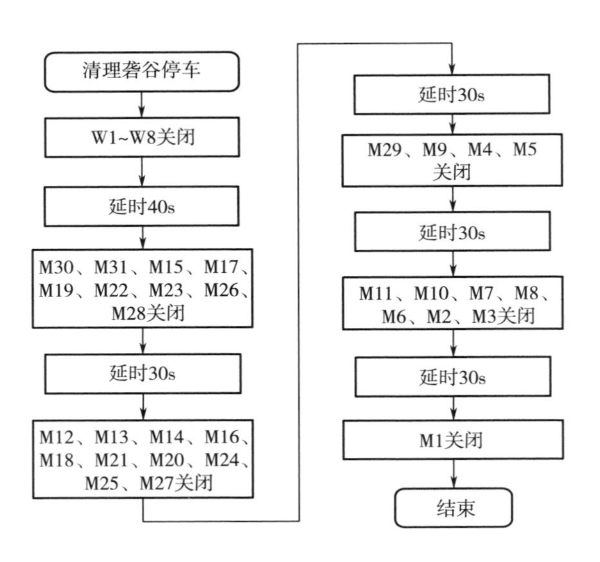

图 3 –4　清理砻谷停车流程图

清理砻谷停车流程按照分段停车策略实施，将系统停车分为 6 段，标识为 D_1 ~ D_6。停车信号发出后，首先在 D_1 段需要将该段所有闸门或进料驱动（W1 ~ W8）关闭，设备进料口关闭，但设备中还存有余料需要延时供其走完；延时 40s 后进入 D_2 段，该段停止的设备有 M17（振动筛）、M19（去石机）、M22（1#砻谷机）、M23（2#砻谷机）、M26（谷糙筛）、M28（厚度机）、M30（1#皮带机）、M31（2#皮带机）和 M15（初清筛）；设备停车后，输送设备例如提升机、皮带等需要延时走料，延时 30s 后进入 D_3 段，该段停止的设备有 M12（1#提升机）、M13（2#提升机）、M14（3#提升机）、M16（4#提升机）、M18（5#提升机）、M21（6#提升机）、M20（7#提升机）、M24（9#提升机）、M25（8#提升机）、M27（10#提升机）；输送设备停车后，风机等需要延时洗尘，延时 30s 后进入 D_4 段，该段停止的设备有 M4（1#砻谷风机）、M5（2#砻谷风机）、M9（去石风机）、M29（刮板机）；风机停车后，关风器等设备也需延时停车，延时 30s 后进入 D_5 段，该段停止的设备有 M2（1#砻谷关风器）、M3（2#砻谷关风器）、M6（砻谷脉冲关风器）、M7（去石关风器）、M8（去石脉冲关风器）、M10（清理关风器）、M11（清理脉冲关风器）；最后延时 30s 后进入 D_6 段，停止 M1（吹壳风机）。

清理砻谷段在运行过程中，对于启动后没有自锁的设备和闸门，如果条件不满足，立即自动停止设备或关闭闸门，一旦启动条件成立，对应设备或闸门将依据启动顺序流程图自动启动运行。

二、稻谷清理砻谷 Petri 网建模

为建立稻谷清理砻谷的启动 Petri 网模型，根据图 3－3 清理砻谷段启动流程图，将流程图的执行框和判断框与 Petri 网的 P 相对应，把流程图的流动条件与 Petri 网的 T 相对应，便可得到稻谷清理砻谷段启动 Petri 网模型图（图 3－5）。

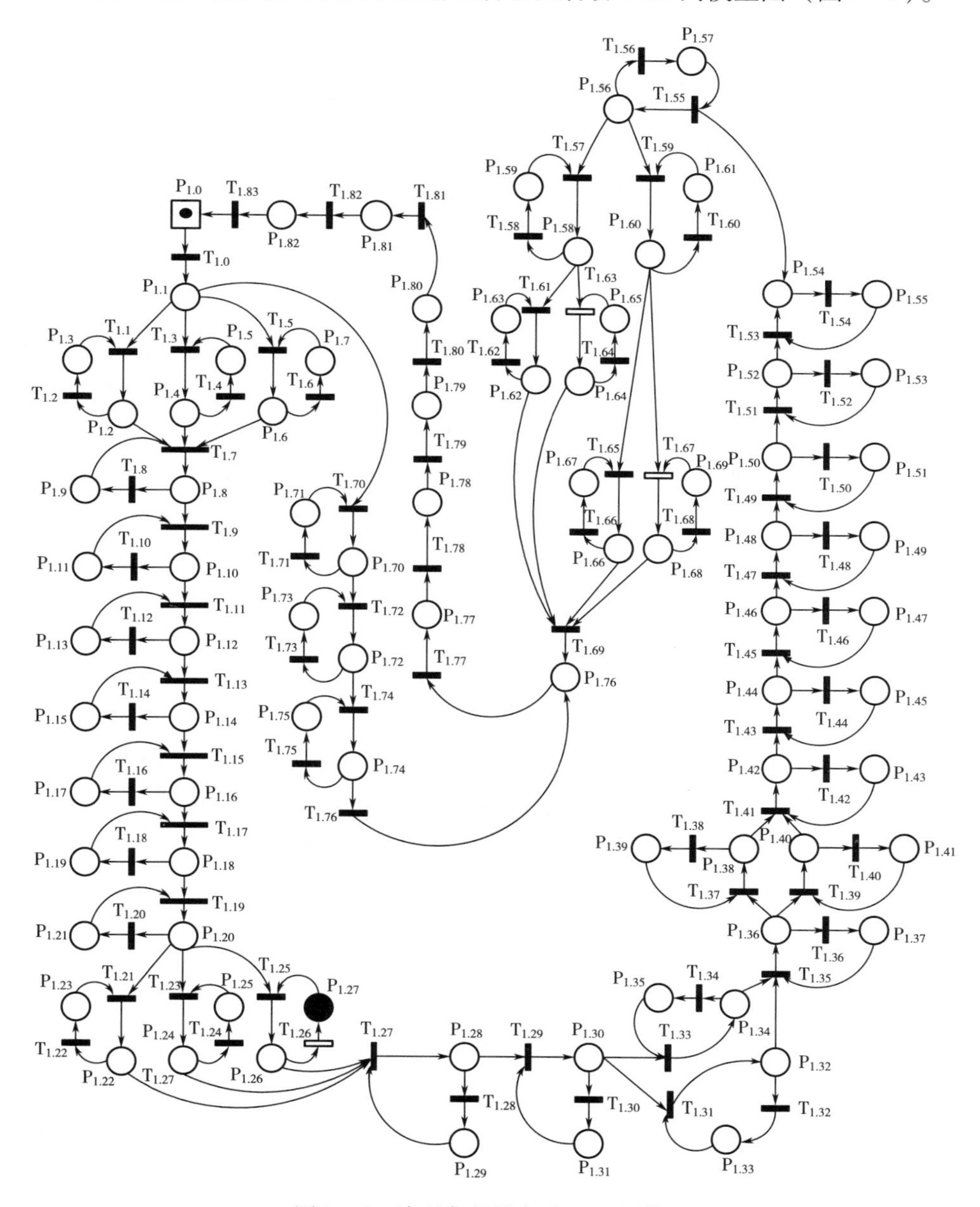

图 3－5　清理砻谷段启动 Petri 网模型

在清理砻谷起始状态下，当清理启动信号产生时，变迁 $T_{1.0}$激发，从而开启稻谷清理砻谷段启动过程，库所 $P_{1.1}$得到标识，系统启动标志为 ON。若清理砻谷启动标志为 ON 且 D_5 延时未完成，变迁 $T_{1.1}$激发，库所 $P_{1.2}$得到标识，M6 启动信号为 ON；如果 D_5 延时成功，变迁 $T_{1.2}$激发，库所 $P_{1.3}$得到标识，M6 停车信号为 ON。若清理砻谷启动标志为 ON 且 D_5 延时未完成，变迁 $T_{1.3}$激发，库所 $P_{1.4}$得到标识，M10 启动信号为 ON；如果 D_5 延时成功，变迁 $T_{1.4}$激发，库所 $P_{1.5}$得到标识，M10 停车信号为 ON。若清理砻谷启动标志为 ON 且 D_5 延时未完成，变迁 $T_{1.5}$激发，库所 $P_{1.6}$得到标识，M11 启动信号为 ON；如果 D_5 延时成功，变迁 $T_{1.6}$激发，库所 $P_{1.7}$得到标识，M11 停车信号为 ON。若 M6 运行、M10 运行、M10 运行且 D_6 延时未完成，变迁 $T_{1.7}$激发，库所 $P_{1.8}$得到标识，M1 启动信号为 ON；如果 D_6 延时成功，变迁 $T_{1.8}$激发，库所 $P_{1.9}$得到标识，M1 停车信号为 ON。

若 M1 运行且 D_5 延时未完成，变迁 $T_{1.9}$激发，库所 $P_{1.10}$得到标识，M3 启动信号为 ON；如果 M1 停车或 D_5 延时成功，变迁 $T_{1.10}$激发，库所 $P_{1.11}$得到标识，M3 停车信号为 ON。若 M3 运行且 D_4 延时未完成，变迁 $T_{1.11}$激发，库所 $P_{1.12}$得到标识，M5 启动信号为 ON；如果 M3 停车或 D_4 延时成功，变迁 $T_{1.12}$激发，库所 $P_{1.13}$得到标识，M5 停车信号为 ON。若 M5 运行且 D_5 延时未完成，变迁 $T_{1.13}$激发，库所 $P_{1.14}$得到标识，M2 启动信号为 ON；如果 M5 停车或 D_5 延时成功，变迁 $T_{1.14}$激发，库所 $P_{1.15}$得到标识，M2 停车信号为 ON。若 M2 运行且 D_4 延时未完成，变迁 $T_{1.15}$激发，库所 $P_{1.16}$得到标识，M4 启动信号为 ON；如果 D_4 延时成功，变迁 $T_{1.16}$激发，库所 $P_{1.17}$得到标识，M4 停车信号为 ON。若 M4 运行且 D_3 延时未完成，变迁 $T_{1.17}$激发，库所 $P_{1.18}$得到标识，M27 启动信号为 ON；如果 M4 停车或 D_3 延时成功，变迁 $T_{1.18}$激发，库所 $P_{1.19}$得到标识，M27 停车信号为 ON。若 M27 运行、10#缓冲仓物料未满且 D_2 延时未完成，变迁 $T_{1.19}$激发，库所 $P_{1.20}$得到标识，M28 启动信号为 ON；如果 M27 停车、10#缓冲仓物料满或 D_2 延时成功，变迁 $T_{1.20}$激发，库所 $P_{1.21}$得到标识，M28 停车信号为 ON。

若 M28 运行且 D_3 延时未完成，变迁 $T_{1.21}$激发，库所 $P_{1.22}$得到标识，M21 启动信号为 ON；如果 M28 停车或 D_3 延时成功，变迁 $T_{1.22}$激发，库所 $P_{1.23}$得到标识，M21 停车信号为 ON。若 M28 运行且 D_3 延时未完成，变迁 $T_{1.23}$激发，库所 $P_{1.24}$得到标识，M24 启动信号为 ON；如果 M28 停车或 D_3 延时成功，变迁 $T_{1.24}$激发，库所 $P_{1.25}$得到标识，M24 停车信号为 ON。若 M28 运行且 D_3 延时未完成，变迁 $T_{1.25}$激发，库所 $P_{1.26}$得到标识，M25 启动信号为 ON；如果 M28 停车或 D_3 延时成功，变迁 $T_{1.26}$激发，库所 $P_{1.27}$得到标识，M25 停车信号为 ON。若 M26 运行且 D_3 延时未完成，变迁 $T_{1.29}$激发，库所 $P_{1.30}$得到标识，M20 启动信号为 ON；如果 M26 停车或 D_3 延时成功，变迁 $T_{1.30}$激发，库所 $P_{1.31}$得到标识，M20 停车信号为 ON。若 M20 运行且 D_2 延时未完成，变迁 $T_{1.31}$激发，库所 $P_{1.32}$得到标识，

M22 启动信号为 ON；如果 M20 停车或 D_2 延时成功，变迁 $T_{1.32}$ 激发，库所 $P_{1.33}$ 得到标识，M22 停车信号为 ON。若 M20 运行且 D_2 延时未完成，变迁 $T_{1.33}$ 激发，库所 $P_{1.34}$ 得到标识，M23 启动信号为 ON；如果 M20 停车或 D_2 延时成功，变迁 $T_{1.34}$ 激发，库所 $P_{1.35}$ 得到标识，M23 停车信号为 ON。

若 M22 运行、M23 运行、8#缓冲仓物料未满且 D_1 延时未完成，变迁 $T_{1.35}$ 激发，库所 $P_{1.36}$ 得到标识，W8 闸门打开信号为 ON；如果 M22 停车、M23 停车、8#缓冲仓物料满或 D_1 延时成功，变迁 $T_{1.36}$ 激发，库所 $P_{1.37}$ 得到标识，W8 闸门关闭信号为 ON。若 W8 闸门打开且 D_5 延时未完成，变迁 $T_{1.37}$ 发，库所 $P_{1.38}$ 得到标识，M7 启动信号为 ON；如果 W8 闸门关闭或 D_5 延时成功，变迁 $T_{1.38}$ 激发，库所 $P_{1.39}$ 得到标识，M7 停车信号为 ON。若 W8 闸门打开且 D_5 延时未完成，变迁 $T_{1.39}$ 发，库所 $P_{1.40}$ 得到标识，M8 启动信号为 ON；如果 W8 闸门关闭或 D_5 延时成功，变迁 $T_{1.40}$ 激发，库所 $P_{1.41}$ 得到标识，M8 停车信号为 ON。若 M7 运行、M8 运行且 D_4 延时未完成，变迁 $T_{1.41}$ 激发，库所 $P_{1.42}$ 得到标识，M9 启动信号为 ON；如果 M7 停车、M8 停车或 D_4 延时成功，变迁 $T_{1.42}$ 激发，库所 $P_{1.43}$ 得到标识，M9 停车信号为 ON。若 M9 运行且 D_3 延时未完成，变迁 $T_{1.43}$ 激发，库所 $P_{1.44}$ 得到标识，M18 启动信号为 ON；如果 M9 停车或 D_3 延时成功，变迁 $T_{1.44}$ 激发，库所 $P_{1.45}$ 得到标识，M18 停车信号为 ON。若 M18 运行、7#缓冲仓物料未满且 D_2 延时未完成，变迁 $T_{1.45}$ 激发，库所 $P_{1.46}$ 得到标识，M19 启动信号为 ON；如果 M18 停车、7#缓冲仓物料满或 D_2 延时成功，变迁 $T_{1.46}$ 激发，库所 $P_{1.47}$ 得到标识，M19 停车信号为 ON。若 M19 运行且 D_3 延时未完成，变迁 $T_{1.47}$ 激发，库所 $P_{1.48}$ 得到标识，M16 启动信号为 ON；如果 M19 停车或 D_3 延时成功，变迁 $T_{1.48}$ 激发，库所 $P_{1.49}$ 得到标识，M16 停车信号为 ON。若 M16 运行、6#缓冲仓物料未满且 D_2 延时未完成，变迁 $T_{1.49}$ 激发，库所 $P_{1.50}$ 得到标识，M17 启动信号为 ON；如果 M16 停车、6#缓冲仓物料满或 D_2 延时成功，变迁 $T_{1.50}$ 激发，库所 $P_{1.51}$ 得到标识，M17 停车信号为 ON。若 M17 运行且 D_3 延时未完成，变迁 $T_{1.51}$ 激发，库所 $P_{1.52}$ 得到标识，M14 启动信号为 ON；如果 M17 停车或 D_3 延时成功，变迁 $T_{1.52}$ 激发，库所 $P_{1.53}$ 得到标识，M14 停车信号为 ON。若 M14 运行、5#缓冲仓物料未满且 D_2 延时未完成，变迁 $T_{1.53}$ 激发，库所 $P_{1.54}$ 得到标识，M15 启动信号为 ON；如果 M14 停车、5#缓冲仓物料满或 D_2 延时成功，变迁 $T_{1.54}$ 激发，库所 $P_{1.55}$ 得到标识，M15 停车信号为 ON。若 M15 运行且 D_3 延时未完成，变迁 $T_{1.55}$ 激发，库所 $P_{1.56}$ 得到标识，M13 启动信号为 ON；如果 M15 停车或 D_3 延时成功，变迁 $T_{1.56}$ 激发，库所 $P_{1.57}$ 得到标识，M13 停车信号为 ON。若 M13 运行、W3 或 W5 被选中且 D_2 延时未完成，变迁 $T_{1.57}$ 激发，库所 $P_{1.58}$ 得到标识，M30 启动信号为 ON；如果 M13 停车、W3 与 W5 均未被选中或 D_2 延时成功，变迁 $T_{1.58}$ 激发，库所 $P_{1.59}$ 得到标识，M30 停车信号为 ON。若 M13 运行、W4 或 W6 被选中且 D_2 延时未完成，变迁 $T_{1.59}$ 激发，库所 $P_{1.60}$ 得到标识，M31 启动信号为

ON；如果 M13 停车、W4 与 W6 均未被选中或 D_2 延时成功，变迁 $T_{1.60}$激发，库所 $P_{1.61}$得到标识，M31 停车信号为 ON。若 M30 运行、W3 被选中、3#缓冲仓物料未满且 D_1 延时未完成，变迁 $T_{1.61}$激发，库所 $P_{1.62}$得到标识，W3 闸门打开信号为 ON；如果 M30 停车、W3 未被选中、3#缓冲仓物料满或 D_1 延时成功，变迁 $T_{1.62}$激发，库所 $P_{1.63}$得到标识，W3 闸门关闭信号为 ON。若 M30 运行、W5 被选中、3#缓冲仓物料未满且 D_1 延时未完成，变迁 $T_{1.63}$激发，库所 $P_{1.64}$得到标识，W5 闸门打开信号为 ON；如果 M30 停车、W5 未被选中、3#缓冲仓物料满或 D_1 延时成功，变迁 $T_{1.64}$激发，库所 $P_{1.65}$得到标识，W5 闸门关闭信号为 ON。若 M31 运行、W4 被选中、3#缓冲仓物料未满且 D_1 延时未完成，变迁 $T_{1.65}$激发，库所 $P_{1.66}$得到标识，W4 闸门打开信号为 ON；如果 M31 停车、W4 未被选中、3#缓冲仓物料满或 D_1 延时成功，变迁 $T_{1.66}$激发，库所 $P_{1.67}$得到标识，W4 闸门关闭信号为 ON。若 M31 运行、W6 被选中、3#缓冲仓物料未满且 D_1 延时未完成，变迁 $T_{1.67}$激发，库所 $P_{1.68}$得到标识，W6 闸门打开信号为 ON；如果 M31 停车、W6 未被选中、3#缓冲仓物料满或 D_1 延时成功，变迁 $T_{1.68}$激发，库所 $P_{1.69}$得到标识，W6 闸门关闭信号为 ON。

若清理砻谷启动标志为 ON、1#缓冲仓物料未满、W1 闸门被选中且 D_4 延时未完成，变迁 $T_{1.70}$激发，库所 $P_{1.70}$得到标识，M29 启动信号为 ON；如果 1#缓冲仓物料满、W1 闸门未被选中或 D_4 延时成功，变迁 $T_{1.71}$激发，库所 $P_{1.71}$得到标识，M29 停车信号为 ON。若 M29 运行且 D_3 延时未完成，变迁 $T_{1.72}$激发，库所 $P_{1.72}$得到标识，M12 启动信号为 ON；如果 M29 停车或 D_3 延时成功，变迁 $T_{1.73}$激发，库所 $P_{1.73}$得到标识，M12 停车信号为 ON。若 M12 运行、1#缓冲仓物料未满或 W2 被选中、2#缓冲仓物料未满或 W2 被选中且 D_1 延时未完成，变迁 $T_{1.74}$激发，库所 $P_{1.74}$得到标识，W1 闸门打开信号为 ON；如果 M12 停车、1#缓冲仓物料满且 W2 未被选中、2#缓冲仓物料满且 W2 未被选中或 D_1 延时成功，变迁 $T_{1.75}$激发，库所 $P_{1.75}$得到标识，W1 闸门关闭信号为 ON。

当 W1、W3、W4、W5、W6 四个闸门其中一个打开，变迁 $T_{1.69}$激发，库所 $P_{1.76}$得到标识，系统处于正常运行状态（运行标志位“ON”）；如果清理砻谷停车按钮按下，变迁 $T_{1.77}$激发，库所 $P_{1.77}$得到标识，清理砻谷运行标志为“OFF”，开始停车处理且 D_1 成功。当 D_1 = ON 时 30s 延时开始，延时到变迁 $T_{1.78}$激发，库所 $P_{1.78}$得到标识，D_2 定时成功为 ON。当 D_2 = ON 时 30s 延时开始，延时到变迁 $T_{1.79}$激发，库所 $P_{1.79}$得到标识，D_3 定时成功为 ON。当 D_3 = ON 时 30s 延时开始，延时到变迁 $T_{1.80}$激发，库所 $P_{1.80}$得到标识，D_4 定时成功为 ON。当D_4 = ON 时 30s 延时开始，延时到变迁 $T_{1.81}$激发，库所 $P_{1.81}$得到标识，D_5 定时成功为 ON。当 D_5 = ON 时 30s 延时开始，延时到变迁 $T_{1.82}$激发，库所 $P_{1.82}$得到标识，D_6 定时成功为 ON。

将 Petri 网模型赋予实际含义，才能清楚地描述系统的启动过程。根据稻谷清理砻谷启动工艺过程，分别赋予库所和变迁实际含义如表 3－1 和表 3－2 所示。

表 3－1　　清理砻谷段启动库所集的含义

库所集	库所集含义	库所集	库所集含义	库所集	库所集含义
$P_{1.0}$	清理起始状态	$P_{1.1}$	清理启动标志 ON	$P_{1.2}$	M6 启动
$P_{1.3}$	M6 停止	$P_{1.4}$	M10 启动	$P_{1.5}$	M10 停止
$P_{1.6}$	M11 启动	$P_{1.7}$	M11 停止	$P_{1.8}$	M1 启动
$P_{1.9}$	M1 停止	$P_{1.10}$	M3 启动	$P_{1.11}$	M3 停止
$P_{1.12}$	M5 启动	$P_{1.13}$	M5 停止	$P_{1.14}$	M2 启动
$P_{1.15}$	M2 停止	$P_{1.16}$	M4 启动	$P_{1.17}$	M4 停止
$P_{1.18}$	M27 启动	$P_{1.19}$	M27 停止	$P_{1.20}$	M28 启动
$P_{1.21}$	M28 停止	$P_{1.22}$	M21 启动	$P_{1.23}$	M21 停止
$P_{1.24}$	M24 启动	$P_{1.25}$	M24 停止	$P_{1.26}$	M25 启动
$P_{1.27}$	M25 停止	$P_{1.28}$	M26 启动	$P_{1.29}$	M26 停止
$P_{1.30}$	M20 启动	$P_{1.31}$	M20 停止	$P_{1.32}$	M23 启动
$P_{1.33}$	M23 停止	$P_{1.34}$	M22 启动	$P_{1.35}$	M22 停止
$P_{1.36}$	W8 打开	$P_{1.37}$	W8 关闭	$P_{1.38}$	M7 启动
$P_{1.39}$	M7 停止	$P_{1.40}$	M8 启动	$P_{1.41}$	M8 停止
$P_{1.42}$	M9 启动	$P_{1.43}$	M9 停止	$P_{1.44}$	M18 启动
$P_{1.45}$	M18 停止	$P_{1.46}$	M19 启动	$P_{1.47}$	M19 停止
$P_{1.48}$	M16 启动	$P_{1.49}$	M16 停止	$P_{1.50}$	M17 启动
$P_{1.51}$	M17 停止	$P_{1.52}$	M14 启动	$P_{1.53}$	M14 停止
$P_{1.54}$	M15 启动	$P_{1.55}$	M15 停止	$P_{1.56}$	M13 启动
$P_{1.57}$	M13 停止	$P_{1.58}$	M30 启动	$P_{1.59}$	M30 停止
$P_{1.60}$	M31 启动	$P_{1.61}$	M31 停止	$P_{1.62}$	W3 打开
$P_{1.63}$	W3 关闭	$P_{1.64}$	W4 打开	$P_{1.65}$	W4 关闭
$P_{1.66}$	W5 打开	$P_{1.67}$	W5 关闭	$P_{1.68}$	W6 打开
$P_{1.69}$	W6 关闭	$P_{1.70}$	M29 启动	$P_{1.71}$	M29 停止
$P_{1.72}$	M12 启动	$P_{1.73}$	M12 停止	$P_{1.74}$	W1 打开
$P_{1.75}$	W1 关闭	$P_{1.76}$	清理运行标志 ON	$P_{1.77}$	清理运行标志 OFF
$P_{1.78}$	停车时间 D_2 到	$P_{1.79}$	停车时间 D_3 到	$P_{1.80}$	停车时间 D_4 到
$P_{1.81}$	停车时间 D_5 到	$P_{1.82}$	停车时间 D_6 到		

表 3－2　　清理砻谷段启动变迁集的含义

变迁集	变迁集含义	变迁条件	变迁集	变迁集含义	变迁条件
$T_{1.0}$：$I_{1.0}$	清理启动信号	启动按钮上升	$T_{1.1}$：$I_{1.1}$	M6 启动条件	清理启动标志 ON&D_5 = OFF
$T_{1.2}$：$I_{1.2}$	M6 停止条件	D_5 = ON	$T_{1.3}$：$I_{1.3}$	M10 启动条件	清理启动标志 ON&D_5 = OFF
$T_{1.4}$：$I_{1.4}$	M10 停止条件	D_5 = ON	$T_{1.5}$：$I_{1.5}$	M11 启动条件	清理启动标志 ON&D_5 = OFF
$T_{1.6}$：$I_{1.6}$	M11 停止条件	D_5 = ON	$T_{1.7}$：$I_{1.7}$	M1 启动条件	M6 = ON&M10 = ON&M11 = ON&D_6 = OFF
$T_{1.8}$：$I_{1.8}$	M1 停止条件	D_6 = ON	$T_{1.9}$：$I_{1.9}$	M3 启动条件	M1 = ON&D_5 = OFF
$T_{1.10}$：$I_{1.10}$	M3 停止条件	M1 = OFF ∣ D_5 = ON	$T_{1.11}$：$I_{1.11}$	M5 启动条件	M3 = ON&D_4 = OFF
$T_{1.12}$：$I_{1.12}$	M5 停止条件	D_4 = ON	$T_{1.13}$：$I_{1.13}$	M2 启动条件	M5 = ON&D_5 = OFF
$T_{1.14}$：$I_{1.14}$	M2 停止条件	M5 = OFF ∣ D_5 = ON	$T_{1.15}$：$I_{1.15}$	M4 启动条件	M2 = ON&D_4 = OFF
$T_{1.16}$：$I_{1.16}$	M4 停止条件	D_4 = ON	$T_{1.17}$：$I_{1.17}$	M27 启动条件	M4 = ON&D_3 = OFF
$T_{1.18}$：$I_{1.18}$	M27 停止条件	M4 = OFF ∣ D_3 = ON	$T_{1.19}$：$I_{1.19}$	M28 启动条件	M27 = ON&10#仓空 &D_2 = OFF
$T_{1.20}$：$I_{1.20}$	M28 停止条件	M27 = OFF ∣ 10#仓满 ∣ D_2 = ON	$T_{1.21}$：$I_{1.21}$	M21 启动条件	M28 = ON&D_3 = OFF
$T_{1.22}$：$I_{1.22}$	M21 停止条件	M28 = OFF ∣ D_3 = ON	$T_{1.23}$：$I_{1.23}$	M24 启动条件	M28 = ON&D_3 = OFF
$T_{1.24}$：$I_{1.24}$	M24 停止条件	M28 = OFF ∣ D_3 = ON	$T_{1.25}$：$I_{1.25}$	M25 启动条件	M28 = ON&D_3 = OFF
$T_{1.26}$：$I_{1.26}$	M25 停止条件	M28 = OFF ∣ D_3 = ON	$T_{1.27}$：$I_{1.27}$	M26 启动条件	M21 = ON&M24 = ON&M25 = ON&9#仓空 &D_2 = OFF
$T_{1.28}$：$I_{1.28}$	M26 停止条件	M21 = OFF ∣ M24 = OFF ∣ M25 = OFF ∣ D_2 = ON ∣ 9#仓满	$T_{1.29}$：$I_{1.29}$	M20 启动条件	M26 = ON&D_3 = OFF
$T_{1.30}$：$I_{1.30}$	M20 停止条件	M26 = OFF ∣ D_3 = ON	$T_{1.31}$：$I_{1.31}$	M22 启动条件	M20 = ON&D_2 = OFF
$T_{1.32}$：$I_{1.32}$	M22 停止条件	M20 = OFF ∣ D_2 = ON	$T_{1.33}$：$I_{1.33}$	M23 启动条件	M20 = ON&D_2 = OFF
$T_{1.34}$：$I_{1.34}$	M23 停止条件	M20 = OFF ∣ D_2 = ON	$T_{1.35}$：$I_{1.35}$	W8 打开条件	M22 = ON&M23 = ON&8 # 仓 空 &D_1 = OFF
$T_{1.36}$：$I_{1.36}$	W8 关闭条件	M22 = OFF ∣ M23 = OFF ∣ 8#仓满 ∣ D_1 = ON	$T_{1.37}$：$I_{1.37}$	M7 启动条件	W8 = ON&D_5 = OFF

续表

变迁集	变迁集含义	变迁条件	变迁集	变迁集含义	变迁条件
$T_{1.38}$：$I_{1.38}$	M7 停止条件	$W8 = OFF \mid D_5 = OFF$	$T_{1.39}$：$I_{1.39}$	M8 启动条件	$W8 = ON \& D_5 = OFF$
$T_{1.40}$：$I_{1.40}$	M8 停止条件	$W8 = OFF \mid D_5 = OFF$	$T_{1.41}$：$I_{1.41}$	M9 启动条件	$M7 = ON \& M8 = ON \& D_4 = OFF$
$T_{1.42}$：$I_{1.42}$	M9 停止条件	$D_4 = ON$	$T_{1.43}$：$I_{1.43}$	M18 启动条件	$M9 = ON \& D_3 = OFF$
$T_{1.44}$：$I_{1.44}$	M18 停止条件	$M9 = OFF \mid D_3 = ON$	$T_{1.45}$：$I_{1.45}$	M19 启动条件	M18 = ON&7#仓空 & $D_2 = OFF$
$T_{1.46}$：$I_{1.46}$	M19 停止条件	M18 = OFF $\mid$ 7#仓满 $\mid$ $D_2 = ON$	$T_{1.47}$：$I_{1.47}$	M16 启动条件	$M19 = ON \& D_3 = OFF$
$T_{1.48}$：$I_{1.48}$	M16 停止条件	$M19 = OFF \mid D_3 = ON$	$T_{1.49}$：$I_{1.49}$	M17 启动条件	M16 = ON&6#仓空 &$D_2 = OFF$
$T_{1.50}$：$I_{1.50}$	M17 停止条件	M16 = OFF $\mid$ 6#仓满 $\mid$ $D_2 = ON$	$T_{1.51}$：$I_{1.51}$	M14 启动条件	$M17 = ON \& D_3 = OFF$
$T_{1.52}$：$I_{1.52}$	M14 停止条件	$M17 = OFF \mid D_3 = ON$	$T_{1.53}$：$I_{1.53}$	M15 启动条件	M14 = ON&5#仓空 &$D_2 = OFF$
$T_{1.54}$：$I_{1.54}$	M15 停止条件	M14 = OFF $\mid$ 5#仓满 $\mid$ $D_2 = ON$	$T_{1.55}$：$I_{1.55}$	M13 启动条件	$M15 = ON \& D_3 = OFF$
$T_{1.56}$：$I_{1.56}$	M13 停止条件	$M15 = OFF \mid D_3 = ON$	$T_{1.57}$：$I_{1.57}$	M30 启动条件	M13 = ON&（W3 $\mid$ W5 被选中）&$D_2 = OFF$
$T_{1.58}$：$I_{1.58}$	M30 停止条件	M13 = OFF $\mid$ （W3&W5 均未选中）$\mid$ $D_2 = ON$	$T_{1.59}$：$I_{1.59}$	M31 启动条件	M13 = ON&（W4 $\mid$ W6 被选中）&$D_2 = OFF$
$T_{1.60}$：$I_{1.60}$	M31 停止条件	M13 = OFF $\mid$ （W4&W6 均未选中）$\mid$ $D_2 = ON$	$T_{1.61}$：$I_{1.61}$	W3 打开条件	M30 = ON&3#仓空 &W3 被选中 &$D_1 = OFF$
$T_{1.62}$：$I_{1.62}$	W3 停止条件	W30 = OFF $\mid$ $D_1 = OFF$ $\mid$ 3#仓满 $\mid$ W3 未选中	$T_{1.63}$：$I_{1.63}$	W5 打开条件	M30 = ON&3#仓空 &W5 被选中 &$D_1 = OFF$
$T_{1.64}$：$I_{1.64}$	W5 停止条件	W30 = OFF $\mid$ $D_1 = OFF$ $\mid$ 3#仓满 $\mid$ W5 未选中	$T_{1.65}$：$I_{1.65}$	W4 打开条件	M31 = ON&3#仓空 &W4 被选中 &$D_1 = OFF$
$T_{1.66}$：$I_{1.66}$	W4 停止条件	W31 = OFF $\mid$ $D_1 = OFF$ $\mid$ 3#仓满 $\mid$ W4 未选中	$T_{1.67}$：$I_{1.67}$	W6 打开条件	M31 = ON&3#仓空 &W6 被选中 &$D_1 = OFF$
$T_{1.68}$：$I_{1.68}$	W6 停止条件	W31 = OFF $\mid$ $D_1 = OFF$ $\mid$ 3#仓满 $\mid$ W6 未选中	$T_{1.69}$：$I_{1.69}$	清理运行条件	W3 ~ W6 中至少有一个为 ON
$T_{1.70}$：$I_{1.70}$	M29 启动条件	清理启动 = ON&1#仓空 & 进料选中 &$D_1 = OFF$	$T_{1.71}$：$I_{1.71}$	M29 停止条件	1#仓满 $\mid$ 进料未选中 $\mid$ $D_4 = ON$

续表

变迁集	变迁集含义	变迁条件	变迁集	变迁集含义	变迁条件
$T_{1.72}$：$I_{1.72}$	M12 启动条件	M29 = ON&D_3 = OFF	$T_{1.73}$：$I_{1.73}$	M12 停止条件	M29 = OFF丨D_3 = ON
$T_{1.74}$：$I_{1.74}$	W1 打开条件	M12 = ON&（1#仓空丨W2 被选中）&（2#仓空丨W2 未被选中）&D_1 = OFF	$T_{1.75}$：$I_{1.75}$	W1 停止条件	M12 = OFF丨（1#仓满&W2 被选中）丨（2#仓满&W2 未被选中）丨D_1 = OFF
$T_{1.76}$：$I_{1.76}$	清理运行条件	W1 = ON	$T_{1.77}$：$I_{1.77}$	清理停车条件	停车按钮上升
$T_{1.78}$：$I_{1.78}$	D_2 延时	延时 40s	$T_{1.79}$：$I_{1.79}$	D_3 延时	延时 30s
$T_{1.80}$：$I_{1.80}$	D_4 延时	延时 30s	$T_{1.81}$：$I_{1.81}$	D_5 延时	延时 30s
$T_{1.82}$：$I_{1.82}$	D_6 延时	延时 30s	$T_{1.83}$：$I_{1.83}$	停车延时结束	延时结束上升

第三节　碾米系统控制建模

一、糙米碾米系统控制策略

在系统中，糙米碾米段控制策略主要是在自动运行时使本段所有对象正常工作。自动启动时，启动顺序为先启动风网，再运行提升机和传输设备，最后依次从后向前启动碾米设备。依据此控制原则，糙米碾米段自动控制启动工艺顺序流程图如图 3－6 所示。

糙米碾米系统启动→如果 12#仓未满，糠粞筛（M33）启动→延时开始，延时 2s 到，除尘脉冲关风器（M49）和 1#米机关风器（M51）启动→除尘风机（M35）启动，且启动后自锁状态→M33 运行后，延时 11s 到，米机脉冲关风器（M50）和 2#米机关风器（M52）启动→米机风机（M34）启动，且启动后自锁状态→M34、M35 运行后，小车皮带机（M36）启动→延时 2s 到→皮带机（M42）启动→14#提升机（M32）启动→连续判断小车是否在 15#仓上且仓空，是否在 16#仓上且仓空，是否在 17#仓上且仓空，是否在 18#仓上且仓空→如果满足上述条件之一，驱动流量秤（W12）进料闸门→13#提升机（M40）启动→如果 14#仓未满，白米筛（M41）启动→12#提升机（M39）启动→4#米机（M43）启动，且启动后自锁状态→3#米机（M44）启动，且启动后自锁状态→2#米机（M45）启动，且启动后自锁状态→1#米机（M46）启动，且启动后自锁状态→如果 13#仓未满，驱动米机进口（W10）进料闸门→喷雾着水机（M48）

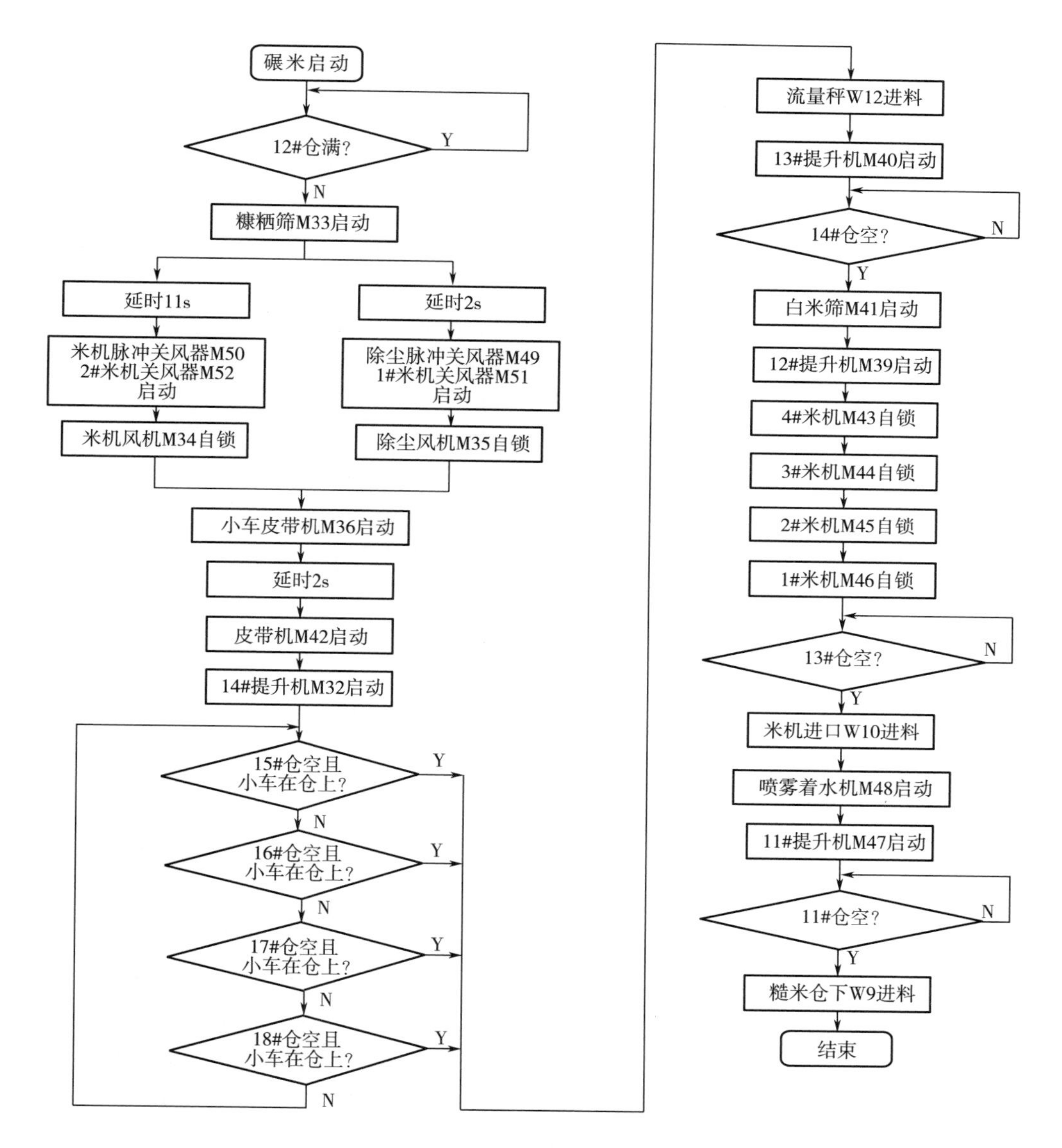

图 3－6　糙米碾米段启动顺序流程图

启动→11#提升机（M47）启动→如果 11#仓未满，驱动糙米仓下（W9）进料闸门。

1#卸粮小车，在选择了卸粮位置后，小车自动运行到 LS1 ~ LS10 选择的位置。

系统启动后处于运行状态，当需要正常停车时，先从前到后停止清理和砻谷设备，再停止传输设备，最后关闭风网。依据此停车原则，糙米碾米系统段自动控制停车工艺流程图如图 3－7 所示。

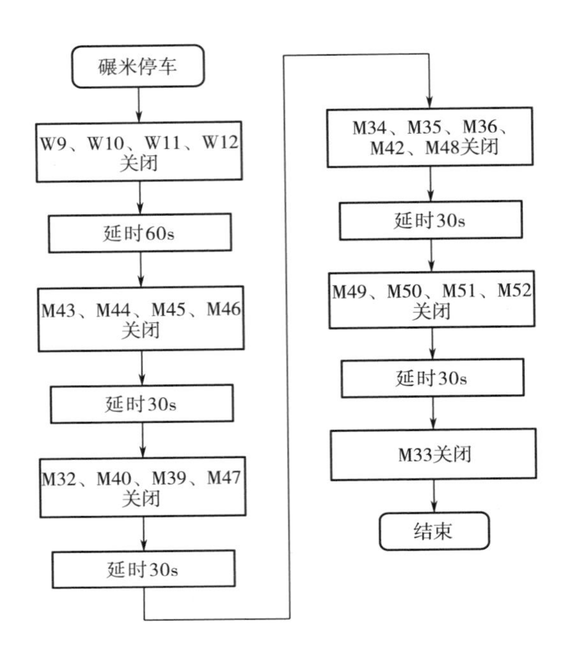

图 3－7　糙米碾米段停车顺序流程图

糙米碾米停车流程按照分段停车策略实施，将系统停车分为 6 段，标识为 D_7 ~ D_{12}。停车信号发出后，首先在 D_7 段需要将该段所有闸门或进料驱动（W9 ~ W12）关闭，碾米机进料口关闭，但米机中还存有余料需要延时供其走完；延时 60s 后进入 D_8 段，该段停止的设备有 M43（4#米机）、M44（3#米机）、M45（2#米机）和 M46（1#米机）；设备停车后，输送设备例如提升机、皮带等需要延时走料，延时 30s 后进入 D_9 段，该段停止的设备有 M32（14#提升机）、M39（12#提升机）、M40（13#提升机）、M47（11#提升机）；输送设备停车后，风机等需要延时洗尘，延时 30s 后进入 D_{10} 段，该段停止的设备有 M34（米机风机）、M35（除尘风机）、M36（小车皮带机）、M42（皮带机）、M48（喷雾着水机）；风机停车后，关风器等设备也需延时停车，延时 30s 后进入 D_{11} 段，该段停止的设备有 M49（除尘脉冲关风器）、M50（米机脉冲关风器）、M51（1#米机关风器）、M52（2#米机关风器）；最后延时 30s 后进入 D_{12} 段，停止 M33（糠粞筛）。

碾米系统在运行过程中，对于启动后没有自锁的设备和闸门，如果条件不满足，立即自动停止设备或关闭闸门，一旦启动条件成立，对应设备或闸门将自动启动运行。

二、糙米碾米系统 Petri 网建模

为建立糙米碾米系统的启动 Petri 网模型，根据图 3－6 糙米碾米段启动流程图，将流程图的执行框和判断框与 Petri 网的 P 相对应，把流程图的流动条件与 Petri 网的 T 相对应，便可得到糙米碾米系统段启动 Petri 网模型图（图 3－8）。

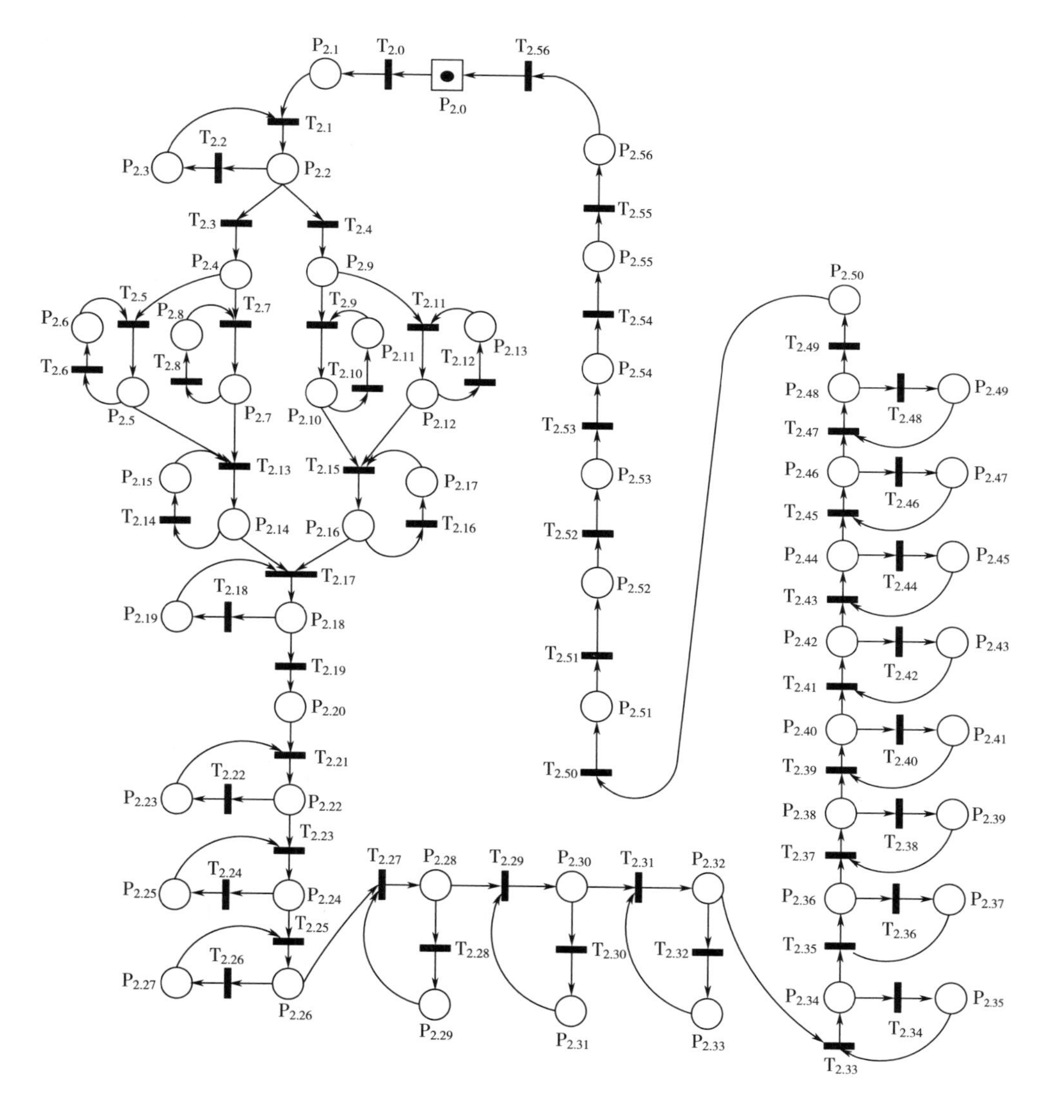

图 3－8　糙米碾米段启动 Petri 网模型

在碾米系统起始状态下，当系统启动信号产生，变迁 $T_{2.0}$激发，从而开启碾

米系统段自动运行过程，库所 $P_{2.1}$得到标识，系统启动标志为 ON。若碾米系统启动标志为 ON 且 D_{12}延时未完成，变迁 $T_{2.1}$激发，库所 $P_{2.2}$得到标识，M33 启动信号为 ON；如果 D_{12}延时成功，变迁 $T_{2.2}$激发，库所 $P_{2.3}$得到标识，M33 停车信号为 ON。若 M33 运行且 D_{12}延时未完成，变迁 $T_{2.3}$激发，库所 $P_{2.4}$得到标识，Y1 延时 11s 到为 ON。若 M33 运行且 D_{12}延时未完成，变迁 $T_{2.4}$激发，库所 $P_{2.9}$得到标识，Y2 延时 2s 到为 ON。

若 M33 运行、Y1 延时到且 D_{11}延时未完成，变迁 $T_{2.5}$激发，库所 $P_{2.5}$得到标识，M52 启动信号为 ON；如果 M33 停车或 D_{11}延时成功，变迁 $T_{2.6}$激发，库所 $P_{2.6}$得到标识，M52 停车信号为 ON。若 M33 运行、Y1 延时到且 D_{11}延时未完成，变迁 $T_{2.7}$激发，库所 $P_{2.7}$得到标识，M50 启动信号为 ON；如果 M33 停车或 D_{11}延时成功，变迁 $T_{2.8}$激发，库所 $P_{2.8}$得到标识，M50 停车信号为 ON。

若 M33 运行、Y2 延时到且 D_{11}延时未完成，变迁 $T_{2.9}$激发，库所 $P_{2.10}$得到标识，M49 启动信号为 ON；如果 M33 停车或 D_{11}延时成功，变迁 $T_{2.10}$激发，库所 $P_{2.11}$得到标识，M49 停车信号为 ON。若 M33 运行、Y2 延时到且 D_{11}延时未完成，变迁 $T_{2.11}$激发，库所 $P_{2.12}$得到标识，M51 启动信号为 ON；如果 M33 停车或 D_{11}延时成功，变迁 $T_{2.12}$激发，库所 $P_{2.13}$得到标识，M51 停车信号为 ON。若 M52 运行、M50 运行且 D_{10}延时未完成，变迁 $T_{2.13}$激发，库所 $P_{2.14}$得到标识，M34 启动信号为 ON；如果 D_{10}延时成功，变迁 $T_{2.14}$激发，库所 $P_{2.15}$得到标识，M34 停车信号为 ON。若 M49 运行、M51 运行且 D_{10}延时未完成，变迁 $T_{2.15}$激发，库所 $P_{2.16}$得到标识，M35 启动信号为 ON；如果 D_{10}延时成功，变迁 $T_{2.16}$激发，库所 $P_{2.17}$得到标识，M35 停车信号为 ON。

若 M34 运行、M35 运行且 D_{10}延时未完成，变迁 $T_{2.17}$激发，库所 $P_{2.18}$得到标识，M36 启动信号为 ON；如果 M34 停车、M35 停车或 D_{10}延时成功，变迁 $T_{2.18}$激发，库所 $P_{2.19}$得到标识，M36 停车信号为 ON。

若 M36 运行且 D_{10}延时未完成，变迁 $T_{2.19}$激发，库所 $P_{2.20}$得到标识，Y3 延时 2s 到为 ON。若 M36 运行、Y3 延时到且 D_{10}延时未完成，变迁 $T_{2.21}$激发，库所 $P_{2.22}$得到标识，M42 启动信号为 ON；如果 M36 停车或 D_{10}延时成功，变迁 $T_{2.22}$激发，库所 $P_{2.23}$得到标识，M42 停车信号为 ON。

若 M42 运行且 D_9 延时未完成，变迁 $T_{2.23}$激发，库所 $P_{2.24}$得到标识，M32 启动信号为 ON；如果 M42 停车或 D_9 延时成功，变迁 $T_{2.24}$激发，库所 $P_{2.25}$得到标识，M32 停车信号为 ON。若 M32 运行、满足 15#缓冲仓物料未满且小车在仓上，16#缓冲仓物料未满且小车在仓上，17#缓冲仓物料未满且小车在仓上，18#缓冲仓物料未满且小车在仓上四条件之一且 D_7 延时未完成，变迁 $T_{2.25}$激发，库所 $P_{2.26}$得到标识，W12 闸门打开信号为 ON；如果 M32 停车、15#缓冲仓满料、16#缓冲仓满料、17#缓冲仓满料、18#缓冲仓满料、小车不在仓上或 D_7 定时成功，变迁 $T_{2.26}$激发，库所 $P_{2.27}$得到标识，W12 闸门关闭信号为 ON。

若 W12 闸门打开且 D_9 延时未完成，变迁 $T_{2.27}$激发，库所 $P_{2.28}$得到标识，M40 启动信号为 ON；如果 W12 闸门关闭或 D_9 延时成功，变迁 $T_{2.28}$激发，库所 $P_{2.29}$得到标识，M40 停车信号为 ON。

若 M40 运行、14#缓冲仓物料未满且 D_{10}延时未完成，变迁 $T_{2.29}$激发，库所 $P_{2.30}$得到标识，M41 启动信号为 ON；如果 M40 停车、14#缓冲仓物料满或 D_9 延时成功，变迁 $T_{2.30}$激发，库所 $P_{2.31}$得到标识，M41 停车信号为 ON。

若 M41 运行且 D_9 延时未完成，变迁 $T_{2.31}$激发，库所 $P_{2.32}$得到标识，M39 启动信号为 ON；如果 M41 停车或 D_9 延时成功，变迁 $T_{2.32}$激发，库所 $P_{2.33}$ 得到标识，M39 停车信号为 ON。若 M39 运行且 D_8 延时未完成，变迁 $T_{2.33}$激发，库所 $P_{2.34}$得到标识，M43 启动信号为 ON；如果 D_8 延时成功，变迁 $T_{2.34}$激发，库所 $P_{2.35}$得到标识，M43 停车信号为 ON。若 M43 运行且 D_8 延时未完成，变迁 $T_{2.35}$激发，库所 $P_{2.36}$得到标识，M44 启动信号为 ON；如果 D_8 延时成功，变迁 $T_{2.36}$激发，库所 $P_{2.37}$得到标识，M44 停车信号为 ON。若 M44 运行且 D_8 延时未完成，变迁 $T_{2.37}$激发，库所 $P_{2.38}$得到标识，M45 启动信号为 ON；如果 D_8 延时成功，变迁 $T_{2.38}$激发，库所 $P_{2.39}$得到标识，M45 停车信号为 ON。若 M45 运行且 D_8 延时未完成，变迁 $T_{2.39}$激发，库所 $P_{2.40}$得到标识，M46 启动信号为 ON；如果 D_8 延时成功，变迁 $T_{2.40}$激发，库所 $P_{2.41}$得到标识，M46 停车信号为 ON。

若 M46 运行、13#缓冲仓物料未满且 D_7 延时未完成，变迁 $T_{2.41}$激发，库所 $P_{2.42}$得到标识，W10 闸门打开信号为 ON；如果 M46 停车、13#缓冲仓物料满或 D_7 延时成功，变迁 $T_{2.42}$激发，库所 $P_{2.43}$得到标识，W10 闸门关闭信号为 ON。

若 W10 闸门打开且 D_{10}延时未完成，变迁 $T_{2.43}$激发，库所 $P_{2.44}$得到标识，M48 启动信号为 ON；如果 W10 闸门关闭或 D_{10}延时成功，变迁 $T_{2.44}$激发，库所 $P_{2.45}$得到标识，M48 停车信号为 ON。

若 M48 运行且 D_9 延时未完成，变迁 $T_{2.45}$激发，库所 $P_{2.46}$得到标识，M47 启动信号为 ON；如果 M48 停车或 D_9 延时成功，变迁 $T_{2.46}$激发，库所 $P_{2.47}$得到标识，M47 停车信号为 ON。

若 M47 运行、11#缓冲仓物料未满且 D_7 延时未完成，变迁 $T_{2.47}$激发，库所 $P_{2.48}$得到标识，W9 闸门打开信号为 ON；如果 M47 停车、11#缓冲仓物料满或 D_7 延时成功，变迁 $T_{2.48}$激发，库所 $P_{2.49}$得到标识，W9 闸门关闭信号为 ON。

当 W9 闸门打开，变迁 $T_{2.49}$激发，库所 $P_{2.50}$得到标识，系统处于正常运行状态（运行标志位“ON”）；如果碾米系统停车按钮按下，变迁 $T_{2.50}$激发，库所 $P_{2.51}$得到标识，碾米系统运行标志为“OFF”，开始停车处理且 D_7 成功。当D_7 = ON 时 60s 延时开始，延时到变迁 $T_{2.51}$激发，库所 $P_{2.52}$得到标识，D_8 定时成功为 ON。当 D_8 = ON 时 30s 延时开始，延时到变迁 $T_{2.52}$激发，库所 $P_{2.53}$得到标识，D_9 定时成功为 ON。当 D_9 = ON 时 30s 延时开始，延时到变迁 $T_{2.53}$激发，库所 $P_{2.54}$得到标识，D_{10}定时成功为 ON。当 D_{10} = ON 时 30s 延时开始，延时到变迁

$T_{2.54}$激发，库所$P_{2.55}$得到标识，D_{11}定时成功为ON。当D_{11} = ON时30s延时开始，延时到变迁$T_{3.54}$激发，库所$P_{2.55}$得到标识，D_{12}定时成功为ON。

将Petri网模型赋予实际含义，才能清楚地描述系统的启动过程。根据糙米碾米启动工艺过程，分别赋予库所和变迁实际含义如表3－3和表3－4所示。

表3－3　碾米系统段启动库所集的含义

库所集	库所集含义	库所集	库所集含义	库所集	库所集含义
$P_{2.0}$	碾米起始状态	$P_{2.1}$	启动标志ON，D_0到	$P_{2.2}$	M33启动
$P_{2.3}$	M33停止	$P_{2.4}$	延时1时间Y1到	$P_{2.5}$	M52启动
$P_{2.6}$	M52停止	$P_{2.7}$	M50启动	$P_{2.8}$	M50停止
$P_{2.9}$	延时2时间Y2到	$P_{2.10}$	M49启动	$P_{2.11}$	M49停止
$P_{2.12}$	M51启动	$P_{2.13}$	M51停止	$P_{2.14}$	M34启动
$P_{2.15}$	M34停止	$P_{2.16}$	M35启动	$P_{2.17}$	M35停止
$P_{2.18}$	M36启动	$P_{2.19}$	M36停止	$P_{2.20}$	延时3时间Y3到
$P_{2.21}$		$P_{2.22}$	M42启动	$P_{2.23}$	M42停止
$P_{2.24}$	M32启动	$P_{2.25}$	M32停止	$P_{2.26}$	W12打开
$P_{2.27}$	W12关闭	$P_{2.28}$	M40启动	$P_{2.29}$	M40停止
$P_{2.30}$	M41启动	$P_{2.31}$	M41停止	$P_{2.32}$	M39启动
$P_{2.33}$	M39停止	$P_{2.34}$	M43启动	$P_{2.35}$	M43停止
$P_{2.36}$	M44启动	$P_{2.37}$	M44停止	$P_{2.38}$	M45启动
$P_{2.39}$	M45停止	$P_{2.40}$	M46启动	$P_{2.41}$	M46停止
$P_{2.42}$	W10打开	$P_{2.43}$	W10关闭	$P_{2.44}$	M48启动
$P_{2.45}$	M48停止	$P_{2.46}$	M47启动	$P_{2.47}$	M47停止
$P_{2.48}$	W9打开	$P_{2.49}$	W9关闭	$P_{2.50}$	运行标志ON
$P_{2.51}$	运行标志OFF	$P_{2.52}$	停车时间D_1到	$P_{2.53}$	停车时间D_2到
$P_{2.54}$	停车时间D_3到	$P_{2.55}$	停车时间D_4到	$P_{2.56}$	停车时间D_5到

表3－4　碾米系统段启动变迁集的含义

变迁集	变迁集含义	变迁条件	变迁集	变迁集含义	变迁条件
$T_{2.0}$：$I_{2.0}$	启动信号	启动按钮上升	$T_{2.1}$：$I_{2.1}$	M33启动条件	碾米启动标志ON | D_{12} = OFF
$T_{2.2}$：$I_{2.2}$	M33停止条件	D_{12} = ON	$T_{2.3}$：$I_{2.3}$	Y1延时11s	M33 = ON&D_{12} = OFF
$T_{2.4}$：$I_{2.4}$	Y2延时2s	M33 = ON&D_{12} = OFF	$T_{2.5}$：$I_{2.5}$	M52启动条件	M33 = ON&Y1 = 1&D_{11} = OFF

续表

变迁集	变迁集含义	变迁条件	变迁集	变迁集含义	变迁条件
$T_{2.6}$：$I_{2.6}$	M52 停止条件	D_{11} = ON丨M33 = OFF	$T_{2.7}$：$I_{2.7}$	M50 启动条件	M33 = ON&Y1 = 1&D_{11} = OFF
$T_{2.8}$：$I_{2.8}$	M50 停止条件	D_{11} = ON丨M33 = OFF	$T_{2.9}$：$I_{2.9}$	M49 启动条件	M33 = ON&Y2 = 1&D_{11} = OFF
$T_{2.10}$：$I_{2.10}$	M49 停止条件	D_{11} = ON丨M33 = OFF	$T_{2.11}$：$I_{2.11}$	M51 启动条件	M33 = ON&Y2 = 1&D_{11} = OFF
$T_{2.12}$：$I_{2.12}$	M51 停止条件	D_{11} = ON丨M33 = OFF	$T_{2.13}$：$I_{2.13}$	M34 启动条件	M52 = ON&M50 = ON&D_{10} = OFF
$T_{2.14}$：$I_{2.14}$	M34 停止条件	D_{10} = ON	$T_{2.15}$：$I_{2.15}$	M35 启动条件	M49 = ON&M51 = ON&D_{10} = OFF
$T_{2.16}$：$I_{2.16}$	M35 停止条件	D_{10} = ON	$T_{2.17}$：$I_{2.17}$	M36 启动条件	M34 = ON&M35 = ON&D_{10} = OFF
$T_{2.18}$：$I_{2.18}$	M36 停止条件	M34 = OFF丨M35 = OFF丨D_{10} = ON	$T_{2.19}$：$I_{2.19}$	Y3 延时 2s	M36 = ON&D_{10} = OFF
$T_{2.20}$：$I_{2.20}$	—	—	$T_{2.21}$：$I_{2.21}$	M42 启动条件	M36 = ON&D_{10} = OFF
$T_{2.22}$：$I_{2.22}$	M42 停止条件	M36 = OFF丨D_{10} = ON	$T_{2.23}$：$I_{2.23}$	M32 启动条件	M42 = ON&D_9 = OFF
$T_{2.24}$：$I_{2.24}$	M32 停止条件	M42 = OFF丨D_9 = ON	$T_{2.25}$：$I_{2.25}$	W12 打开条件	M32 = ON&［（15#仓空 & 小车在仓上）丨（16#仓空 & 小车在仓上）丨（17#仓空 & 小车在仓上）丨（18#仓空 & 小车在仓上）］&D_7 = OFF
$T_{2.26}$：$I_{2.26}$	W12 关闭条件	M32 = OFF丨［（15#仓满丨小车不在）&（16#仓满丨小车不在）&（17#仓满丨小车不在）丨（18#仓满 & 小车不在）］丨D_7 = ON	$T_{2.27}$：$I_{2.27}$	M40 启动条件	W12 = ON&D_9 = OFF
$T_{2.28}$：$I_{2.28}$	M40 停止条件	W12 = OFF丨D_9 = ON	$T_{2.29}$：$I_{2.29}$	M41 启动条件	M40 = ON&14#仓空&D_{10} = OFF
$T_{2.30}$：$I_{2.30}$	M41 停止条件	M40 = OFF丨14#仓满&D_{10} = ON	$T_{2.31}$：$I_{2.31}$	M39 启动条件	M41 = ON&D_9 = OFF

续表

变迁集	变迁集含义	变迁条件	变迁集	变迁集含义	变迁条件
$T_{2.32}$：$I_{2.32}$	M39 停止条件	M41 = OFF&D_9 = ON	$T_{2.33}$：$I_{2.33}$	M43 启动条件	M39 = ON&D_8 = OFF
$T_{2.34}$：$I_{2.34}$	M43 停止条件	D_8 = ON	$T_{2.35}$：$I_{2.35}$	M44 启动条件	M43 = ON&D_8 = OFF
$T_{2.36}$：$I_{2.36}$	M44 停止条件	D_8 = ON	$T_{2.37}$：$I_{2.37}$	M45 启动条件	M44 = ON&D_8 = OFF
$T_{2.38}$：$I_{2.38}$	M45 停止条件	D_8 = ON	$T_{2.39}$：$I_{2.39}$	M46 启动条件	M45 = ON&D_8 = OFF
$T_{2.40}$：$I_{2.40}$	M46 停止条件	D_8 = ON	$T_{2.41}$：$I_{2.41}$	W10 打开条件	M46 = ON&13#仓空&D_7 = OFF
$T_{2.42}$：$I_{2.42}$	W10 关闭条件	M46 = OFF丨13#仓满丨D_7 = ON	$T_{2.43}$：$I_{2.43}$	M48 启动条件	W10 = ON&D_{10} = OFF
$T_{2.44}$：$I_{2.44}$	M48 停止条件	W10 = OFF&D_{10} = ON	$T_{2.45}$：$I_{2.45}$	M47 启动条件	M48 = ON&D_9 = OFF
$T_{2.46}$：$I_{2.46}$	M47 停止条件	M48 = OFF&D_9 = ON	$T_{2.47}$：$I_{2.47}$	W9 打开条件	M47 = ON&11#仓空&D_7 = OFF
$T_{2.48}$：$I_{2.48}$	W9 关闭条件	M47 = OFF丨11#仓满丨D_7 = ON	$T_{2.49}$：$I_{2.49}$	清理运行条件	W1 = ON
$T_{2.50}$：$I_{2.50}$	停车条件	停车按钮上升	$T_{2.51}$：$I_{2.51}$	D_8 延时	延时 60s
$T_{2.52}$：$I_{2.52}$	D_9 延时	延时 30s	$T_{2.53}$：$I_{2.53}$	D_{10}延时	延时 30s
$T_{2.54}$：$I_{2.54}$	D_{11}延时	延时 30s	$T_{2.55}$：$I_{2.55}$	D_{12}延时	延时 30s
$T_{2.56}$：$I_{2.56}$	停车延时	延时结束上升			

第四节　色选抛光控制建模

一、白米色选抛光控制策略

在系统中，抛光色选段控制策略主要是在自动运行时使本段所有对象正常工作。自动启动时，启动顺序为先启动风网，再运行提升机和传输设备，最后依次从后向前启动抛光和色选设备。依据此控制原则，抛光色选段自动控制启动顺序流程图如图 3 -9 所示。

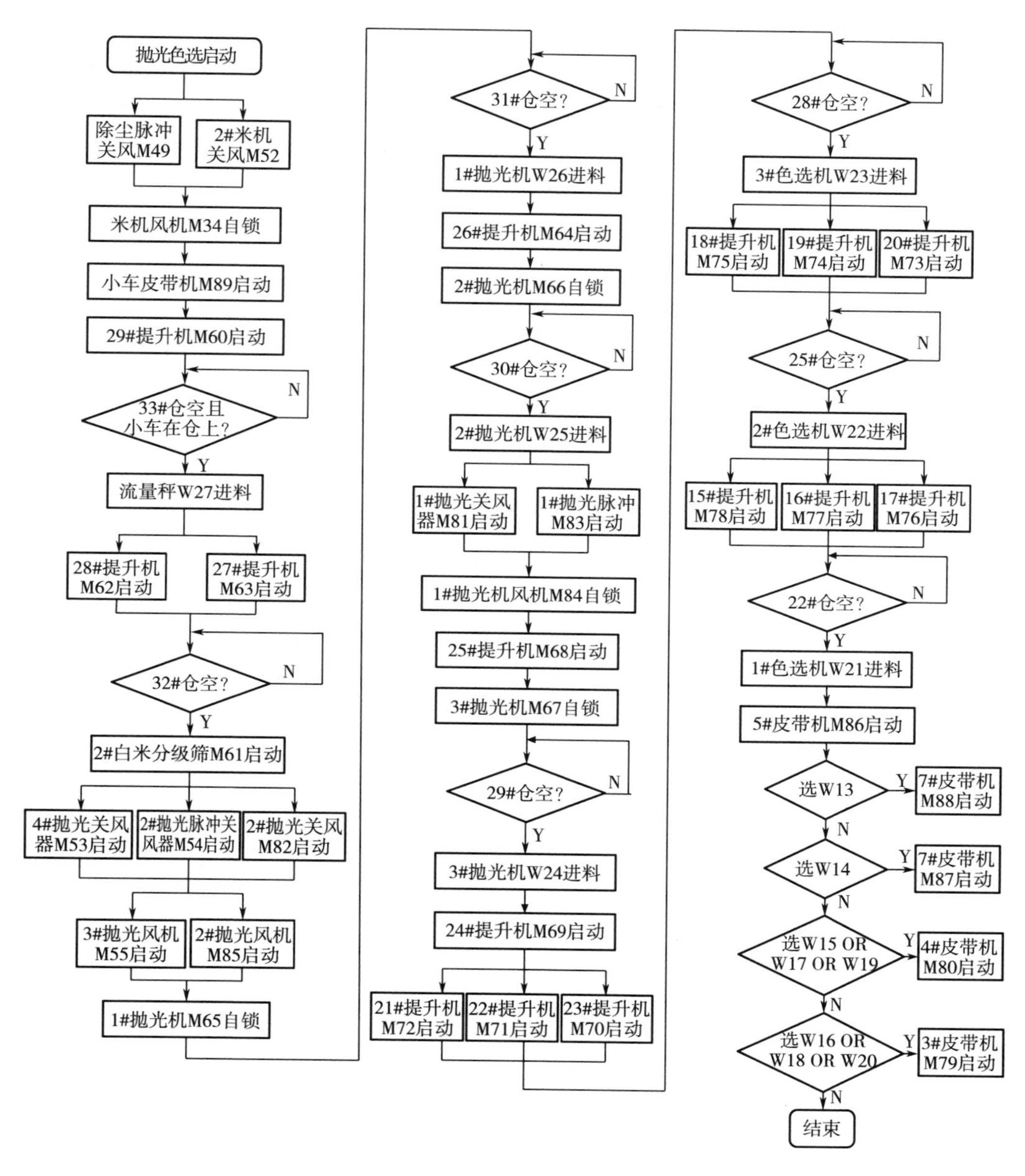

图3－9　抛光色选段启动顺序流程图

糙米碾米系统启动→除尘脉冲关风器（M49）启动同时2#米机关风器（M52）启动→只有M49、M52同时运行，米机风机（M34）启动→小车皮带机（M89）启动→29#提升机（M60）启动→若33#仓没有满仓，流量秤（W27）进料打开→28#提升机（M62）、27#提升机（M63）同时启动→若32#仓没有满仓，

2#白米分级筛（M61）启动→4#抛光关风器（M53）、2#抛光脉冲关风器（M54）、2#抛光关风（M82）同时启动→3#抛光风机（M55）、2#抛光风机（M85）同时启动→1#抛光机（M65）→若31#仓没有满仓，1#抛光机进料（W26）打开→26#提升机（M64）启动→2#抛光机（M66）启动→若30#仓没有满仓，2#抛光机进料（W25）打开→1#抛光关风器（M81）、1#抛光脉冲（M83）同时启动→1#抛光机风机（M84）启动→25#提升机（M68）启动→3#抛光机（M67）启动→若29#仓没有满仓，3#抛光机进料（W24）打开→24#提升机（M69）启动→21#提升机（M72）、22#提升机（M71）、23#提升机（M70）同时启动→若28#仓没有满仓，3#色选机进料（W23）打开→18#提升机（M75）、19#提升机（M74）、20#提升机（M73）同时启动→若25#仓没有满仓，2#色选机进料（W22）打开→15#提升机（M78）、16#提升机（M77）、17#提升机（M76）同时启动→若22#仓没有满仓，1#色选机进料（W21）打开→5#皮带机（M86）启动→若闸门W13选择，7#皮带机（M88）启动→若闸门W14选择，6#皮带机（M87）启动→若闸门W15、W17、W19其中一个被选择，4#皮带机（M80）启动→若闸门W16、W18、W20其中一个被选择，3#皮带机（M79）启动。

系统启动后处于运行状态，当需要正常停车时，先从前到后停止抛光和色选设备，再停止传输设备，最后关闭风网。依据此停车原则，白米抛光色选段自动控制停车工艺流程图如图3－10所示。

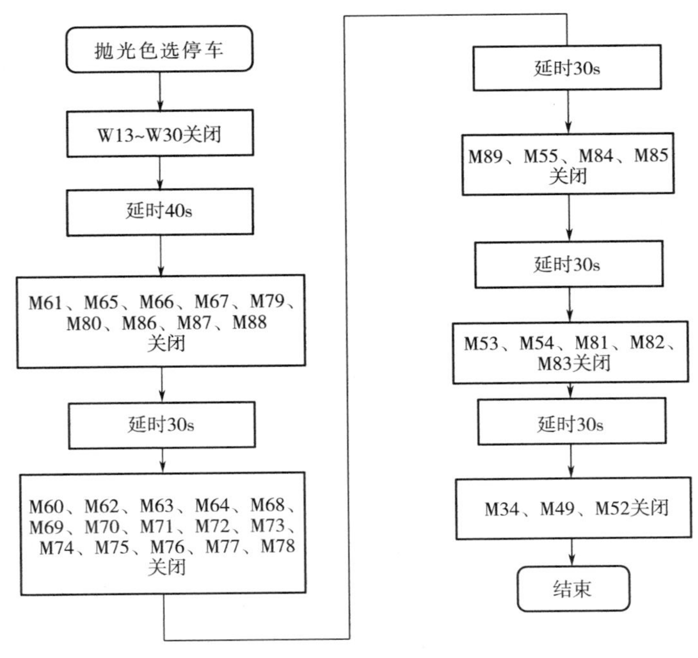

图3－10　抛光色选段停车顺序流程图

抛光色选停车流程按照分段停车策略实施，将系统停车分为5段，标识为D_{13}～D_{17}。停车信号发出后，首先在D_{13}段需要将该段所有闸门或进料驱动（W13～W30）关闭，抛光色选机进料口关闭，但设备中还存有余料需要延时供其走完；延时40s后进入D_{14}段，该段停止的设备有M61（2#白米分级筛）、M65（1#抛光机）、M66（2#抛光机）、M67（3#抛光机）、M79（3#皮带机）、M80（4#皮带机）、M86（5#皮带机）、M87（6#皮带机）和M88（7#皮带机）；设备停车后，输送设备例如提升机、皮带等需要延时走料，延时30s后进入D_{15}段，该段停止的设备有M60（29#提升机）、M62（28#提升机）、M63（27#提升机）、M64（26#提升机）、M68（25#提升机）、M69（24#提升机）、M70（23#提升机）、M71（22#提升机）、M72（21#提升机）、M73（20#提升机）、M74（19#提升机）、M75（18#提升机）、M76（17#提升机）、M77（16#提升机）和M78（15#提升机）；输送设备停车后，风机等需要延时洗尘，延时30s后进入D_{16}段，该段停止的设备有M55（3#抛光风机）、M84（1#抛光机风机）、M85（2#抛光风机）和M89（小车皮带机）；最后延时30s后进入D_{17}段，停止的设备有M53（4#抛光关风器）、M54（2#抛光脉冲关风器）、M81（1#抛光关风器）、M82（2#抛光关风器）和M83（1#抛光脉冲关风器）。

抛光色选在运行过程中，对于启动后没有自锁的设备和闸门，如果条件不满足，立即自动停止设备或关闭闸门，一旦启动条件成立，对应设备或闸门将自动启动运行。

二、白米色选抛光Petri网建模

为建立白米抛光色选的启动Petri网模型，根据图3－9抛光色选段启动流程图，将流程图的执行框和判断框与Petri网的P相对应，把流程图的流动条件与Petri网的T相对应，便可得到白米抛光色选段启动Petri网模型图如图3－11所示。

在色选抛光起始状态下，当系统启动信号产生，变迁$T_{3.0}$激发，从而开启色选抛光段自动运行过程，库所$P_{3.1}$得到标识，系统启动标志为ON。若色选抛光启动标志为ON且D_{18}延时未完成，变迁$T_{3.1}$激发，库所$P_{3.2}$得到标识，M49启动信号为ON；如果D_{18}延时成功，变迁$T_{3.2}$激发，库所$P_{3.3}$得到标识，M49停车信号为ON。若色选抛光启动标志为ON且D_{18}延时未完成，变迁$T_{3.3}$激发，库所$P_{3.4}$得到标识，M52启动信号为ON；如果D_{18}延时成功，变迁$T_{3.4}$激发，库所$P_{3.5}$得到标识，M52停车信号为ON。若M49运行、M52运行且D_{18}延时未完成，变迁$T_{3.5}$激发，库所$P_{3.6}$得到标识，M34启动信号为ON；如果M49停车、M52停车、D_{18}延时成功三个条件满足其中一个，变迁$T_{3.6}$激发，库所$P_{3.7}$得到标识，M34停车信号为ON。若M34运行且D_{16}延时未完成，变迁$T_{3.7}$激发，库所$P_{3.8}$

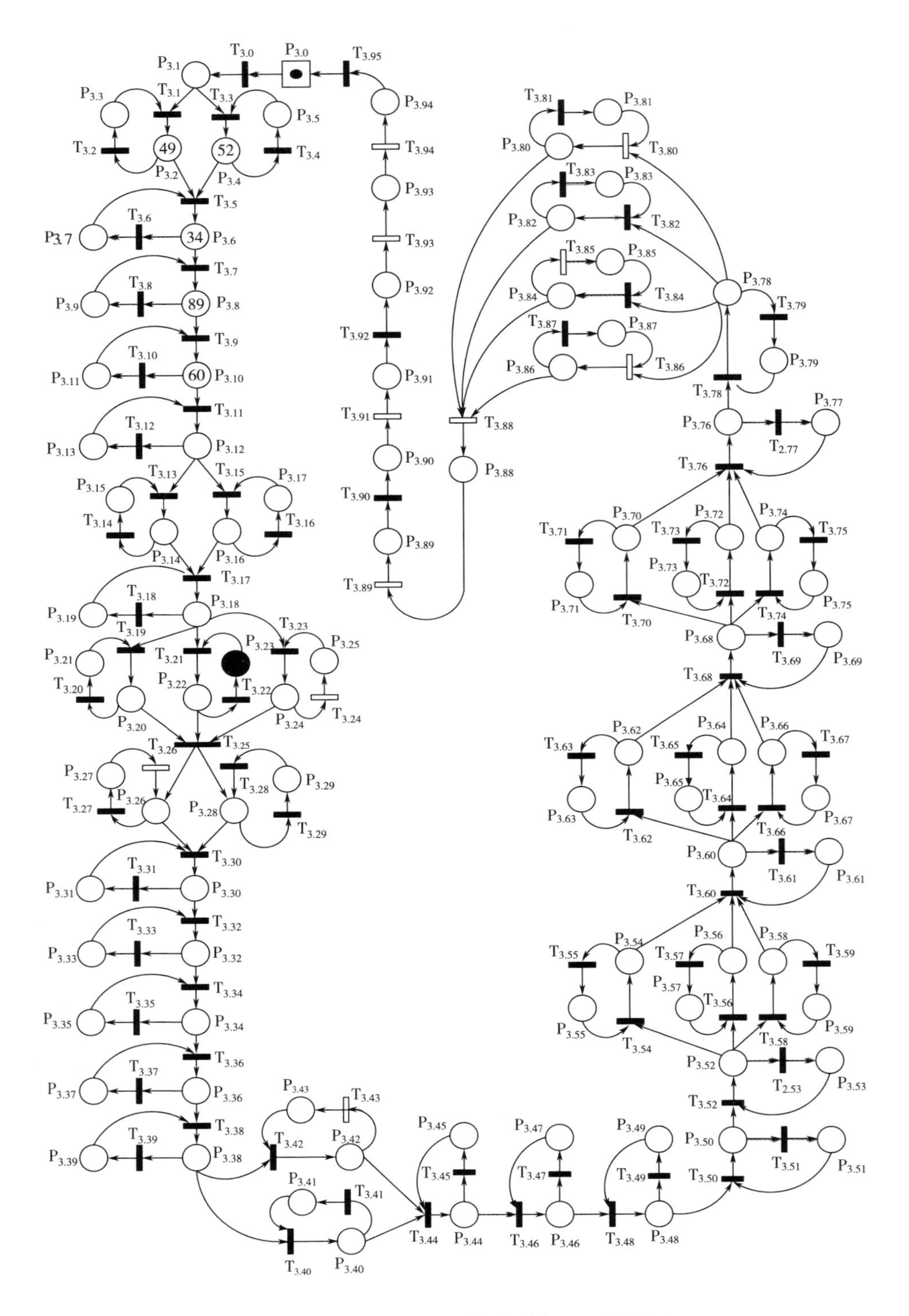

图 3－11 白色选抛光段控制系统 Petri 网模型

得到标识，M89 启动信号为 ON；如果 M34 停车或 D_{16}延时成功，变迁 $T_{3.8}$激发，库所 $P_{3.9}$得到标识，M89 停车信号为 ON。若 M89 运行且 D_{15}延时未完成，变迁 $T_{3.9}$激发，库所 $P_{3.10}$得到标识，M60 启动信号为 ON；如果 M89 停车或 D_{15}延时成功，变迁 $T_{3.10}$激发，库所 $P_{3.11}$得到标识，M60 停车信号为 ON。若 M60 运行、33#缓冲仓物料未满、1#小车在仓上、D_{13}延时未完成四个条件同时满足，变迁 $T_{3.11}$激发，库所 $P_{3.12}$得到标识，W27 闸门打开信号为 ON；如果 M60 停车、33#缓冲仓满料、1#小车不在仓上、33#缓冲仓物料满或 D_{13}定时成功，变迁 $T_{3.12}$激发，库所 $P_{3.13}$得到标识，W27 闸门关闭信号为 ON。若 W27 打开且 D_{15}延时未完成，变迁 $T_{3.13}$激发，库所 $P_{3.14}$得到标识，M62 启动信号为 ON；如果 W27 关闭或 D_{15}定时成功，变迁 $T_{3.14}$激发，库所 $P_{3.15}$得到标识，M62 停车信号为 ON。若 W27 打开且 D_{15}延时未完成，变迁 $T_{3.15}$激发，库所 $P_{3.16}$得到标识，M63 启动信号为 ON；如果 W27 关闭或 D_{15}定时成功，变迁 $T_{3.16}$激发，库所 $P_{3.17}$得到标识，M63 停车信号为 ON。若 M62 运行、M63 运行、32#缓冲仓物料未满且 D_{14}延时未完成，变迁 $T_{3.17}$激发，库所 $P_{3.18}$得到标识，M61 启动信号为 ON；如果 M62 停车、M63 停车、32#缓冲仓物料满或 D_{14}延时成功四个条件满足其中一个，变迁 $T_{3.18}$激发，库所 $P_{3.19}$得到标识，M61 停车信号为 ON。若 M61 运行且 D_{17}延时未完成，变迁 $T_{3.19}$激发，库所 $P_{3.20}$得到标识，M53 启动信号为 ON；如果 M61 停车或 D_{17}延时成功，变迁 $T_{3.20}$激发，库所 $P_{3.21}$得到标识，M53 停车信号为 ON。若 M61 运行且 D_{17}延时未完成，变迁 $T_{3.21}$激发，库所 $P_{3.22}$得到标识，M54 启动信号为 ON；如果 M61 停车或 D_{17}延时成功，变迁 $T_{3.22}$激发，库所 $P_{3.23}$得到标识，M54 停车信号为 ON。若 M61 运行且 D_{17}延时未完成，变迁 $T_{3.23}$激发，库所 $P_{3.24}$得到标识，M82 启动信号为 ON；如果 M61 停车或 D_{17}延时成功，变迁 $T_{3.24}$激发，库所 $P_{3.25}$得到标识，M82 停车信号为 ON。若 M53 运行、M54 运行、M82 运行且 D_{16}延时未完成，变迁 $T_{3.25}$激发，库所 $P_{3.26}$得到标识，M55 启动信号为 ON；如果 M53 停车、M54 停车、M82 停车或 D_{16}延时成功，变迁 $T_{3.27}$激发，库所 $P_{3.27}$得到标识，M55 停车信号为 ON。若 M53 运行、M54 运行、M82 运行且 D_{16}延时未完成，变迁 $T_{3.25}$激发，库所 $P_{3.28}$得到标识，M85 启动信号为 ON；如果 M53 停车、M54 停车、M82 停车或 D_{16}延时成功，变迁 $T_{3.29}$激发，库所 $P_{3.29}$得到标识，M85 停车信号为 ON。若 M55 运行、M85 运行且 D_{14}延时未完成，变迁 $T_{3.30}$激发，库所 $P_{3.30}$得到标识，M65 启动信号为 ON；如果 M55 停车、M85 停车或 D_{14}延时成功三个条件满足其中一个，变迁 $T_{3.31}$激发，库所 $P_{3.31}$得到标识，M65 停车信号为 ON。若 M65 运行、31#缓冲仓物料未满、D_{13}延时未完成三个条件同时满足，变迁 $T_{3.32}$激发，库所 $P_{3.32}$得到标识，W26 闸门打开信号为 ON；如果 M65 停车、31#缓冲仓物料满或 D_{13}定时成功，变迁 $T_{3.33}$激发，库所 $P_{3.33}$得到标识，W26 闸门关闭信号为 ON。若 W26 闸门打开且 D_{15}延时未完成，变迁 $T_{3.34}$激发，库所 $P_{3.34}$得到标识，M64 启动信号为 ON；如果 W26 闸门关闭或 D_{15}定时成功，变迁 $T_{3.35}$激发，库所$P_{3.35}$得到标识，M64停车信号为ON。若M64运行且D14延时未完成，变迁$T_{3.36}$激发，库所$P_{3.36}$得到标识，M66启动信号为ON；如果M64停车或D14定时成功，变迁$T_{3.36}$激发，库所$P_{3.36}$得到标识，M66停车信号为ON。若M66运行、30#缓冲仓物料未满且D13延时未完成，变迁$T_{3.38}$激发，库所$P_{3.38}$得到标识，W25闸门打开信号为ON；如果M66停车、30#缓冲仓物料满或D13定时成功，变迁$T_{3.39}$激发，库所$P_{3.39}$得到标识，W25闸门关闭信号为ON。若W25闸门打开且D_{17}延时未完成，变迁$T_{3.40}$激发，库所$P_{3.40}$得到标识，M81启动信号为ON；如果W25闸门关闭或D_{17}定时成功，变迁$T_{3.41}$激发，库所$P_{3.41}$得到标识，M81停车信号为ON。若W25闸门打开且D_{17}延时未完成，变迁$T_{3.42}$激发，库所$P_{3.42}$得到标识，M83启动信号为ON；如果W25闸门关闭或D_{17}定时成功，变迁$T_{3.43}$激发，库所$P_{3.43}$得到标识，M83停车信号为ON。若M81运行、M83运行且D_{16}延时未完成，变迁$T_{3.44}$激发，库所$P_{3.44}$得到标识，M84启动信号为ON；如果M81停车、M83停车或D_{16}延时成功三个条件满足其中一个，变迁$T_{3.45}$激发，库所$P_{3.45}$得到标识，M84停车信号为ON。若M84运行且D_{15}延时未完成，变迁$T_{3.46}$激发，库所$P_{3.46}$得到标识，M68启动信号为ON；如果M84停车或D_{15}延时成功，变迁$T_{3.47}$激发，库所$P_{3.47}$得到标识，M68停车信号为ON。若M68运行且D_{14}延时未完成，变迁$T_{3.48}$激发，库所$P_{3.48}$得到标识，M67启动信号为ON；如果M68停车或D_{14}延时成功，变迁$T_{3.49}$激发，库所$P_{3.49}$得到标识，M67停车信号为ON。若M67运行、29#缓冲仓物料未满且D_{13}延时未完成，变迁$T_{3.50}$激发，库所$P_{3.50}$得到标识，W24闸门打开信号为ON；如果M67停车、29#缓冲仓物料满或D_{13}定时成功，变迁$T_{3.51}$激发，库所$P_{3.51}$得到标识，W24闸门关闭信号为ON。若W24闸门打开且D_{15}延时未完成，变迁$T_{3.52}$激发，库所$P_{3.52}$得到标识，M69启动信号为ON；如果W24闸门关闭或D_{15}定时成功，变迁$T_{3.53}$激发，库所$P_{3.53}$得到标识，M69停车信号为ON。若M69运行且D_{15}延时未完成，变迁$T_{3.54}$激发，库所$P_{3.54}$得到标识，M72启动信号为ON；如果M69停车或D_{15}延时成功，变迁$T_{3.55}$激发，库所$P_{3.55}$得到标识，M72停车信号为ON。若M69运行且D_{15}延时未完成，变迁$T_{3.56}$激发，库所$P_{3.56}$得到标识，M71启动信号为ON；如果M69停车或D_{15}延时成功，变迁$T_{3.57}$激发，库所$P_{3.57}$得到标识，M71停车信号为ON。若M69运行且D_{15}延时未完成，变迁$T_{3.58}$激发，库所$P_{3.58}$得到标识，M70启动信号为ON；如果M69停车或D_{15}延时成功，变迁$T_{3.59}$激发，库所$P_{3.59}$得到标识，M70停车信号为ON。若M72运行、M71运行、M70运行、28#缓冲仓物料未满且D_{13}延时未完成，变迁$T_{3.60}$激发，库所$P_{3.60}$得到标识，W23闸门打开信号为ON；如果M72停车、M71停车、M70停车、28#缓冲仓物料满或D_{13}延时成功五个条件满足其中一个，变迁$T_{3.61}$激发，库所$P_{3.61}$得到标识，W23闸门关闭信号为ON。若W23闸门打开且D_{15}延时未完成，变迁$T_{3.62}$激发，库所$P_{3.62}$得到标识，M75启动信号为ON；如果W23闸门关闭或D_{15}延时成功，变迁$T_{3.63}$激发，库所

$P_{3.63}$得到标识，M75停车信号为ON。若W23闸门打开且D_{15}延时未完成，变迁$T_{3.64}$激发，库所$P_{3.64}$得到标识，M74启动信号为ON；如果W23闸门关闭或D_{15}延时成功，变迁$T_{3.65}$激发，库所$P_{3.65}$得到标识，M74停车信号为ON。若W23闸门打开且D_{15}延时未完成，变迁$T_{3.66}$激发，库所$P_{3.66}$得到标识，M73启动信号为ON；如果W23闸门关闭或D_{15}延时成功，变迁$T_{3.67}$激发，库所$P_{3.67}$得到标识，M73停车信号为ON。若M75运行、M74运行、M73运行、25#缓冲仓物料未满且D_{13}延时未完成，变迁$T_{3.68}$激发，库所$P_{3.68}$得到标识，W22闸门打开信号为ON；如果M75停车、M74停车、M73停车、25#缓冲仓物料满或D_{13}延时成功五个条件满足其中一个，变迁$T_{3.69}$激发，库所$P_{3.69}$得到标识，W22闸门关闭信号为ON。若W22闸门打开且D_{15}延时未完成，变迁$T_{3.70}$激发，库所$P_{3.70}$得到标识，M78启动信号为ON；如果W22闸门关闭或D_{15}延时成功，变迁$T_{3.71}$激发，库所$P_{3.71}$得到标识，M78停车信号为ON。若W22闸门打开且D_{15}延时未完成，变迁$T_{3.72}$激发，库所$P_{3.72}$得到标识，M77启动信号为ON；如果W22闸门关闭或D_{15}延时成功，变迁$T_{3.73}$激发，库所$P_{3.73}$得到标识，M77停车信号为ON。若W22闸门打开且D_{15}延时未完成，变迁$T_{3.74}$激发，库所$P_{3.74}$得到标识，M76启动信号为ON；如果W22闸门关闭或D_{15}延时成功，变迁$T_{3.75}$激发，库所$P_{3.75}$得到标识，M76停车信号为ON。若M78运行、M77运行、M76运行、22#缓冲仓物料未满且D_{13}延时未完成，变迁$T_{3.76}$激发，库所$P_{3.76}$得到标识，W21闸门打开信号为ON；如果M78停车、M77停车、M76停车、22#缓冲仓物料满或D_{13}延时成功五个条件满足其中一个，变迁$T_{3.77}$发，库所$P_{3.77}$得到标识，W21闸门关闭信号为ON。若W21闸门打开且D_{14}延时未完成，变迁$T_{3.78}$激发，库所$P_{3.78}$得到标识，M86启动信号为ON；如果W21闸门关闭或D_{14}延时成功，变迁$T_{3.79}$激发，库所$P_{3.79}$得到标识，M86停车信号为ON。若M86运行、W13被选中且D_{14}延时未完成，变迁$T_{3.80}$激发，库所$P_{3.80}$得到标识，M88启动信号为ON；如果M86停车、W13未被选中或D_{14}延时成功，变迁$T_{3.81}$激发，库所$P_{3.81}$得到标识，M88停车信号为ON。若M86运行、W14被选中且D_{14}延时未完成，变迁$T_{3.82}$激发，库所$P_{3.82}$得到标识，M87启动信号为ON；如果M86停车、W14未被选中或D_{14}延时成功，变迁$T_{3.83}$激发，库所$P_{3.83}$得到标识，M87停车信号为ON。若M86运行、D_{14}延时未完成且满足W15、W17、W19之一被选中，变迁$T_{3.84}$激发，库所$P_{3.84}$得到标识，M80启动信号为ON；如果M86停车、D_{14}延时成功或同时满足W15、W17、W19都未被选中，变迁$T_{3.85}$激发，库所$P_{3.85}$得到标识，M80停车信号为ON。若M86运行、D_{14}延时未完成且满足W16、W18、W20之一被选中，变迁$T_{3.86}$激发，库所$P_{3.86}$得到标识，M79启动信号为ON；如果M86停车、D_{14}延时成功或同时满足W16、W18、W20都未被选中，变迁$T_{3.87}$激发，库所$P_{3.87}$得到标识，M79停车信号为ON。

当M88、M87、M80、M79中任何一个工作，变迁$T_{3.88}$激发，库所$P_{3.88}$得到

标识，系统处于正常运行状态（运行标志位“ON”）；如果色选抛光停车按钮按下，变迁 $T_{3.89}$激发，库所 $P_{3.89}$得到标识，色选抛光运行标志为“OFF”，开始停车处理且 D_{13}成功。当 D_{13} = ON 时 30s 延时开始，延时到变迁 $T_{3.90}$激发，库所 $P_{3.90}$得到标识，D_{14}定时成功为 ON。当 D_{14} = ON 时 30s 延时开始，延时到变迁 $T_{3.91}$激发，库所 $P_{3.91}$得到标识，D_{15}定时成功为 ON。当 D_{15} = ON 时 30s 延时开始，延时到变迁 $T_{3.92}$激发，库所 $P_{3.92}$得到标识，D_{16}定时成功为 ON。当 D_{16} = ON 时 30s 延时开始，延时到变迁 $T_{3.93}$激发，库所 $P_{3.93}$得到标识，D_{17}定时成功为 ON。当 D_{17} = ON 时 30s 延时开始，延时到变迁 $T_{3.94}$激发，库所 $P_{3.94}$得到标识，D_{18}定时成功为 ON。

将 Petri 网模型赋予实际含义，才能清楚地描述系统的启动过程。根据白米色选抛光启动工艺过程，分别赋予库所和变迁实际含义如表 3－5 和表 3－6 所示。

表 3－5　　色选抛光段库所集的含义

库所集	库所集含义	库所集	库所集含义	库所集	库所集含义
$P_{3.0}$	色选抛光起始状态	$P_{3.1}$	色选抛光启动标志 ON	$P_{3.2}$	M49 启动
$P_{3.3}$	M49 停止	$P_{3.4}$	M52 启动	$P_{3.5}$	M52 停止
$P_{3.6}$	M34 启动	$P_{3.7}$	M34 停止	$P_{3.8}$	M89 启动
$P_{3.9}$	M89 停止	$P_{3.10}$	M60 启动	$P_{3.11}$	M60 停止
$P_{3.12}$	W27 打开	$P_{3.13}$	W27 关闭	$P_{3.14}$	M62 启动
$P_{3.15}$	M62 停止	$P_{3.16}$	M63 启动	$P_{3.17}$	M63 停止
$P_{3.18}$	M61 启动	$P_{3.19}$	M61 停止	$P_{3.20}$	M53 启动
$P_{3.21}$	M53 停止	$P_{3.22}$	M54 启动	$P_{3.23}$	M54 停止
$P_{3.24}$	M82 启动	$P_{3.25}$	M82 停止	$P_{3.26}$	M55 启动
$P_{3.27}$	M55 停止	$P_{3.28}$	M85 启动	$P_{3.29}$	M85 停止
$P_{3.30}$	M65 启动	$P_{3.31}$	M65 停止	$P_{3.32}$	W26 打开
$P_{3.33}$	W26 关闭	$P_{3.34}$	M64 启动	$P_{3.35}$	M64 停止
$P_{3.36}$	M66 启动	$P_{3.37}$	M66 停止	$P_{3.38}$	W25 打开
$P_{3.39}$	W25 关闭	$P_{3.40}$	M81 启动	$P_{3.41}$	M81 停止
$P_{3.42}$	M83 启动	$P_{3.43}$	M83 停止	$P_{3.44}$	M84 启动
$P_{3.45}$	M84 停止	$P_{3.46}$	M68 启动	$P_{3.47}$	M68 停止
$P_{3.48}$	M67 启动	$P_{3.49}$	M67 停止	$P_{3.50}$	W24 打开
$P_{3.51}$	W24 关闭	$P_{3.52}$	M69 启动	$P_{3.53}$	M69 停止
$P_{3.54}$	M72 启动	$P_{3.55}$	M72 停止	$P_{3.56}$	M71 启动
$P_{3.57}$	M71 停止	$P_{3.58}$	M70 启动	$P_{3.59}$	M70 停止
$P_{3.60}$	W23 打开	$P_{3.61}$	W23 关闭	$P_{3.62}$	M75 启动

续表

库所集	库所集含义	库所集	库所集含义	库所集	库所集含义
$P_{3.63}$	M75 停止	$P_{3.64}$	M74 启动	$P_{3.65}$	M74 停止
$P_{3.66}$	M73 启动	$P_{3.67}$	M73 停止	$P_{3.68}$	W22 打开
$P_{3.69}$	W22 关闭	$P_{3.70}$	M78 启动	$P_{3.71}$	M78 停止
$P_{3.72}$	M77 启动	$P_{3.73}$	M77 停止	$P_{3.74}$	M76 启动
$P_{3.75}$	M76 停止	$P_{3.76}$	W21 打开	$P_{3.77}$	W21 关闭
$P_{3.78}$	M86 启动	$P_{3.79}$	M86 停止	$P_{3.80}$	M88 启动
$P_{3.81}$	M88 停止	$P_{3.82}$	M87 启动	$P_{3.83}$	M87 停止
$P_{3.84}$	M80 启动	$P_{3.85}$	M80 停止	$P_{3.86}$	M79 启动
$P_{3.87}$	M79 停止	$P_{3.88}$	运行标志 ON	$P_{3.89}$	运行标志 OFF
$P_{3.90}$	停车时间 D_{14} 到	$P_{3.91}$	停车时间 D_{15} 到	$P_{4.92}$	停车时间 D_{16} 到
$P_{3.93}$	停车时间 D_{17} 到	$P_{3.94}$	停车时间 D_{18} 到		

表 3－6　　　　色选抛光段变迁集的含义

变迁集	变迁集含义	变迁条件	变迁集	变迁集含义	变迁条件
$T_{3.0}$：$I_{3.0}$	启动信号	启动按钮上升	$T_{3.1}$：$I_{3.1}$	M49 启动条件	色选抛光启动标志 ON&D_{18} = OFF
$T_{3.2}$：$I_{3.2}$	M49 停止条件	D_{18} = ON	$T_{3.3}$：$I_{3.3}$	M52 启动条件	色选抛光启动标志 ON&D_{18} = OFF
$T_{3.4}$：$I_{3.4}$	M52 停止条件	D_{18} = ON	$T_{3.5}$：$I_{3.5}$	M34 启动条件	M49 = ON&M52 = ON& D_{18} = OFF
$T_{3.6}$：$I_{3.6}$	M34 停止条件	D_{18} = ON	$T_{3.7}$：$I_{3.7}$	M89 启动条件	M34 = ON&D_{16} = OFF
$T_{3.8}$：$I_{3.8}$	M89 停止条件	M34 = OFF ǀ D_{16} = ON	$T_{3.9}$：$I_{3.9}$	M60 启动条件	M89 = ON&D_{15} = OFF
$T_{3.10}$：$I_{3.10}$	M60 停止条件	M89 = OFF ǀ D_{15} = ON	$T_{3.11}$：$I_{3.11}$	W27 打开条件	M60 = ON&33＃仓空 &小车在仓上 &D_{13} = OFF
$T_{3.12}$：$I_{3.12}$	W27 关闭条件	M60 = OFF ǀ 33＃仓满 ǀ 小车不在仓上 ǀ D_{13} = ON	$T_{3.13}$：$I_{3.13}$	M62 启动条件	W27 = ON&D_{15} = OFF
$T_{3.14}$：$I_{3.14}$	M62 停止条件	W27 = OFF ǀ D_{15} = OFF	$T_{3.15}$：$I_{3.15}$	M63 启动条件	W27 = ON&D_{15} = OFF
$T_{3.16}$：$I_{3.16}$	M63 停止条件	W27 = OFF ǀ D_{15} = OFF	$T_{3.17}$：$I_{3.17}$	M61 启动条件	M62 = ON&M63 = ON&32＃仓空 &D_{14} = OFF

续表

变迁集	变迁集含义	变迁条件	变迁集	变迁集含义	变迁条件
$T_{3.18}$：$I_{3.18}$	M61 停止条件	M62 = OFF丨M63 = OFF丨32#仓满丨D_{14} = OFF	$T_{3.19}$：$I_{3.19}$	M53 启动条件	M61 = ON&D_{17} = OFF
$T_{3.20}$：$I_{3.20}$	M53 停止条件	M61 = OFF丨D_{17} = ON	$T_{3.21}$：$I_{3.21}$	M54 启动条件	M61 = ON&D_{17} = OFF
$T_{3.22}$：$I_{3.22}$	M54 停止条件	M61 = OFF丨D_{17} = ON	$T_{3.23}$：$I_{3.23}$	M82 启动条件	M61 = ON&D_{17} = OFF
$T_{3.24}$：$I_{3.24}$	M82 停止条件	M61 = OFF丨D_{17} = ON	$T_{3.25}$：$I_{3.25}$	中间条件 K1	M53 = ON&M54 = ON&M82 = ON
$T_{3.26}$：$I_{3.26}$	M55 启动条件	K1 = ON&D_{16} = OFF	$T_{3.27}$：$I_{3.27}$	M55 停止条件	K1 = OFF丨D_{16} = ON
$T_{3.28}$：$I_{3.28}$	M85 启动条件	K1 = ON&D_{16} = OFF	$T_{3.29}$：$I_{3.29}$	M85 停止条件	K1 = OFF丨D_{16} = ON
$T_{3.30}$：$I_{3.30}$	M65 启动条件	M55 = ON&M85 = ON&D_{14} = OFF	$T_{3.31}$：$I_{3.31}$	M65 停止条件	M55 = OFF丨M85 = OFF丨D_{14} = ON
$T_{3.32}$：$I_{3.32}$	W26 打开条件	M65 = ON&31#仓空&D_{13} = OFF	$T_{3.33}$：$I_{3.33}$	W26 关闭条件	M65 = OFF丨31#仓满&D_{13} = ON
$T_{3.34}$：$I_{3.34}$	M64 启动条件	W26 = ON&D_{15} = OFF	$T_{3.35}$：$I_{3.35}$	M64 停止条件	W26 = OFF丨D_{15} = ON
$T_{3.36}$：$I_{3.36}$	M66 启动条件	M64 = ON&D_{14} = OFF	$T_{3.37}$：$I_{3.37}$	M66 停止条件	D_{14} = ON
$T_{3.38}$：$I_{3.38}$	W25 打开条件	M66 = ON&30#仓空&D_{13} = OFF	$T_{3.39}$：$I_{3.39}$	W25 关闭条件	M66 = OFF丨30#仓满&D_{13} = ON
$T_{3.40}$：$I_{3.40}$	M81 启动条件	W25 = ON&D_{17} = OFF	$T_{3.41}$：$I_{3.41}$	M81 停止条件	W25 = OFF丨D_{17} = ON
$T_{3.42}$：$I_{3.42}$	M83 启动条件	W25 = ON&D_{17} = OFF	$T_{3.43}$：$I_{3.43}$	M83 停止条件	W25 = OFF丨D_{17} = ON
$T_{3.44}$：$I_{3.44}$	M84 启动条件	M81 = ON&M83 = ON&D_{16} = OFF	$T_{3.45}$：$I_{3.45}$	M84 停止条件	D_{16} = ON
$T_{3.46}$：$I_{3.46}$	M68 启动条件	M84 = ON&D_{15} = OFF	$T_{3.47}$：$I_{3.47}$	M68 停止条件	M84 = OFF丨D_{15} = ON
$T_{3.48}$：$I_{3.48}$	M67 启动条件	M68 = ON&D_{14} = OFF	$T_{3.49}$：$I_{3.49}$	M67 停止条件	D_{14} = ON
$T_{3.50}$：$I_{3.50}$	W24 打开条件	M67 = ON&29#仓空&D_{13} = OFF	$T_{3.51}$：$I_{3.51}$	W24 关闭条件	M67 = OFF丨29#仓满&D_{13} = ON
$T_{3.52}$：$I_{3.52}$	M69 启动条件	W24 = ON&D_{15} = OFF	$T_{3.53}$：$I_{3.53}$	M69 停止条件	W24 = OFF丨D_{15} = ON
$T_{3.54}$：$I_{3.54}$	M72 启动条件	M69 = ON&D_{15} = OFF	$T_{3.55}$：$I_{3.55}$	M72 停止条件	M69 = OFF丨D_{15} = ON
$T_{3.56}$：$I_{3.56}$	M71 启动条件	M69 = ON&D_{15} = OFF	$T_{3.57}$：$I_{3.57}$	M71 停止条件	M69 = OFF丨D_{15} = ON
$T_{3.58}$：$I_{3.58}$	M70 启动条件	M69 = ON&D_{15} = OFF	$T_{3.59}$：$I_{3.59}$	M70 停止条件	M69 = OFF丨D_{15} = ON
$T_{3.60}$：$I_{3.60}$	W23 打开条件	M72 = ON&M71 = ON&M70 = ON&28#仓空&D_{13} = OFF	$T_{3.61}$：$I_{3.61}$	W23 关闭条件	M72 = OFF&M71 = OFF&M70 = OFF&28#仓满&D_{13} = ON

续表

<table>
<tr><th>变迁集</th><th>变迁集含义</th><th>变迁条件</th><th>变迁集</th><th>变迁集含义</th><th>变迁条件</th></tr>
<tr><td>$T_{3.62}$：$I_{3.62}$</td><td>M75 启动条件</td><td>W23 = ON&D_{15} = OFF</td><td>$T_{3.63}$：$I_{3.63}$</td><td>M75 停止条件</td><td>W23 = OFF | D_{15} = ON</td></tr>
<tr><td>$T_{3.64}$：$I_{3.64}$</td><td>M74 启动条件</td><td>W23 = ON&D_{15} = OFF</td><td>$T_{3.65}$：$I_{3.65}$</td><td>M74 停止条件</td><td>W23 = OFF | D_{15} = ON</td></tr>
<tr><td>$T_{3.66}$：$I_{3.66}$</td><td>M73 启动条件</td><td>W23 = ON&D_{15} = OFF</td><td>$T_{3.67}$：$I_{3.67}$</td><td>M73 停止条件</td><td>W23 = OFF | D_{15} = ON</td></tr>
<tr><td>$T_{3.68}$：$I_{3.68}$</td><td>W22 打开条件</td><td>M75 = ON&M74 = ON &M73 = ON&25 # 仓空 &D_{13} = OFF</td><td>$T_{3.69}$：$I_{3.69}$</td><td>W22 关闭条件</td><td>M75 = OFF&M74 = OFF &M73 = OFF&25 # 仓满 &D_{13} = ON</td></tr>
<tr><td>$T_{3.70}$：$I_{3.70}$</td><td>M78 启动条件</td><td>W22 = ON&D_{15} = OFF</td><td>$T_{3.71}$：$I_{3.71}$</td><td>M78 停止条件</td><td>W22 = OFF | D_{15} = ON</td></tr>
<tr><td>$T_{3.72}$：$I_{3.72}$</td><td>M77 启动条件</td><td>W22 = ON&D_{15} = OFF</td><td>$T_{3.73}$：$I_{3.73}$</td><td>M77 停止条件</td><td>W22 = OFF | D_{15} = ON</td></tr>
<tr><td>$T_{3.74}$：$I_{3.74}$</td><td>M76 启动条件</td><td>W22 = ON&D_{15} = OFF</td><td>$T_{3.75}$：$I_{3.75}$</td><td>M76 停止条件</td><td>W22 = OFF | D_{15} = ON</td></tr>
<tr><td>$T_{3.76}$：$I_{3.76}$</td><td>W21 打开条件</td><td>M78 = ON&M77 = ON &M76 = ON&22 # 仓空 &D_{13} = OFF</td><td>$T_{3.77}$：$I_{3.77}$</td><td>W21 关闭条件</td><td>M78 = OFF&M77 = OFF &M76 = OFF&22 # 仓满 &D_{13} = ON</td></tr>
<tr><td>$T_{3.78}$：$I_{3.78}$</td><td>M86 启动条件</td><td>W21 = ON&D_{14} = OFF</td><td>$T_{3.79}$：$I_{3.79}$</td><td>M86 停止条件</td><td>W21 = OFF | D_{14} = ON</td></tr>
<tr><td>$T_{3.80}$：$I_{3.80}$</td><td>M88 启动条件</td><td>M86 = ON&W13 选中 &D_{14} = OFF</td><td>$T_{3.81}$：$I_{3.81}$</td><td>M88 停止条件</td><td>M86 = OFF | W13 未选 &D_{14} = ON</td></tr>
<tr><td>$T_{3.82}$：$I_{3.82}$</td><td>M87 启动条件</td><td>M86 = ON&W14 选中 &D_{14} = OFF</td><td>$T_{3.83}$：$I_{3.83}$</td><td>M87 停止条件</td><td>M86 = OFF | W14 未选 &D_{14} = ON</td></tr>
<tr><td>$T_{3.84}$：$I_{3.84}$</td><td>M80 启动条件</td><td>M86 = ON&（W15 选中 | W17 选中 | W19 选中）&D_{14} = OFF</td><td>$T_{3.85}$：$I_{3.85}$</td><td>M80 停止条件</td><td>M86 = OFF&（W15 未选 & W15 未选 &W19 未选）| D_{14} = ON</td></tr>
<tr><td>$T_{3.86}$：$I_{3.86}$</td><td>M79 启动条件</td><td>M86 = ON&（W16 选中 | W18 选中 | W20 选中）&D_{14} = OFF</td><td>$T_{3.87}$：$I_{3.87}$</td><td>M79 停止条件</td><td>M86 = OFF&（W16 未选 & W18 未选 &W20 未选）| D_{14} = ON</td></tr>
<tr><td>$T_{3.88}$：$I_{3.88}$</td><td>系统运行条件</td><td>M88 = ON | M87 = ON | M80 = ON | M79 = ON</td><td>$T_{3.89}$：$I_{3.89}$</td><td>系统停车条件</td><td>停车按钮上升</td></tr>
<tr><td>$T_{3.90}$：$I_{3.90}$</td><td>D_{14}延时</td><td>延时 40s</td><td>$T_{3.91}$：$I_{3.91}$</td><td>D_{15}延时</td><td>延时 30s</td></tr>
<tr><td>$T_{3.92}$：$I_{3.92}$</td><td>D_{16}延时</td><td>延时 30s</td><td>$T_{3.93}$：$I_{3.93}$</td><td>D_{17}延时</td><td>延时 30s</td></tr>
<tr><td>$T_{3.94}$：$I_{3.94}$</td><td>D_{18}延时</td><td>延时 30s</td><td>$T_{3.95}$：$I_{3.95}$</td><td>停车延时</td><td>延时结束上升</td></tr>
</table>

第五节　稻壳粉碎控制建模

一、稻壳粉碎控制策略

在系统中，稻壳粉碎段控制策略主要是在自动运行时使本段所有被控对象正常工作。自动启动时，启动顺序为先启动物料末端设备，再运行提升机和传输设备，最后依次从后向前启动绞龙和粉碎设备。依据此控制原则，稻壳粉碎段自动控制启动顺序流程图如图 3 - 12 所示。

稻壳粉碎系统在自动模式下，设备启动顺序为，9#绞龙（M110）启动→5#脉冲关风器（M125）启动→5#风机（M126）启动，并自锁运行→根据包装工位不同，启动相应物料流动通道中的设备。

如果选择了 W38 包装机进行包装，35#提升机（M92）启动→1#绞龙（M94）启动→2#绞龙（M95）启动→42#仓空且闸门 W35 选中，W35 闸门打开；42#仓空且闸门 W36 选中，W36 闸门打开→3#绞龙（M96）启动→4#绞龙（M97）启动→33#提升机（M98）启动→1#糠筛（M104）和 2#糠筛（M105）同时启动→只有当 M104、M105 同时运行，5#糠筛（M108）启动→10#绞龙（M111）启动→1#关风器（M113）和 1#脉冲关风器（M114）同时启动→只有当 M113、M114 同时运行，1#风机（M115）启动，并自锁运行→2#关风器（M116）和 2#脉冲关风器（M117）同时启动→只有当 M116、M117 同时运行，2#风机（M118）启动，并自锁运行→1#粉碎机（M129）启动，并自锁运行→2#粉碎机（M130）启动，并自锁运行→如果 35#仓中有料，1#搅齿（M127）启动→M130 运行，如果 39#仓空且 W31 被选中，W31 闸门打开。

如果选择了 W37 包装机进行包装，34#提升机（M93）启动→5#绞龙（M99）启动→6#绞龙（M100）启动→41#仓空且闸门 W33 选中，W33 闸门打开；41#仓空且闸门 W34 选中，W34 闸门打开→7#绞龙（M101）启动→8#绞龙（M102）启动→32#提升机（M103）启动→3#糠筛（M106）和 4#糠筛（M107）同时启动→只有当 M106、M107 同时运行，6#糠筛（M109）启动→11#绞龙（M112）启动→3#关风器（M119）和 3#脉冲关风器（M120）同时启动→只有当 M119、M120 同时运行，3#风机（M121）启动，并自锁运行→4#关风器（M122）和 4#脉冲关风器（M123）同时启动→只有当 M122、M123 同时运行，4#风机（M124）启动，并自锁运行→3#粉碎机（M131）启动，并自锁运行→4#粉碎机（M132）启动，并自锁运行→如果 36#仓中有料，2#搅齿（M128）启

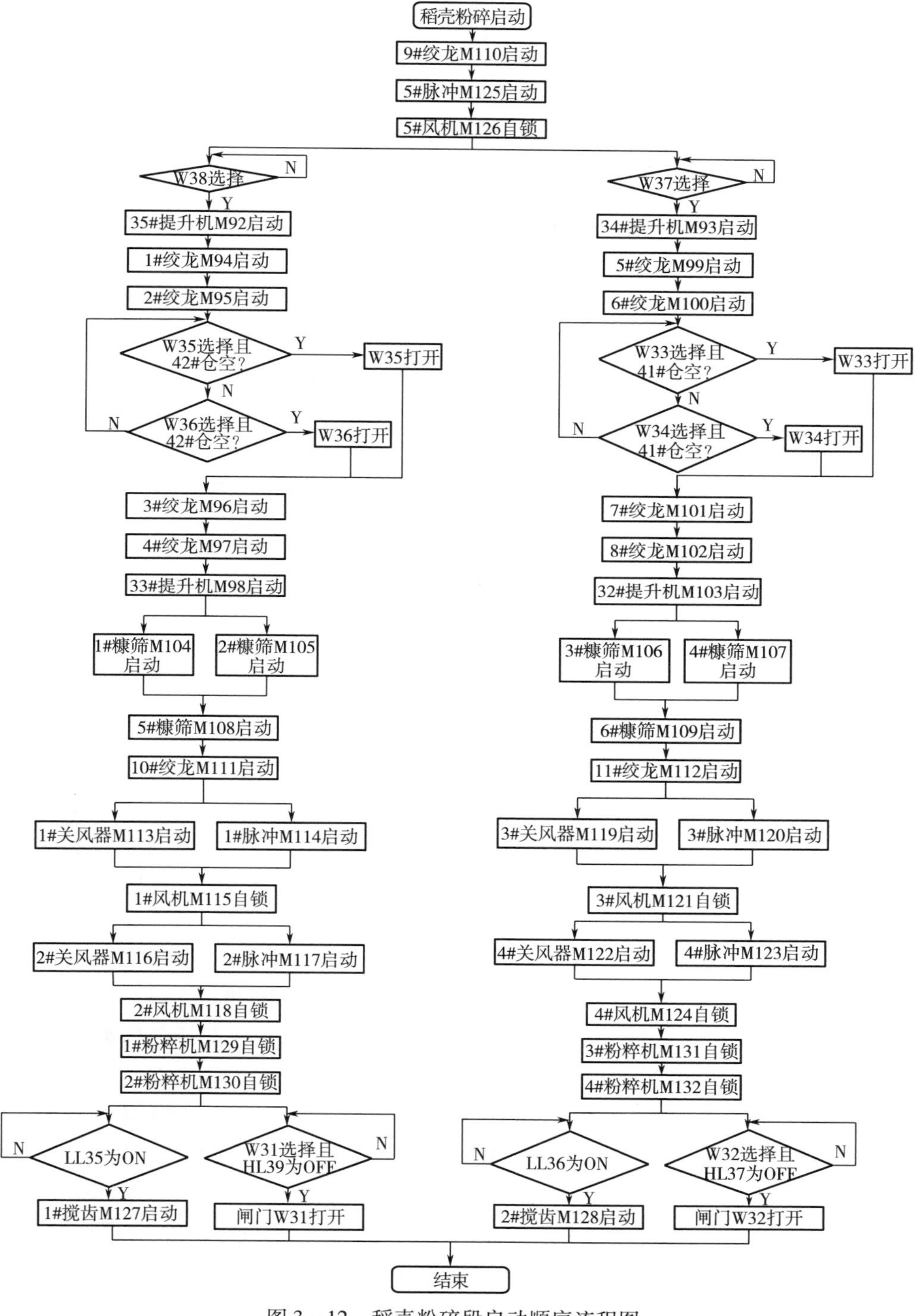

图 3－12　稻壳粉碎段启动顺序流程图

动→M132 运行，如果 37#仓空且 W32 被选中，W32 闸门打开。

系统启动后处于运行状态，当需要正常停车时，先从前到后停止粉碎设备，再停止传输设备，最后关闭风网。依据此停车原则，稻壳粉碎系统段自动控制停车工艺流程图如图 3－13 所示。

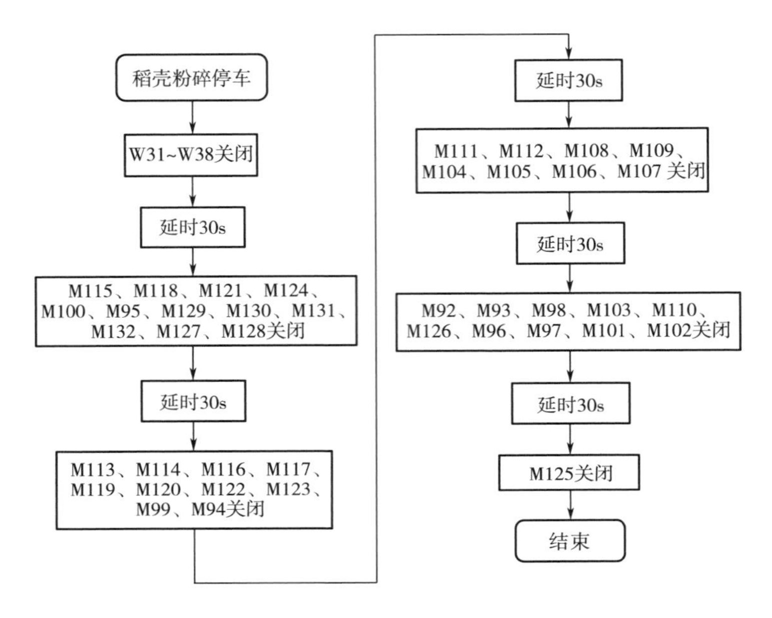

图 3－13　稻壳粉碎段停车顺序流程图

稻壳粉碎停车流程按照分段停车策略实施，将系统停车分为 6 段，标识为 D_{19} ~ D_{24}。停车信号发出后，首先在 D_{19} 段需要将该段所有闸门或进料驱动（W31 ~ W38）关闭，粉碎进料口关闭，但粉碎机中还存有余料需要延时供其走完；延时 30 秒后进入 D_{20}段，该段停止的设备有 M115（1#风机）、M118（2#风机）、M121（3#风机）、M124（4#风机）、M100（6#绞龙）、M95（2#绞龙）、M129（1#粉碎机）、M130（2#粉碎机）、M131（3#粉碎机）、M132（4#粉碎机）、M127（1#搅齿）和 M128（2#搅齿）；设备停车后，输送设备例如提升机、皮带等需要延时走料，延时 30s 后进入 D_{21}段，该段停止的设备有 M113（1#关风器）、M114（1#脉冲关风器）、M116（2#关风器）、M117（2#脉冲关风器）、M119（3#关风器）、M120（3#脉冲关风器）、M122（4#关风器）、M123（4#脉冲关风器）、M99（5#绞龙）和 M94（1#绞龙）；输送设备停车后，风机等需要延时洗尘，延时 30s 后进入 D_{22}段，该段停止的设备有 M111（10#绞龙）、M112（11#绞龙）、M108（5#糠筛）、M109（6#糠筛）、M104（1#糠筛）、M105（2#糠筛）、M106（3#糠筛）和 M107（4#糠筛）；风机停车后，关风器等设备也需延时停车，延时 30s 后进入 D_{23}段，该段停止的设备有 M92（35#提升机）、M93

（34#提升机）、M98（33#提升机）、M103（32#提升机）、M110（9#绞龙）、M126（5#风机）、M96（3#绞龙）、M97（4#绞龙）、M101（7#绞龙）、M102（8#绞龙）；最后延时30s后进入D_{24}段，该段停止的设备有M125（5#脉冲关风器）。

稻壳粉碎系统在运行过程中，对于启动后没有自锁的设备和闸门，如果条件不满足，立即自动停止设备或关闭闸门，一旦启动条件成立，对应设备或闸门将自动启动运行。

二、稻壳粉碎 Petri 网建模

为建立稻壳粉碎系统的启动 Petri 网模型，根据图3－12稻壳粉碎段启动流程图，将流程图的执行框和判断框与 Petri 网的 P 相对应，把流程图的流动条件与 Petri 网的 T 相对应，便可得到稻壳粉碎系统段启动 Petri 网模型图如图3－14所示。

在稻壳粉碎起始状态下，当粉碎启动信号产生且D_{20}延时未完成，变迁$T_{4.0}$激发，从而开启稻壳粉碎段自动运行过程，库所$P_{4.1}$得到标识，M110启动信号为ON；如果D_{20}延时成功，变迁$T_{4.1}$激发，库所$P_{4.2}$得到标识，M1110停车信号为ON。若M110运行且D_{24}延时未完成，变迁$T_{4.2}$激发，库所$P_{4.3}$得到标识，M125启动信号为ON；如果M110停车或D_{24}延时成功，变迁$T_{4.3}$激发，库所$P_{4.4}$得到标识，M125停车信号为ON。若M125运行且D_{23}延时未完成，变迁$T_{4.4}$激发，库所$P_{4.5}$得到标识，M126启动信号为ON；如果D_{23}延时成功变迁$T_{4.5}$激发，库所$P_{4.6}$得到标识，M126停车信号为ON。

若M126运行、W38被选择工作且D_{23}延时未完成，变迁$T_{4.6}$激发，库所$P_{4.7}$得到标识，M92启动信号为ON；如果M126停车、W38选择信号消失、D_{23}延时成功三个条件满足其中一个，变迁$T_{4.7}$激发，库所$P_{4.8}$得到标识，M92停车信号为ON。若M92运行且D_{21}延时未完成，变迁$T_{4.8}$激发，库所$P_{4.9}$得到标识，M94启动信号为ON；如果M92停车或D_{21}延时成功，变迁$T_{4.9}$激发，库所$P_{4.10}$得到标识，M94停车信号为ON。若M94运行且D_{20}延时未完成，变迁$T_{4.10}$激发，库所$P_{4.11}$得到标识，M95启动信号为ON；如果M94停车或D_{20}延时成功，变迁$T_{4.11}$激发，库所$P_{4.12}$得到标识，M95停车信号为ON。若M95运行、42#缓冲仓物料未满、W35被选择工作、D_{19}延时未完成四个条件同时满足，变迁$T_{4.12}$激发，库所$P_{4.13}$得到标识，W35闸门打开信号为ON；如果M95停车、42#缓冲仓满料、W35选择信号消失、D_{19}定时成功，变迁$T_{4.13}$激发，库所$P_{4.14}$得到标识，W35闸门关闭信号为ON。若M95运行、42#缓冲仓物料未满、W36被选择工作、D_{19}延时未完成四个条件同时满足，变迁$T_{4.14}$激发，库所$P_{4.15}$得到标识，W36闸门打开信号为ON；如果M95停车、42#缓冲仓满料、W36选择信号消

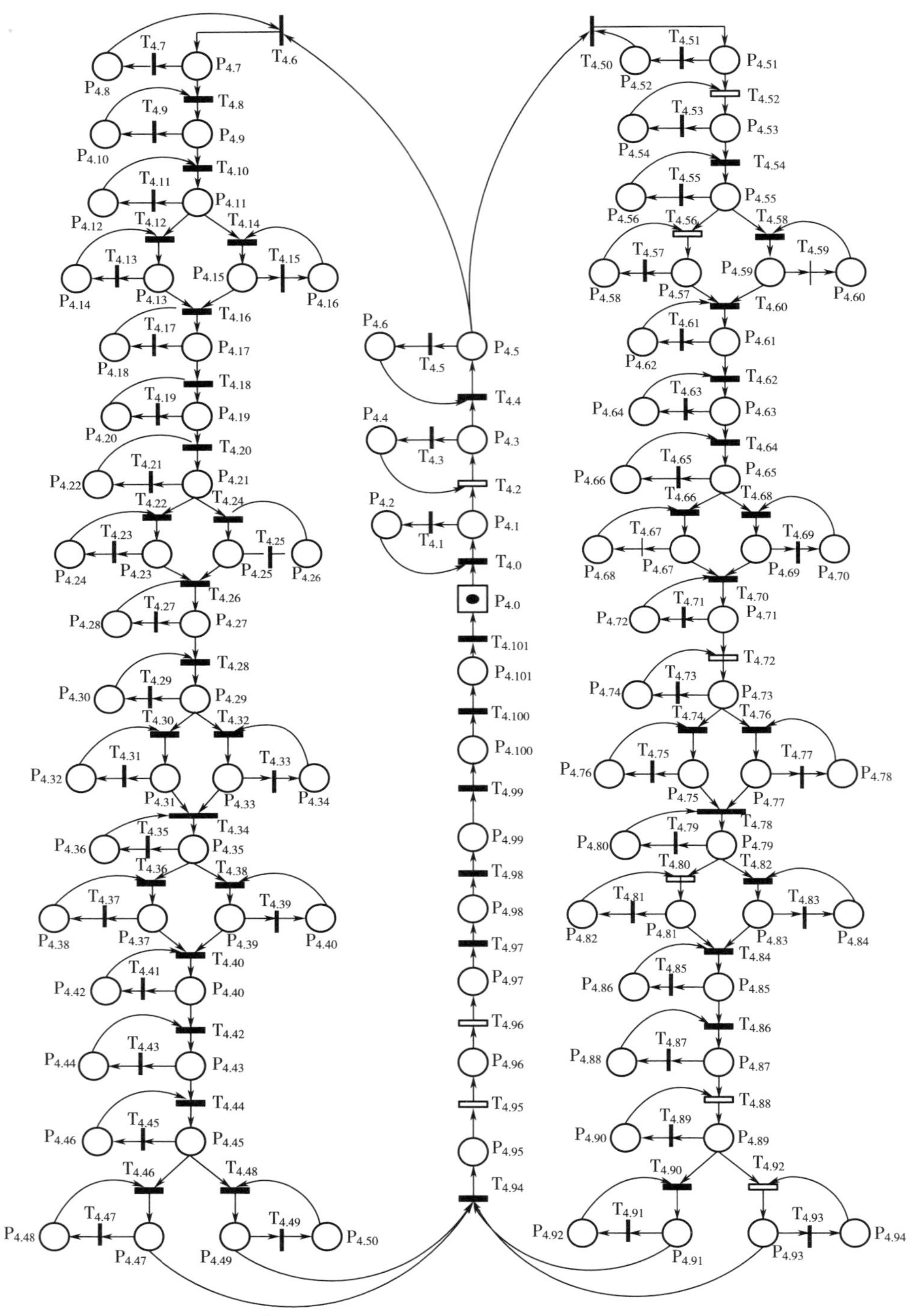

图 3－14　稻壳粉碎段启动 Petri 网模型

失、D_{19}定时成功，变迁 $T_{4.15}$激发，库所 $P_{4.16}$得到标识，W36 闸门关闭信号为 ON。

若 W35 打开、W36 打开且 D_{23} 延时未完成，变迁 $T_{4.16}$激发，库所 $P_{4.17}$得到标识，M96 启动信号为 ON；如果 W35 关闭、W36 关闭或 D_{23} 延时成功，变迁 $T_{4.17}$激发，库所 $P_{4.18}$得到标识，M96 停车信号为 ON。若 M96 运行且 D_{23} 延时未完成，变迁 $T_{4.18}$激发，库所 $P_{4.19}$得到标识，M97 启动信号为 ON；如果 M96 停车或 D_{23} 延时成功，变迁 $T_{4.19}$激发，库所 $P_{4.20}$得到标识，M97 停车信号为 ON。若 M97 运行且 D_{23} 延时未完成，变迁 $T_{4.20}$激发，库所 $P_{4.21}$得到标识，M98 启动信号为 ON；如果 M97 停车或 D_{23} 延时成功，变迁 $T_{4.21}$ 激发，库所 $P_{4.22}$得到标识，M98 停车信号为 ON。若 M98 运行且 D_{22} 延时未完成，变迁 $T_{4.22}$激发，库所 $P_{4.23}$得到标识，M104 启动信号为 ON；如果 M98 停车或 D_{22} 延时成功，变迁 $T_{4.23}$激发，库所 $P_{4.24}$得到标识，M104 停车信号为 ON。若 M98 运行且 D_{22} 延时未完成，变迁 $T_{4.24}$激发，库所 $P_{4.25}$得到标识，M105 启动信号为 ON；如果 M98 停车或 D_{22} 延时成功，变迁 $T_{4.25}$激发，库所 $P_{4.26}$得到标识，M105 停车信号为 ON。

若 M104 运行、M105 运行且 D_{22} 延时未完成，变迁 $T_{4.26}$激发，库所 $P_{4.27}$得到标识，M108 启动信号为 ON；如果 M104 停车、M105 停车或 D_{22} 延时成功，变迁 $T_{4.27}$激发，库所 $P_{4.28}$得到标识，M108 停车信号为 ON。若 M108 运行且 D_{22} 延时未完成，变迁 $T_{4.28}$激发，库所 $P_{4.29}$得到标识，M111 启动信号为 ON；如果 M108 停车或 D_{22} 延时成功，变迁 $T_{4.29}$激发，库所 $P_{4.30}$得到标识，M111 停车信号为 ON。若 M111 运行且 D_{21} 延时未完成，变迁 $T_{4.30}$激发，库所 $P_{4.31}$得到标识，M113 启动信号为 ON；如果 M111 停车或 D_{21} 延时成功，变迁 $T_{4.31}$激发，库所 $P_{4.32}$得到标识，M113 停车信号为 ON。若 M111 运行且 D_{21} 延时未完成，变迁 $T_{4.32}$激发，库所 $P_{4.33}$得到标识，M114 启动信号为 ON；如果 M111 停车或 D_{21} 延时成功，变迁 $T_{4.33}$激发，库所 $P_{4.34}$得到标识，M114 停车信号为 ON。若 M113 运行、M114 运行且 D_{20}延时未完成，变迁 $T_{4.34}$激发，库所 $P_{4.35}$得到标识，M115 启动信号为 ON；如果 D_{20}延时成功，变迁 $T_{4.35}$激发，库所 $P_{4.36}$得到标识，M115 停车信号为 ON。若 M115 运行且 D_{21} 延时未完成，变迁 $T_{4.36}$激发，库所 $P_{4.37}$得到标识，M116 启动信号为 ON；如果 M115 停车或 D_{21} 延时成功，变迁 $T_{4.37}$激发，库所 $P_{4.38}$得到标识，M116 停车信号为 ON。若 M115 运行且 D_{21} 延时未完成，变迁 $T_{4.38}$激发，库所 $P_{4.39}$得到标识，M117 启动信号为 ON；如果 M115 停车或 D_{21} 延时成功，变迁 $T_{4.39}$激发，库所 $P_{4.40}$得到标识，M117 停车信号为 ON。若 M116 运行、M117 运行且 D_{20}延时未完成，变迁 $T_{4.40}$激发，库所 $P_{4.41}$得到标识，M118 启动信号为 ON；如果 D_{20}延时成功，变迁 $T_{4.41}$激发，库所 $P_{4.42}$得到标识，M118 停车信号为 ON。若 M118 运行且 D_{20}延时未完成，变迁 $T_{4.42}$激发，库所 $P_{4.43}$得到标识，M129 启动信号为 ON；如果 D_{20}延时成功，变迁 $T_{4.43}$激发，库所 $P_{4.44}$得到标识，M129 停车信号为 ON。若 M129 运行且 D_{20}延时未完成，变迁 $T_{4.44}$激发，

库所$P_{4.45}$得到标识，M130启动信号为ON；如果D_{20}延时成功，变迁$T_{4.45}$激发，库所$P_{4.46}$得到标识，M130停车信号为ON。若M130运行、低料位LL35为ON且D_{20}延时未完成，变迁$T_{4.46}$激发，库所$P_{4.47}$得到标识，M127启动信号为ON；如果M130停车、低料位LL35为OFF或D_{20}延时成功，变迁$T_{4.47}$激发，库所$P_{4.48}$得到标识，M127停车信号为ON。若M130运行、W31选中、39#仓空且D_{19}延时未完成，变迁$T_{4.48}$激发，库所$P_{4.49}$得到标识，W31打开信号为ON；如果M130停车、W31未被选中、39#仓满或D_{19}延时成功，变迁$T_{4.49}$激发，库所$P_{4.50}$得到标识，W31关闭信号为ON。

同上Petri网过程描述一样，若M126运行、W37被选择工作且D_{23}延时未完成，变迁$T_{4.50}$激发，库所$P_{4.51}$得到标识，M93启动信号为ON；如果M126停车、W37选择信号消失、D_{23}延时成功三个条件满足其中一个，变迁$T_{4.51}$激发，库所$P_{4.52}$得到标识，M93停车信号为ON。若M93运行且D_{21}延时未完成，变迁$T_{4.52}$激发，库所$P_{4.53}$得到标识，M99启动信号为ON；如果M93停车或D_{21}延时成功，变迁$T_{4.53}$激发，库所$P_{4.54}$得到标识，M99停车信号为ON。若M99运行且D_{20}延时未完成，变迁$T_{4.54}$激发，库所$P_{4.55}$得到标识，M100启动信号为ON；如果M99停车或D_{20}延时成功，变迁$T_{4.55}$激发，库所$P_{4.56}$得到标识，M100停车信号为ON。若M100运行、41#缓冲仓物料未满、W33被选择工作、D_{19}延时未完成四个条件同时满足，变迁$T_{4.56}$激发，库所$P_{4.57}$得到标识，W33闸门打开信号为ON；如果M100停车、41#缓冲仓满料、W33选择信号消失、D_{19}定时成功，变迁$T_{4.57}$激发，库所$P_{4.58}$得到标识，W33闸门关闭信号为ON。若M100运行、41#缓冲仓物料未满、W34被选择工作、D_{19}延时未完成四个条件同时满足，变迁$T_{4.58}$激发，库所$P_{4.59}$得到标识，W34闸门打开信号为ON；如果M100停车、41#缓冲仓满料、W34选择信号消失、D_{19}定时成功，变迁$T_{4.59}$激发，库所$P_{4.60}$得到标识，W34闸门关闭信号为ON。若W33打开、W34打开且D_{23}延时未完成，变迁$T_{4.60}$激发，库所$P_{4.61}$得到标识，M101启动信号为ON；如果W33关闭、W34关闭或D_{23}延时成功，变迁$T_{4.61}$激发，库所$P_{4.62}$得到标识，M101停车信号为ON。若M101运行且D_{23}延时未完成，变迁$T_{4.62}$激发，库所$P_{4.63}$得到标识，M102启动信号为ON；如果M101停车或D_{23}延时成功，变迁$T_{4.63}$激发，库所$P_{4.64}$得到标识，M102停车信号为ON。若M102运行且D_{23}延时未完成，变迁$T_{4.64}$激发，库所$P_{4.65}$得到标识，M103启动信号为ON；如果M102停车或D_{23}延时成功，变迁$T_{4.65}$激发，库所$P_{4.66}$得到标识，M103停车信号为ON。若M103运行且D_{22}延时未完成，变迁$T_{4.66}$激发，库所$P_{4.67}$得到标识，M106启动信号为ON；如果M103停车或D_{22}延时成功，变迁$T_{4.67}$激发，库所$P_{4.68}$得到标识，M106停车信号为ON。若M103运行且D_{22}延时未完成，变迁$T_{4.68}$激发，库所$P_{4.69}$得到标识，M107启动信号为ON；如果M103停车或D_{22}延时成功，变迁$T_{4.69}$激发，库所$P_{4.70}$得到标识，M107停车信号为ON。若M106运行、M107运

行且 D_{22} 延时未完成，变迁 $T_{4.70}$激发，库所 $P_{4.71}$得到标识，M109 启动信号为 ON；如果 M106 停车、M107 停车或 D_{22} 延时成功，变迁 $T_{4.71}$激发，库所 $P_{4.72}$得到标识，M109 停车信号为 ON。若 M109 运行且 D_{22} 延时未完成，变迁 $T_{4.72}$激发，库所 $P_{4.73}$得到标识，M112 启动信号为 ON；如果 M109 停车或 D_{22} 延时成功，变迁 $T_{4.73}$激发，库所 $P_{4.74}$得到标识，M112 停车信号为 ON。若 M112 运行且 D_{21} 延时未完成，变迁 $T_{4.74}$激发，库所 $P_{4.75}$得到标识，M119 启动信号为 ON；如果 M112 停车或 D_{21} 延时成功，变迁 $T_{4.75}$激发，库所 $P_{4.76}$得到标识，M119 停车信号为 ON。若 M112 运行且 D_{21} 延时未完成，变迁 $T_{4.76}$激发，库所 $P_{4.77}$得到标识，M120 启动信号为 ON；如果 M112 停车或 D_{21} 延时成功，变迁 $T_{4.77}$激发，库所 $P_{4.78}$得到标识，M120 停车信号为 ON。若 M119 运行、M120 运行且 D_{20}延时未完成，变迁 $T_{4.78}$激发，库所 $P_{4.79}$得到标识，M121 启动信号为 ON；如果 M119 停车、M120 停车或 D_{20}延时成功，变迁 $T_{4.79}$激发，库所 $P_{4.80}$得到标识，M121 停车信号为 ON。若 M121 运行且 D_{21} 延时未完成，变迁 $T_{4.80}$激发，库所 $P_{4.81}$得到标识，M122 启动信号为 ON；如果 M121 停车或 D_{21} 延时成功，变迁 $T_{4.81}$激发，库所 $P_{4.82}$得到标识，M122 停车信号为 ON。若 M121 运行且 D_{21} 延时未完成，变迁 $T_{4.82}$激发，库所 $P_{4.83}$得到标识，M123 启动信号为 ON；如果 M121 停车或 D_{21} 延时成功，变迁 $T_{4.83}$激发，库所 $P_{4.84}$得到标识，M123 停车信号为 ON。若 M122 运行、M123 运行且 D_{20}延时未完成，变迁 $T_{4.84}$激发，库所 $P_{4.85}$得到标识，M124 启动信号为 ON；如果 M122 停车、M123 停车或 D_{20}延时成功，变迁 $T_{4.85}$激发，库所 $P_{4.86}$得到标识，M124 停车信号为 ON。若 M124 运行且 D_{20}延时未完成，变迁 $T_{4.86}$激发，库所 $P_{4.87}$得到标识，M131 启动信号为 ON；如果 M124 停车或 D_{20}延时成功，变迁 $T_{4.87}$激发，库所 $P_{4.88}$得到标识，M131 停车信号为 ON。若 M131 运行且 D_{20}延时未完成，变迁 $T_{4.88}$激发，库所 $P_{4.89}$得到标识，M132 启动信号为 ON；如果 M131 停车或 D_{20}延时成功，变迁 $T_{4.89}$激发，库所 $P_{4.90}$得到标识，M132 停车信号为 ON。若 M132 运行、36 仓有料且 D_{20}延时未完成，变迁 $T_{4.90}$激发，库所 $P_{4.91}$得到标识，M128 启动信号为 ON；如果 M132 停车、36 仓无料或 D_{20}延时成功，变迁 $T_{4.91}$激发，库所 $P_{4.92}$得到标识，M128 停车信号为 ON。若 M132 运行、W32 被选中工作、37#仓空且 D_{19}延时未完成，变迁 $T_{4.92}$激发，库所 $P_{4.93}$得到标识，W32 打开信号为 ON；如果 M132 停车、W32 未被选中、37#满仓或 D_{19}延时成功，变迁 $T_{4.93}$激发，库所 $P_{4.94}$得到标识，W32 关闭信号为 ON。

当 M127、M128、W31、W32 中任何一个工作，变迁 $T_{4.94}$激发，库所 $P_{4.95}$得到标识，系统处于正常运行状态（运行标志位“ON”）；如果稻壳粉碎停车按钮按下，变迁 $T_{4.95}$激发，库所 $P_{4.96}$得到标识，稻壳粉碎系统运行标志为“OFF”，开始停车处理且 D_{19}成功。当 D_{19} = ON 时 30s 延时开始，延时到变迁 $T_{4.96}$激发，库所 $P_{4.97}$得到标识，D_{20}定时成功为 ON。当 D_{20} = ON 时 30s 延时开始，延时到变迁 $T_{4.97}$激发，库所 $P_{4.98}$得到标识，D_{21}定时成功为 ON。当 D_{21} = ON 时 30s 延时开始，延时到变迁 $T_{4.98}$ 激发，库所 $P_{4.99}$ 得到标识，D_{22} 定时成功为 ON。当 D_{22} = ON 时 30s 延时开始，延时到变迁 $T_{4.99}$ 激发，库所 $P_{4.100}$ 得到标识，D_{23} 定时成功为 ON。当 D_{23} = ON 时 30s 延时开始，延时到变迁 $T_{4.100}$ 激发，库所 $P_{4.101}$ 得到标识，D_{24} 定时成功为 ON。

将 Petri 网模型赋予实际含义，才能清楚地描述系统的启动过程。根据稻壳粉碎启动工艺过程，分别赋予库所和变迁实际含义如表 3－7 和表 3－8 所示。

表 3－7　　稻壳粉碎段库所集的含义

库所集	库所集含义	库所集	库所集含义	库所集	库所集含义
$P_{4.0}$	粉碎起始状态	$P_{4.1}$	M110 启动	$P_{4.2}$	M110 停止
$P_{4.3}$	M125 启动	$P_{4.4}$	M125 停止	$P_{4.5}$	M126 启动
$P_{4.6}$	M126 停车	$P_{4.7}$	M92 启动	$P_{4.8}$	M92 停车
$P_{4.9}$	M94 启动	$P_{4.10}$	M94 停车	$P_{4.11}$	M95 启动
$P_{4.12}$	M95 停车	$P_{4.13}$	W35 打开	$P_{4.14}$	W35 关闭
$P_{4.15}$	W36 打开	$P_{4.16}$	W36 关闭	$P_{4.17}$	M96 启动
$P_{4.18}$	M96 停车	$P_{4.19}$	M97 启动	$P_{4.20}$	M97 停车
$P_{4.21}$	M98 启动	$P_{4.22}$	M98 停车	$P_{4.23}$	M104 启动
$P_{4.24}$	M104 停车	$P_{4.25}$	M105 启动	$P_{4.26}$	M105 停车
$P_{4.27}$	M108 启动	$P_{4.28}$	M108 停车	$P_{4.29}$	M111 启动
$P_{4.30}$	M111 停车	$P_{4.31}$	M113 启动	$P_{4.32}$	M113 停车
$P_{4.33}$	M114 启动	$P_{4.34}$	M114 停车	$P_{4.35}$	M115 启动
$P_{4.36}$	M115 停车	$P_{4.37}$	M116 启动	$P_{4.38}$	M116 停车
$P_{4.39}$	M117 启动	$P_{4.40}$	M117 停车	$P_{4.41}$	M118 启动
$P_{4.42}$	M118 停车	$P_{4.43}$	M129 启动	$P_{4.44}$	M129 停车
$P_{4.45}$	M130 启动	$P_{4.46}$	M130 停车	$P_{4.47}$	M127 启动
$P_{4.48}$	M127 停车	$P_{4.49}$	W31 打开	$P_{4.50}$	W31 关闭
$P_{4.51}$	M93 启动	$P_{4.52}$	M93 停车	$P_{4.53}$	M99 启动
$P_{4.54}$	M99 启动	$P_{4.55}$	M100 停车	$P_{4.56}$	M100 停车
$P_{4.57}$	W34 打开	$P_{4.58}$	W34 关闭	$P_{4.59}$	W33 打开
$P_{4.60}$	W33 关闭	$P_{4.61}$	M101 启动	$P_{4.62}$	M101 停车
$P_{4.63}$	M102 启动	$P_{4.64}$	M102 停车	$P_{4.65}$	M103 启动
$P_{4.66}$	M103 停车	$P_{4.67}$	M106 启动	$P_{4.68}$	M106 停车

续表

库所集	库所集含义	库所集	库所集含义	库所集	库所集含义
$P_{4.69}$	M107 启动	$P_{4.70}$	M107 停车	$P_{4.71}$	M109 启动
$P_{4.72}$	M109 停车	$P_{4.73}$	M112 启动	$P_{4.74}$	M112 停车
$P_{4.75}$	M119 启动	$P_{4.76}$	M119 停车	$P_{4.77}$	M120 启动
$P_{4.78}$	M120 停车	$P_{4.79}$	M121 启动	$P_{4.80}$	M121 停车
$P_{4.81}$	M122 启动	$P_{4.82}$	M122 停车	$P_{4.83}$	M123 启动
$P_{4.84}$	M123 停车	$P_{4.85}$	M124 启动	$P_{4.86}$	M124 停车
$P_{4.87}$	M131 启动	$P_{4.88}$	M131 停车	$P_{4.89}$	M132 启动
$P_{4.90}$	M132 停车	$P_{4.91}$	M128 启动	$P_{4.92}$	M128 停车
$P_{4.93}$	W32 打开	$P_{4.94}$	W32 关闭	$P_{4.95}$	运行标志 ON
$P_{4.96}$	运行标志 OFF，即 D_{19} 到	$P_{4.97}$	停车时间 D_{20} 到	$P_{4.98}$	停车时间 D_{21} 到
$P_{4.99}$	停车时间 D_{22} 到	$P_{4.100}$	停车时间 D_{23} 到	$P_{4.101}$	停车时间 D_{24} 到

表 3－8　　稻壳粉碎段变迁集的含义

变迁集	变迁集含义	变迁条件	变迁集	变迁集含义	变迁条件
$T_{4.0}$：$I_{4.0}$	M100 启动条件	启动按钮上升沿 & D_{20} = OFF	$T_{4.1}$：$I_{4.1}$	M100 停止条件	D_{20} = ON
$T_{4.2}$：$I_{4.2}$	M125 启动条件	M100 = ON&D_{24} = OFF	$T_{4.3}$：$I_{4.3}$	M125 停止条件	M100 = OFF丨D_{24} = ON
$T_{4.4}$：$I_{4.4}$	M126 启动条件	M125 = ON&D_{23} = OFF	$T_{4.5}$：$I_{4.5}$	M126 停止条件	D_{23} = ON
$T_{4.6}$：$I_{4.6}$	M92 启动条件	M126 = ON&W38 选中 &D_{23} = OFF	$T_{4.7}$：$I_{4.7}$	M92 停止条件	M126 = OFF丨W38 未选中丨D_{23} = ON
$T_{4.8}$：$I_{4.8}$	M94 启动条件	M92 = ON&D_{21} = OFF	$T_{4.9}$：$I_{4.9}$	M94 停止条件	M92 = OFF丨D_{21} = ON
$T_{4.10}$：$I_{4.10}$	M95 启动条件	M94 = ON&D_{20} = OFF	$T_{4.11}$：$I_{4.11}$	M95 停止条件	M94 = OFF丨D_{20} = ON
$T_{4.12}$：$I_{4.12}$	W35 打开条件	M95 = ON&42#仓空 &W35 选中 &D_{19} = OFF	$T_{4.13}$：$I_{4.13}$	W35 关闭条件	M95 = OFF丨42#仓满丨W35 未选丨D_{19} = ON
$T_{4.14}$：$I_{4.14}$	W36 打开条件	M95 = ON&42#仓空 &W36 选中 &D_{19} = OFF	$T_{4.15}$：$I_{4.15}$	W36 关闭条件	M95 = OFF丨42#仓满丨W36 未选丨D_{19} = ON
$T_{4.16}$：$I_{4.16}$	M96 启动条件	M95 = ON&D_{23} = OFF&（W35 = 1丨W36 = 1）	$T_{4.17}$：$I_{4.17}$	M96 停止条件	M95 = OFF丨D_{23} = ON丨（W35 = 0&W36 = 0）
$T_{4.18}$：$I_{4.18}$	M97 启动条件	M96 = ON&D_{23} = OFF	$T_{4.19}$：$I_{4.19}$	M97 停止条件	M96 = OFF丨D_{23} = ON
$T_{4.20}$：$I_{4.20}$	M98 启动条件	M97 = ON&D_{23} = OFF	$T_{4.21}$：$I_{4.21}$	M98 停止条件	M97 = OFF丨D_{23} = ON
$T_{4.22}$：$I_{4.22}$	M104 启动条件	M98 = ON&D_{22} = OFF	$T_{4.23}$：$I_{4.23}$	M104 停止条件	M98 = OFF丨D_{22} = ON
$T_{4.24}$：$I_{4.24}$	M105 启动条件	M98 = ON&D_{22} = OFF	$T_{4.25}$：$I_{4.25}$	M105 停止条件	M98 = OFF丨D_{22} = ON

续表

变迁集	变迁集含义	变迁条件	变迁集	变迁集含义	变迁条件
$T_{4.26}$：$I_{4.26}$	M108 启动条件	M104 = ON&M105 = ON &D_{22} = OFF	$T_{4.27}$：$I_{4.27}$	M108 停止条件	M104 = OFF丨 M105 = OFF丨 D_{22} = ON
$T_{4.28}$：$I_{4.28}$	M111 启动条件	M108 = ON&D_{22} = OFF	$T_{4.29}$：$I_{4.29}$	M111 停止条件	M108 = OFF丨 D_{22} = ON
$T_{4.30}$：$I_{4.30}$	M113 启动条件	M111 = ON&D_{21} = OFF	$T_{4.31}$：$I_{4.31}$	M113 停止条件	M111 = OFF丨 D_{21} = ON
$T_{4.32}$：$I_{4.32}$	M114 启动条件	M111 = ON&D_{21} = OFF	$T_{4.33}$：$I_{4.33}$	M114 停止条件	M111 = OFF丨 D_{21} = ON
$T_{4.34}$：$I_{4.34}$	M115 启动条件	M113 = ON&M114 = ON&D_{20} = OFF	$T_{4.35}$：$I_{4.35}$	M115 停止条件	D_{20} = ON
$T_{4.36}$：$I_{4.36}$	M116 启动条件	M115 = ON&D_{21} = OFF	$T_{4.37}$：$I_{4.37}$	M116 停止条件	M115 = OFF丨 D_{21} = ON
$T_{4.38}$：$I_{4.38}$	M117 启动条件	M115 = ON&D_{21} = OFF	$T_{4.39}$：$I_{4.39}$	M117 停止条件	M115 = OFF丨 D_{21} = ON
$T_{4.40}$：$I_{4.40}$	M118 启动条件	M116 = ON&M117 = ON&D_{20} = OFF	$T_{4.41}$：$I_{4.41}$	M118 停止条件	D_{20} = ON
$T_{4.42}$：$I_{4.42}$	M129 启动条件	M118 = ON&D_{20} = OFF	$T_{4.43}$：$I_{4.43}$	M129 停止条件	D_{20} = ON
$T_{4.44}$：$I_{4.44}$	M130 启动条件	M129 = ON&D_{20} = OFF	$T_{4.45}$：$I_{4.45}$	M130 停止条件	D_{20} = ON
$T_{4.46}$：$I_{4.46}$	M127 启动条件	M130 = ON&LL35 = ON &D_{20} = OFF	$T_{4.47}$：$I_{4.47}$	M127 停止条件	M130 = OFF丨 LL35 = OFF丨 D_{20} = ON
$T_{4.48}$：$I_{4.48}$	W31 打开条件	M130 = ON&W31 选中 &39#仓空 &D_{19} = OFF	$T_{4.49}$：$I_{4.49}$	W31 关闭条件	M130 = OFF丨 W31 未选丨 39#仓满丨 D_{19} = ON
$T_{4.50}$：$I_{4.50}$	M93 启动条件	M126 = ON&W37 选中 &D_{4} = OFF	$T_{4.51}$：$I_{4.51}$	M93 停止条件	M126 = OFF丨 W37 未选中丨 D_{22} = ON
$T_{4.52}$：$I_{4.52}$	M99 启动条件	M93 = ON&D_{23} = OFF	$T_{4.53}$：$I_{4.53}$	M99 停止条件	M93 = OFF丨 D_{23} = ON
$T_{4.54}$：$I_{4.54}$	M100 启动条件	M99 = ON&D_{20} = OFF	$T_{4.55}$：$I_{4.55}$	M100 停止条件	M99 = OFF丨 D_{20} = ON
$T_{4.56}$：$I_{4.56}$	W33 打开条件	M100 = ON&41 # 仓空 &W33 选中 &D_{19} = OFF	$T_{4.57}$：$I_{4.57}$	W33 关闭条件	M100 = OFF丨 41 # 仓满丨 W33 未选中丨 D_{19} = ON
$T_{4.58}$：$I_{4.58}$	W34 打开条件	M100 = ON&41 # 仓空 &W33 未选 &W34 选中 &D_{19} = OFF	$T_{4.59}$：$I_{4.59}$	W34 关闭条件	M100 = OFF丨 41 # 仓满丨 W33 选中丨 W34 未选丨 D_{19} = ON
$T_{4.60}$：$I_{4.60}$	M101 启动条件	M100 = ON&D_{23} = OFF&（W33 = 1 丨 W34 = 1）	$T_{4.61}$：$I_{4.61}$	M101 停止条件	M100 = OFF丨 D_{23} = ON丨（W33 = 0&W34 = 0）
$T_{4.62}$：$I_{4.62}$	M102 启动条件	M101 = ON&D_{23} = OFF	$T_{4.63}$：$I_{4.63}$	M102 停止条件	M101 = OFF丨 D_{23} = ON

续表

变迁集	变迁集含义	变迁条件	变迁集	变迁集含义	变迁条件
$T_{4.64}$：$I_{4.64}$	M103 启动条件	M102 = ON&D_{23} = OFF	$T_{4.65}$：$I_{4.65}$	M103 停止条件	M102 = OFF | D_{23} = ON
$T_{4.66}$：$I_{4.66}$	M106 启动条件	M103 = ON&D_{22} = OFF	$T_{4.67}$：$I_{4.67}$	M106 停止条件	M103 = OFF | D_{22} = ON
$T_{4.68}$：$I_{4.68}$	M107 启动条件	M103 = ON&D_{22} = OFF	$T_{4.69}$：$I_{4.69}$	M107 停止条件	M103 = OFF | D_{22} = ON
$T_{4.70}$：$I_{4.70}$	M109 启动条件	M106 = ON& M107 = ON&D_{22} = OFF	$T_{4.71}$：$I_{4.71}$	M109 停止条件	M106 = OFF | M107 = OFF | D_{22} = ON
$T_{4.72}$：$I_{4.72}$	M112 启动条件	M109 = ON&D_{22} = OFF	$T_{4.73}$：$I_{4.73}$	M112 停止条件	M109 = OFF | D_{22} = ON
$T_{4.74}$：$I_{4.74}$	M119 启动条件	M112 = ON&D_{21} = OFF	$T_{4.75}$：$I_{4.75}$	M119 停止条件	M112 = OFF | D_{21} = ON
$T_{4.76}$：$I_{4.76}$	M120 启动条件	M112 = ON&D_{21} = OFF	$T_{4.77}$：$I_{4.77}$	M120 停止条件	M112 = OFF | D_{21} = ON
$T_{4.78}$：$I_{4.78}$	M121 启动条件	M119 = ON& M120 = ON&D_{20} = OFF	$T_{4.79}$：$I_{4.79}$	M121 停止条件	D_{20} = ON
$T_{4.80}$：$I_{4.80}$	M122 启动条件	M121 = ON&D_{21} = OFF	$T_{4.81}$：$I_{4.81}$	M122 停止条件	M121 = OFF | D_{21} = ON
$T_{4.82}$：$I_{4.82}$	M123 启动条件	M121 = ON&D_{21} = OFF	$T_{4.83}$：$I_{4.83}$	M123 停止条件	M121 = OFF | D_{21} = ON
$T_{4.84}$：$I_{4.84}$	M124 启动条件	M122 = ON& M123 = ON&D_{20} = OFF	$T_{4.85}$：$I_{4.85}$	M124 停止条件	D_{20} = ON
$T_{4.86}$：$I_{4.86}$	M131 启动条件	M124 = ON&D_{20} = OFF	$T_{4.87}$：$I_{4.87}$	M131 停止条件	D_{20} = ON
$T_{4.88}$：$I_{4.88}$	M132 启动条件	M131 = ON&D_{20} = OFF	$T_{4.89}$：$I_{4.89}$	M132 停止条件	D_{20} = ON
$T_{4.90}$：$I_{4.90}$	M128 启动条件	M132 = ON&LL36 = ON &D_{20} = OFF	$T_{4.91}$：$I_{4.91}$	M128 停止条件	M132 = OFF | LL36 = OFF | D_{20} = ON
$T_{4.92}$：$I_{4.92}$	W32 打开条件	M132 = ON&W32 选中 &37#仓空 &D_{19} = OFF	$T_{4.93}$：$I_{4.93}$	W32 关闭条件	M132 = OFF | W32 未选 | 37#仓满 | D_{19} = ON
$T_{4.94}$：$I_{4.94}$	粉碎运行条件	M127 = ON | M128 = ON&W31 = ON&W32 = ON	$T_{4.95}$：$I_{4.95}$	粉碎停车条件	停车按钮上升沿
$T_{4.96}$：$I_{4.96}$	D_{20} 延时	延时 30s	$T_{4.97}$：$I_{4.97}$	D_{21} 延时	延时 30s
$T_{4.98}$：$I_{4.98}$	D_{22} 延时	延时 30s	$T_{4.99}$：$I_{4.99}$	D_{23} 延时	延时 30s
$T_{4.100}$：$I_{4.100}$	D_{24} 延时	延时 30s	$T_{4.101}$：$I_{4.101}$	停车延时	延时结束上升

第四章 稻米加工控制电路设计

根据系统的控制方案和需求分析，设计控制系统的电路原理图。在设计时，需要充分考虑各方面因素，对设计的电路图反复修改，以确保电路图的正确性、可靠性和实用性。

PLC 控制系统中，为了便于分析、沟通和施工，需要设计系统电气原理图、电器安装接线图、电器布置图，且设计过程中必须采用统一图形符号和文字符号。

本书根据系统的功能，将系统电路分为：系统供电电路、系统设备主电路、系统控制电路和料位检测电路，为了分析系统功能，本书只展现系统电路原理图。

第一节 稻米加工控制电路设计依据

稻米加工电气控制系统是由若干电器元件按照一定要求连接而成，从而实现系统各种控制目的。为了便于对控制系统进行设计、分析研究、安装调试、使用维护以及技术交流，就需要将控制系统中的各电器元件及其相互连接关系用一个统一的标准来表达，这个统一的标准就是国家标准和国际标准。

电气原理图主要用于表达系统控制原理、参数、功能及逻辑关系，是最详细表达控制规律和参数的工程图。国家标准局参照国际电工委员会（IEC）颁布的标准，制定了中国电气设备有关国家标准。有关的国家标准有 GB 4728—2018《电气简图用图形符号》、GB 6988—1986《电气制图》、GB 5094—1985《电气技术中的项目代号》和 GB/T 20939—2007《技术产品及技术产品文件结构原则字母代码按项目用途和任务划分的主类和子类》。其他施工、安装、调试服务等按照表 4－1 所示技术规范和标准。

表 4 -1　　工程设计技术规范和标准

标准编号	规范和标准名称
GB/T 3482—2008	电子设备雷击试验方法
GB/T 2887—2011	计算机场地通用规范
GB/T 3453—1994	数据通信基本型控制规程
GB/T 37144—2018	低压机柜电气机械结构
GB 7251. 1—2013	低压成套开关设备和控制设备第 1 部分：总则
GB/T 10233—2016	低压成套开关设备和电控设备基本试验方法
GB 50150—2016	电气装置安装工程电气设备交接试验标准
GB 50171—2012	电气装置安装工程盘、柜及二次回路接线施工及验收规范
GB 50168—2018	电气装置安装工程电缆线路施工及验收标准
GB/T 24274—2009	低压抽出式成套开关设备和控制设备
GB 50169—2016	电气装置安装工程接地装置施工及验收规范
DL/T 5759—2017	配电系统电气装置安装工程施工及验收规范
GB 50054—2011	低压配电设计规范
GB 50303—2015	建筑电气工程施工质量验收规范
GB 50149—2010	电气装置安装工程母线装置施工及验收规范

第二节　控制系统供电电路设计

在稻米加工自动化控制系统中，供电系统从配电柜取电，因为系统中主要负载几乎全为异步交流电动机。其等效电路可看作电阻和电感的串联电路，其电压与电流的相位差较大，功率因数较低。需要增加电容补偿柜，通过功率因数自动补偿控制器的实时控制，并联电容器的电流将抵消一部分电感电流，从而使电感电流减小，总电流随之减小，电压与电流的相位差变小，使功率因数提高。

系统中设备总功率较高，直接从母排上取电，控制系统供电电路主要完成控制回路供电和计算机等供电。为了避免干扰信号由电源进入，在供电配电上应把产生干扰较大的设备与控制系统分开供电，应直接从配电箱用屏蔽电缆分相引出电源。PLC 控制系统中的执行部件，如交流电机、变流装置、电磁阀、加热器等用电容量大、负载变化大、对系统干扰严重。控制系统使用的电源容量小，但要求电压稳定性高、干扰小。

交流电网中存在着大量的谐波、雷击浪涌及高频干扰，所以计算机、仪表和 PLC 等输入电都应采取抑制措施，例如加入电源隔离变压器，可有效地抑制噪声干扰的入侵。

稻米加工自动控制系统的供电电路如图 4 -1 所示，柜体上安装有启动和停止（急停）按钮，控制 KM0 接触器动作，为系统操作回路、PLC 和开关电源供电。为了增强 PLC 与仪表供电可靠性，设计了控制变压器 TM1。此外，考虑在一般情况下控制回路断电时，计算机不需断电，因此，单独使用了一个隔离变压器对其进行独立供电，如图 4 -1 中 TM2。

图 4 -1 中设置了三相电参数仪，其安装在柜体上，用于显示三相电压、电流、功率因数等参数，因其以数字形式显示相关参数数据，比较直观。

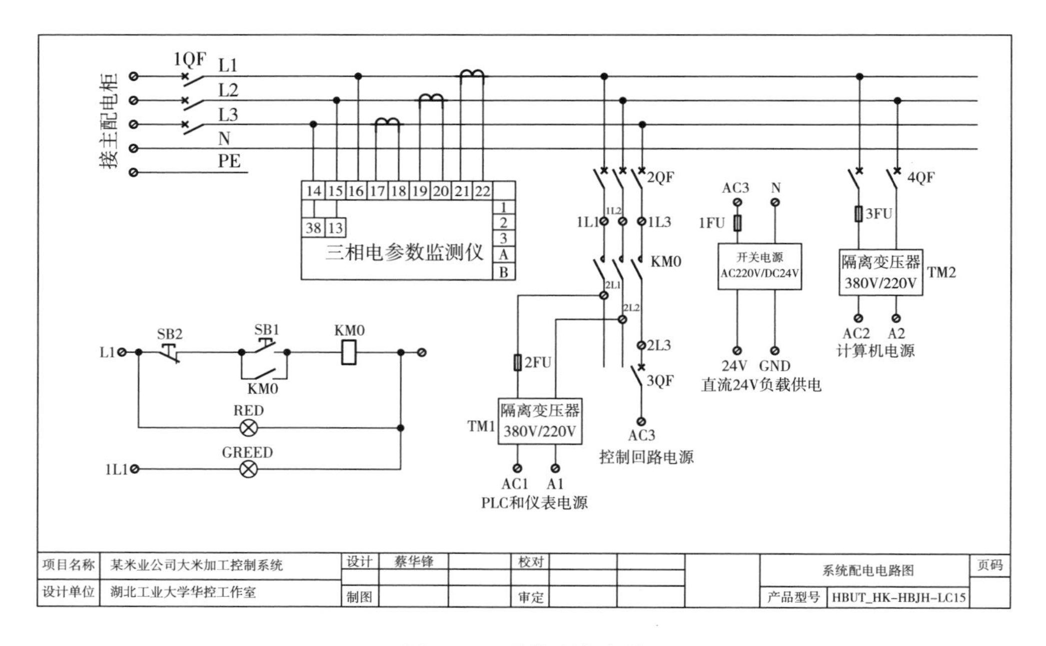

图 4 -1　系统配电电路

第三节　系统设备主电路设计

在 PLC 控制系统中，习惯上将高电压、大电流的回路称为主电路，通常包括用于电机通断控制的接触器、电机保护断路器等。系统设备主电路是将加工设备中电机接入三相交流电源，当接触器吸合时设备工作，而接触器释放时设备停止。

异步交流电动机在启动的过程中，启动电流比较大，为了降低启动过程中电流，需要采用一定的降压启动方式，星三角启动就是一种既简单又方便的降压启动方式。星三角启动就是通过加装一系列的电气元件形成星三角切换电路，在电动机启动时将定子绕组接成星形接法，当电机启动成功后再将定子绕着改为三角形接法。采用星三角启动时，启动电流只有全压启动电流的1/3，从而减少主电路中导线的线径和低压器件的额定电参数。本系统中，对于功率大于等于15kW的设备均采用星三角启动方式。

下面以吹壳风机M1主电路为例，简述星形-三角形启动控制电路工作原理。当M1启动信号为“ON”时，控制中间继电器K1闭合，接触器KM1、KM1_Y线圈得电吸合并自保持，电动机星形（Y）接法启动。当空气延时头KM1设定延时时间结束时，KM1_Y线圈电路中的通电延时断开的常闭触点断开，KM1_Y断电释放，电动机星接（Y）启动结束。此时，接触器KM1_△线圈电路中的通电延时闭合的常开触点闭合。KM1_△线圈得电吸合，电动机改为三角形（△）接法运转。串联在主电路中的QF1为电机保护断路器，是在电动机过负载或缺相过热时将主电路自动断开，保护了电动机。

异步交流电动机星三角启动时间T参数设置，按照式（4-1）进行计算：

$$T = 4 + 2\sqrt{P} \tag{4-1}$$

式中：P——电机额定功率，kW

　　T——启动时间，s

M1额定功率15kW，$T = 4 + 2\sqrt{15} = 11.74$，所以M1由星形启动转换到三角形运行延时时间12s。

直接启动设备额定电流I的计算公式为：

$$I = \frac{P}{\sqrt{3}U\cos\varphi} \tag{4-2}$$

式中，$U = 380$V，对于通用电机$\cos\varphi$取0.75。

星三角启动设备启动过程中，星形接法时，线电流为额定电流的1/3；三角形线电流是三角形相电流的$\sqrt{3}$倍。

一、清理砻谷段主电路

清理砻谷段设备共31台，其中功率大于等于15kW的有吹壳风机、2台砻谷风机和去石风机，它们均采用星三角启动方式控制；而其他设备如砻谷关风器、砻谷脉冲关风器、去石关风器、去石脉冲关风器、清理关风器、清理脉冲关风器、提升机、初清筛、振动筛、去石机、砻谷机、谷糙筛、厚度机、皮带机、刮板机等，采用直接启动控制。清理砻谷段设备主电路图如图4-2~图4-6所示。

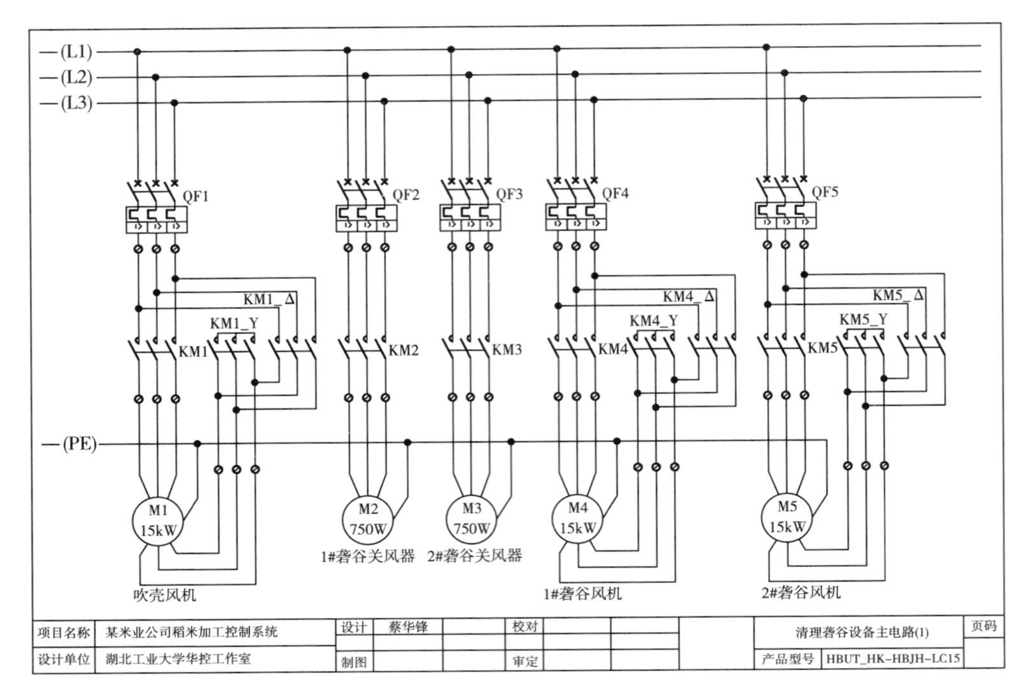

图 4－2　清理砻谷段设备控制主电路（1）

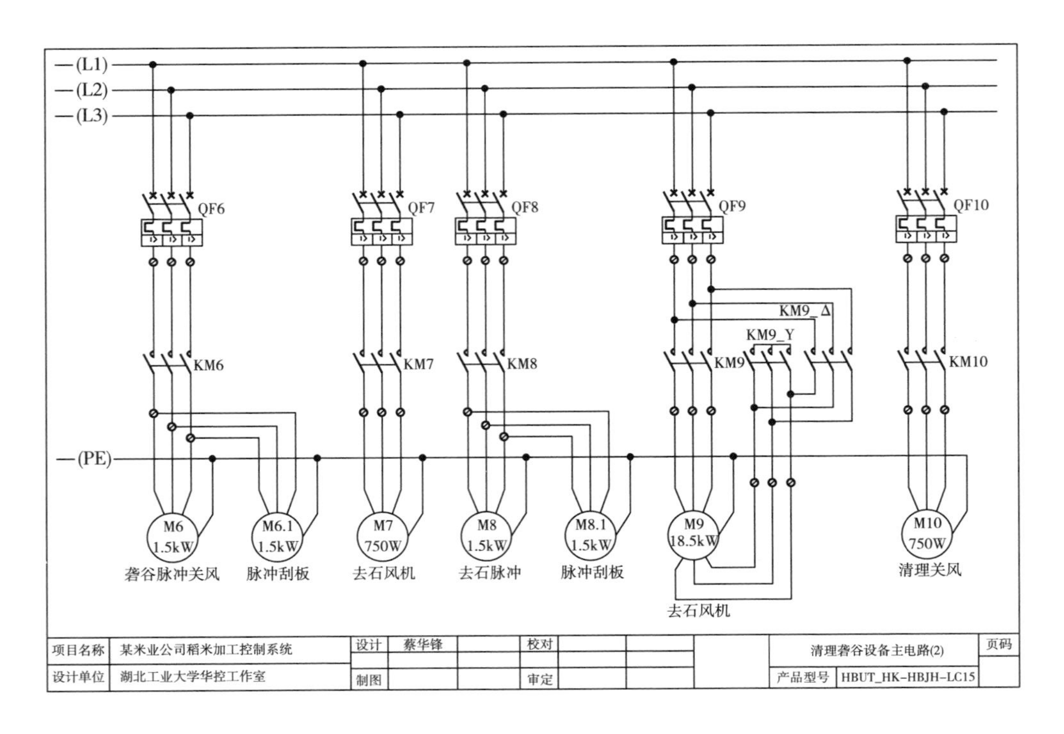

图 4－3　清理砻谷段设备控制主电路（2）

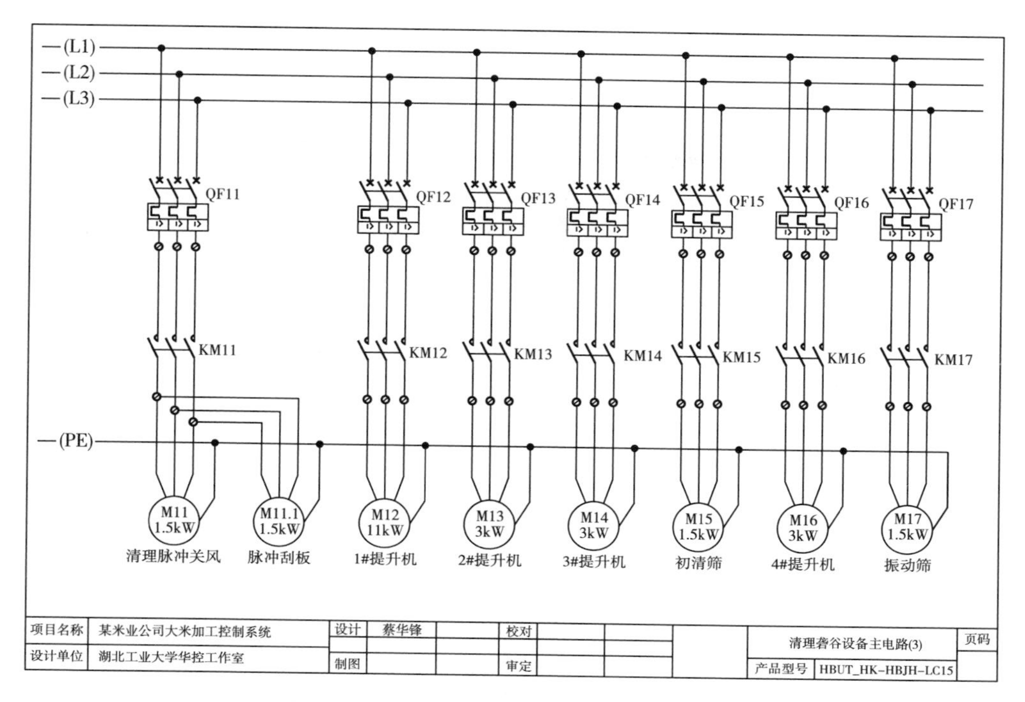

图 4－4 清理砻谷段设备控制主电路（3）

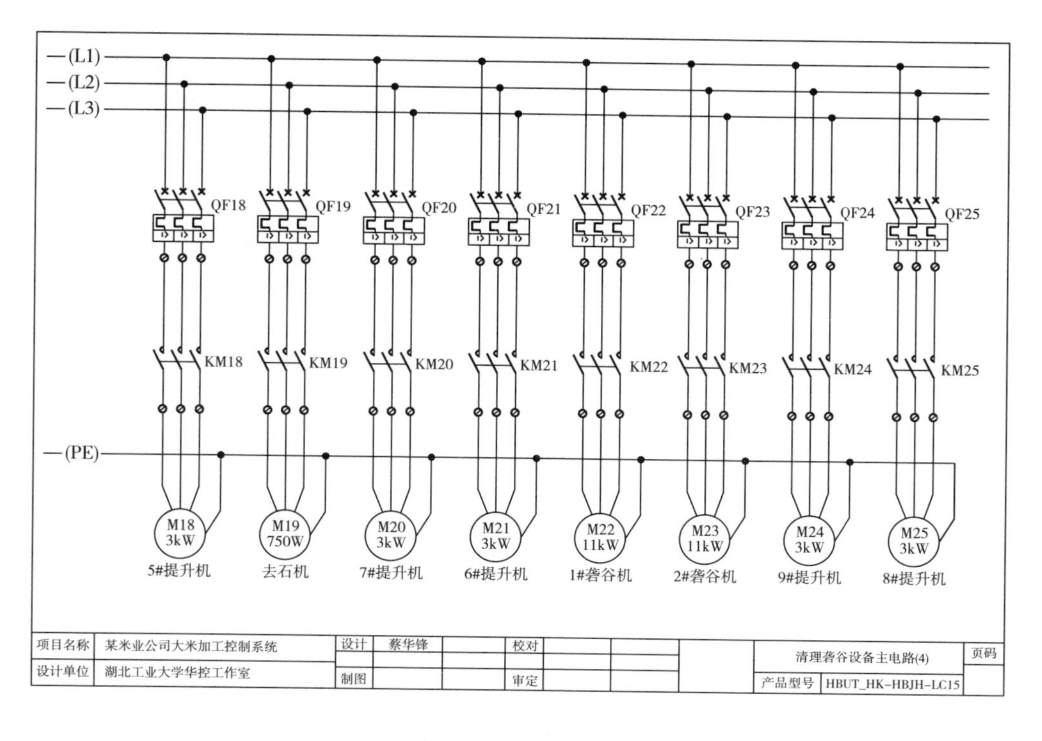

图 4－5 清理砻谷段设备控制主电路（4）

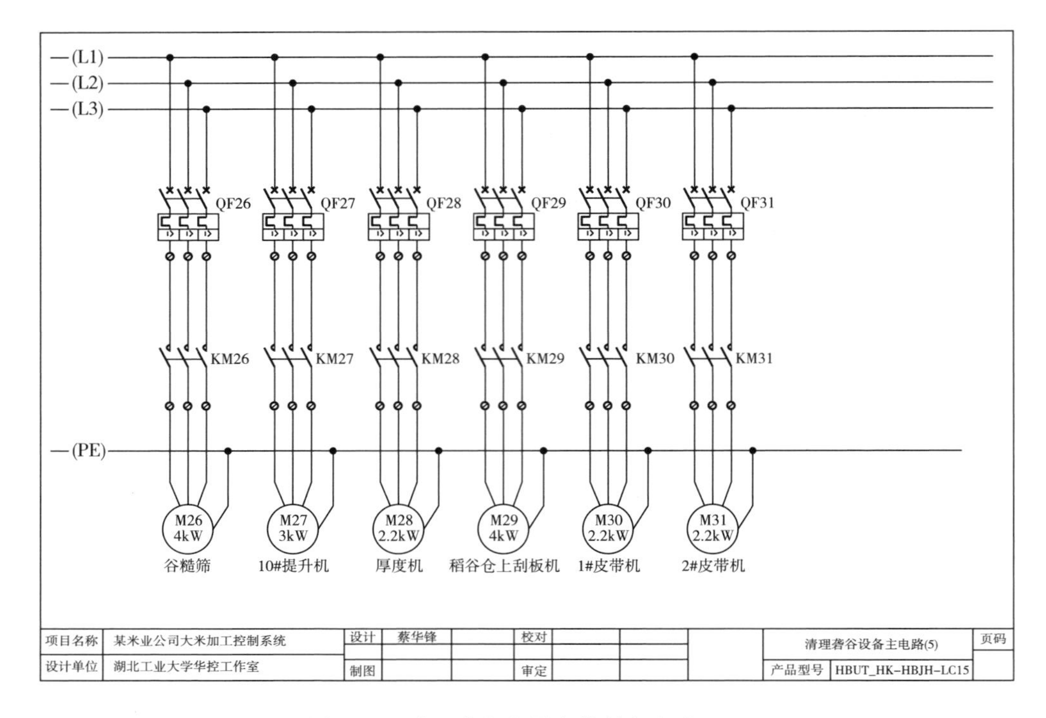

图 4－6　清理砻谷段设备控制主电路（5）

清理砻谷段有 3 台脉冲关风器设备，分别为砻谷脉冲关风器、去石脉冲关风器和清理脉冲关风器，与它们同时需要控制的是各自的刮板。设计时，可以将它们独立控制，但占用资源较多，因此本系统中控制脉冲关风器时同时控制对应的刮板机，如图 4－3 中的 M6 和 M6.1 所示。

清理砻谷段设备总功率约为 152kW，每台设备断路器和接触器根据功能分块安装在一起，主电路直接从铜排上取三相动力电源。

二、碾米阶段主电路

碾米段设备共 20 台，其中功率大于等于 15kW 的有米机风机、除尘风机、砂辊碾米机和 3 台铁辊碾米机，它们均采用星三角启动方式控制；而其他设备如提升机、糠栖筛、小车皮带机、送料小车、白米筛、皮带机、米机反吹、米机喂料、喷雾着水机、除尘脉冲关风器、米机脉冲关风器、米机关风器等，采用直接启动控制。碾米段设备主电路图如图 4－7 ~ 图 4－10 所示，该段设备总功率约为 314kW。

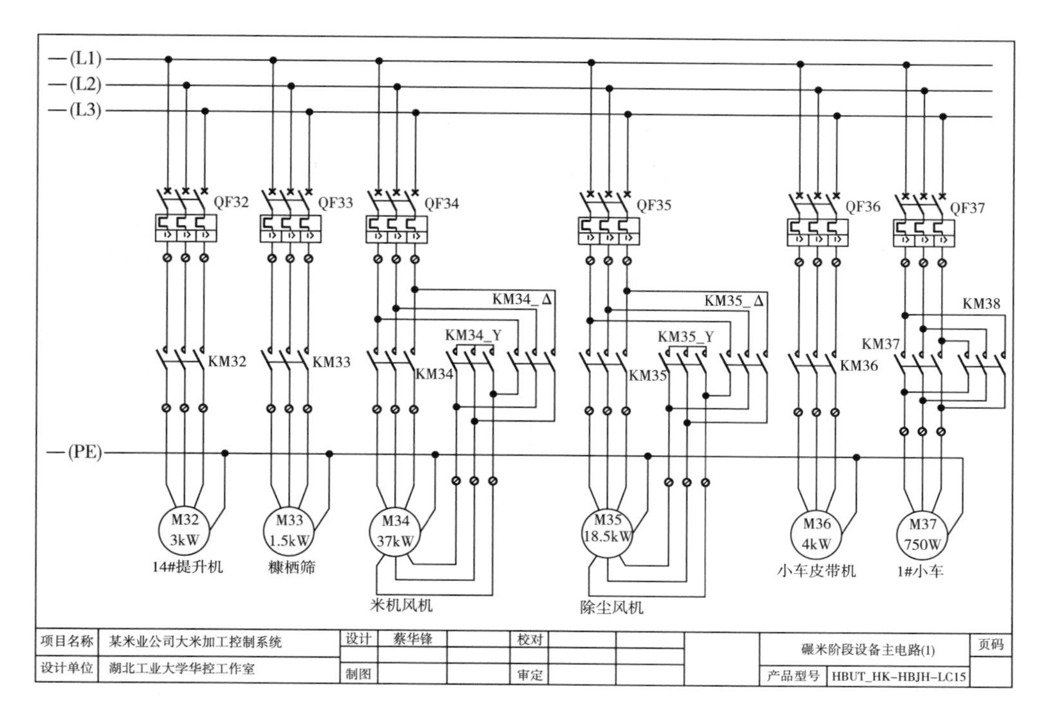

图 4－7　碾米段设备主电路（1）

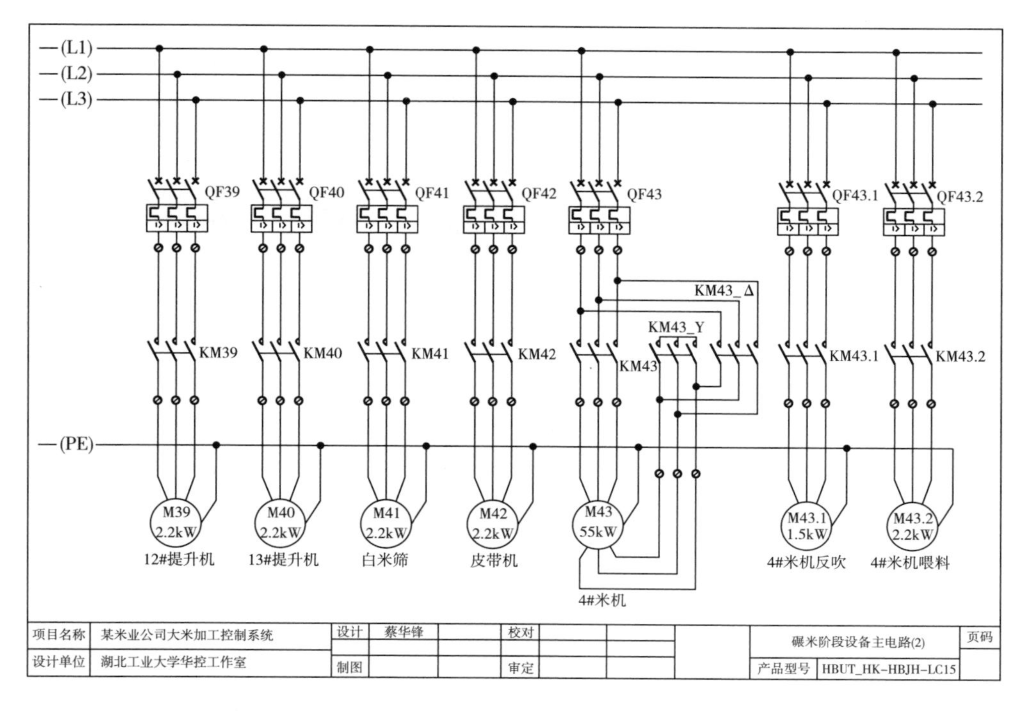

图 4－8　碾米段设备主电路（2）

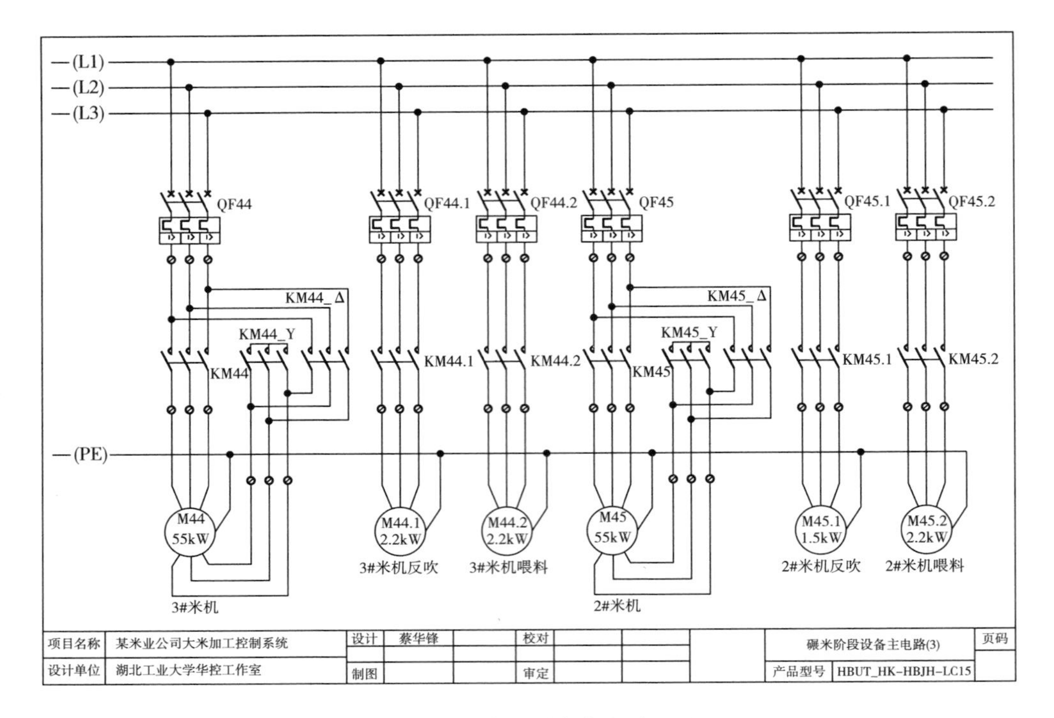

图 4－9　碾米段设备主电路（3）

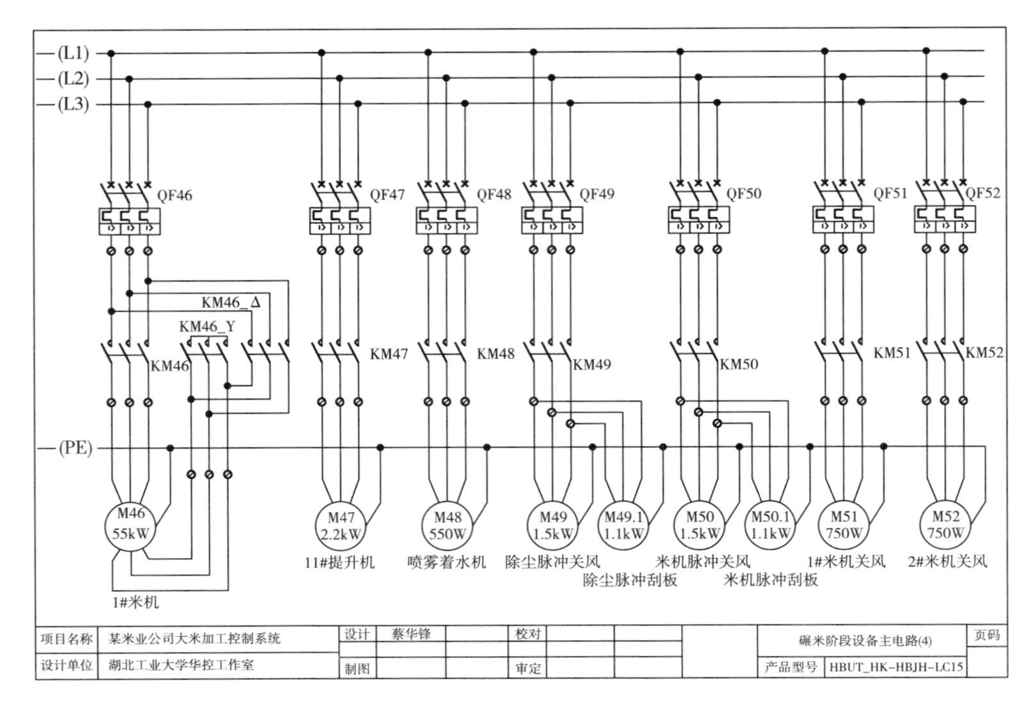

图 4－10　碾米段设备主电路（4）

三、抛光色选段主电路

抛光色选段设备共 38 台，其中功率大于等于 15kW 的有抛光风机和抛光机，它们均采用星三角启动方式控制；而其他设备如抛光关风器、抛光脉冲关风器、提升机、皮带机、白米分级筛、抛光关风器、小车皮带机、小车等，采用直接启动控制。抛光色选段设备主电路图如图 4 – 11 ~ 图 4 – 16 所示，该段设备总功率为 360kW。

四、稻壳粉碎段主电路

稻壳粉碎段设备共 41 台，其中功率大于等于 15kW 的有 4 台风机和 4 台粉碎机，它们均采用星三角启动方式控制；而其他设备如提升机、脉冲关风器、糠筛等，采用直接启动控制。稻壳粉碎段设备主电路图如图 4 – 17 ~ 图 4 – 22 所示，该段设备总功率为 457kW。

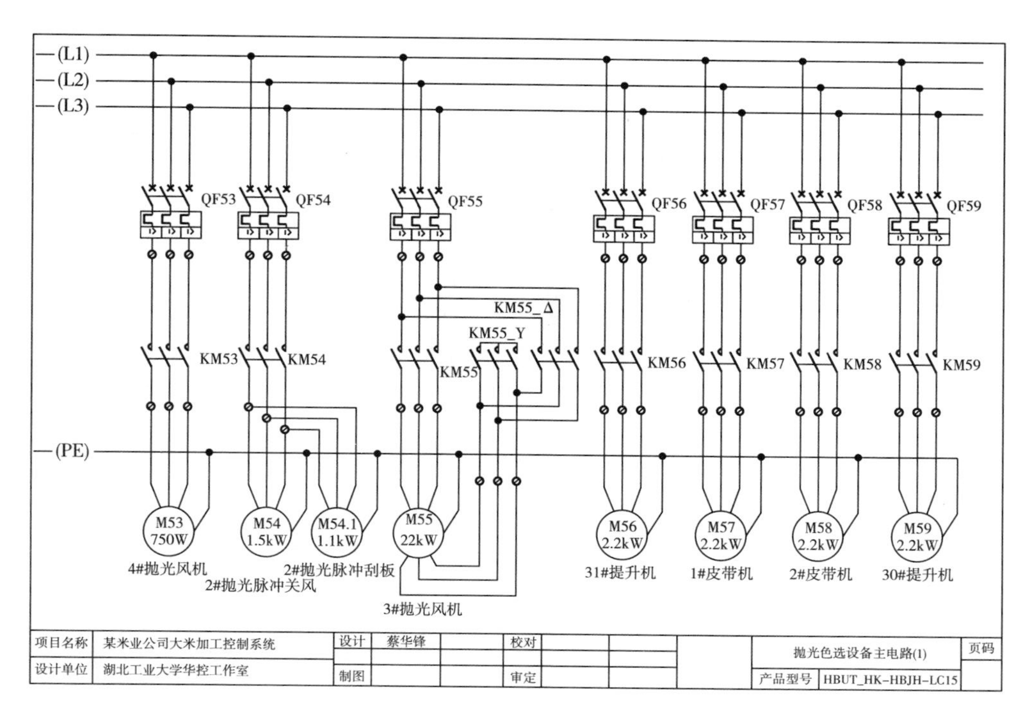

图 4 – 11　抛光色选段设备主电路（1）

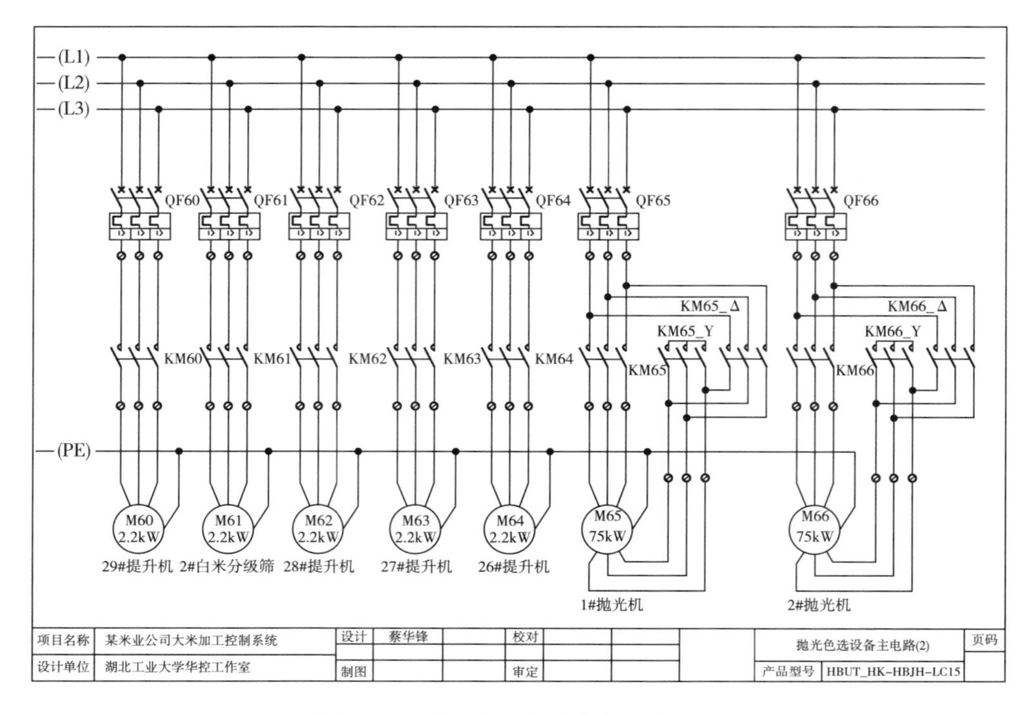

图 4－12 抛光色选段设备主电路（2）

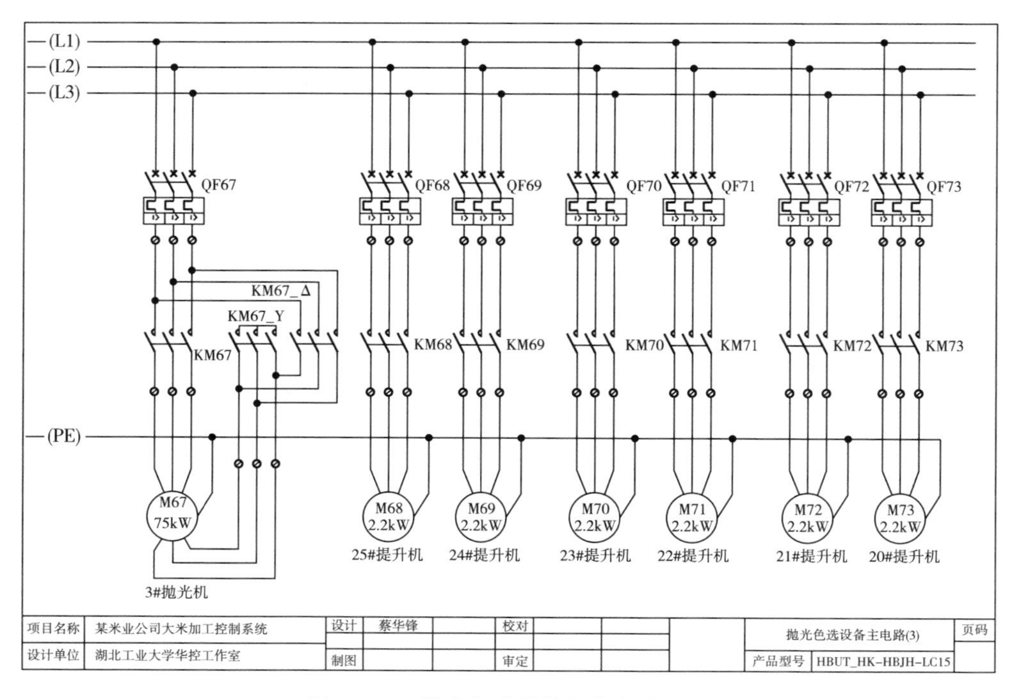

图 4－13 抛光色选段设备主电路（3）

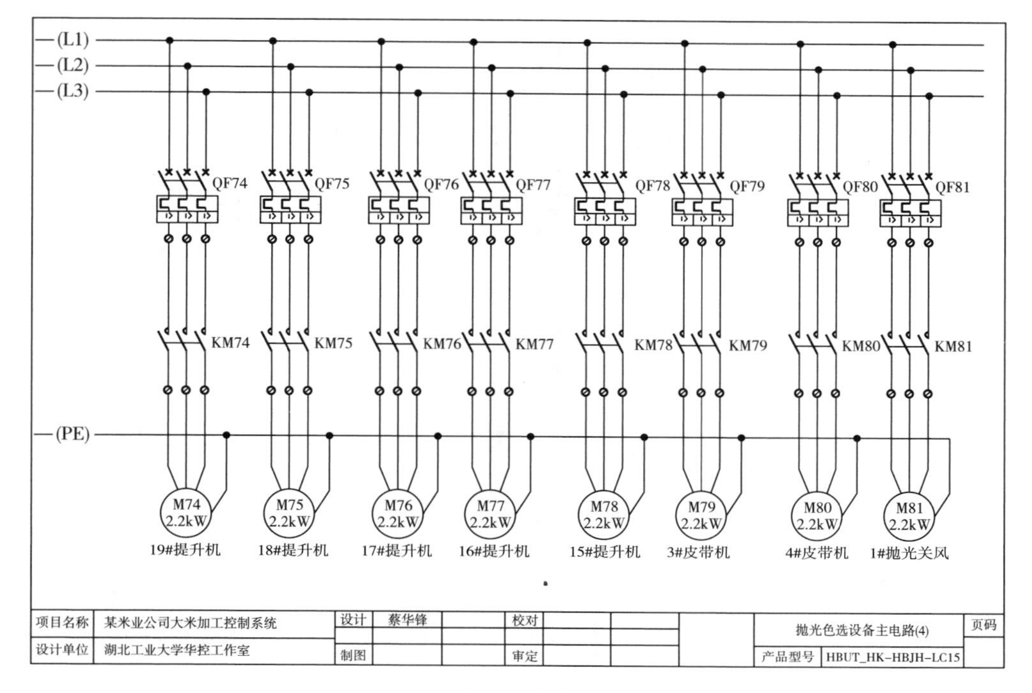

图 4－14　抛光色选段设备主电路（4）

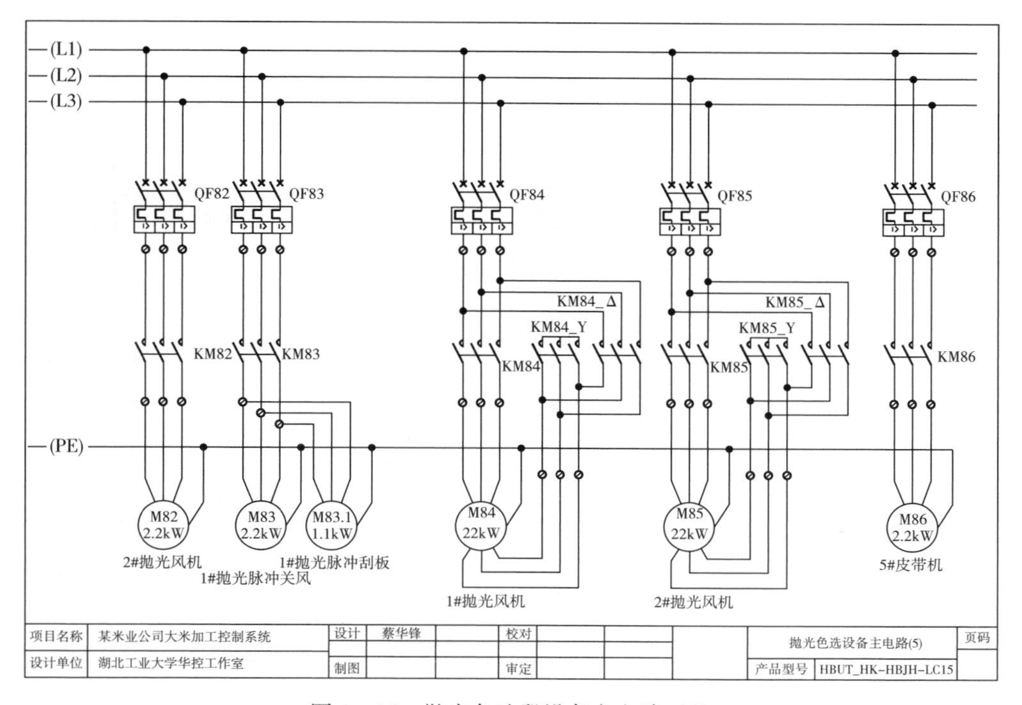

图 4－15　抛光色选段设备主电路（5）

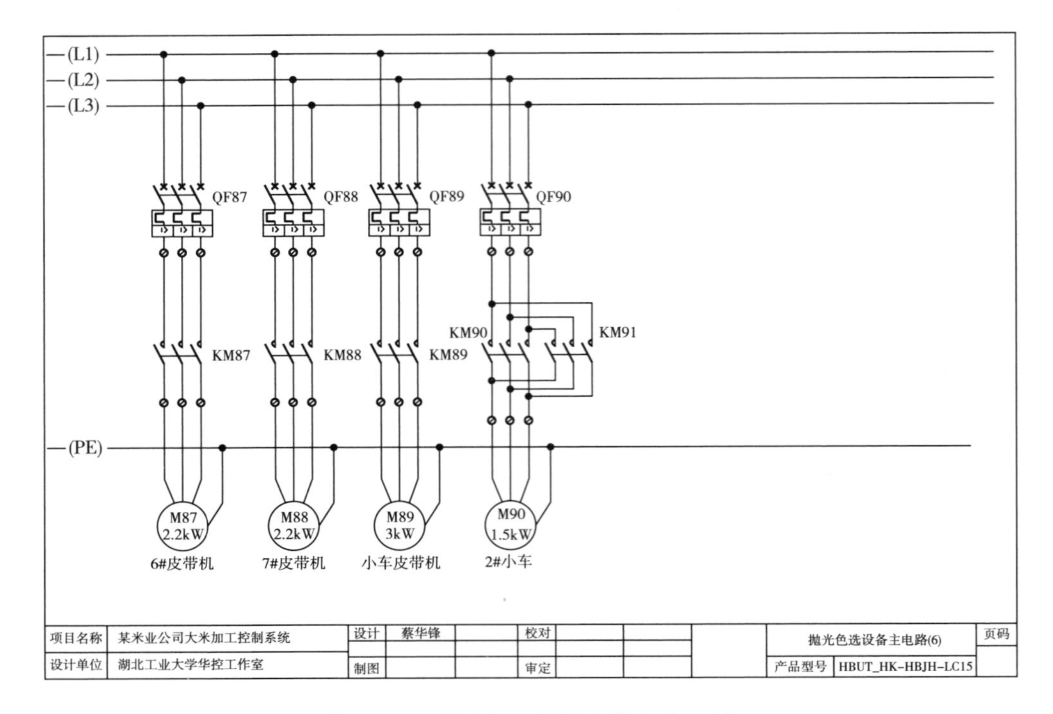

图 4－16　抛光色选段设备主电路（6）

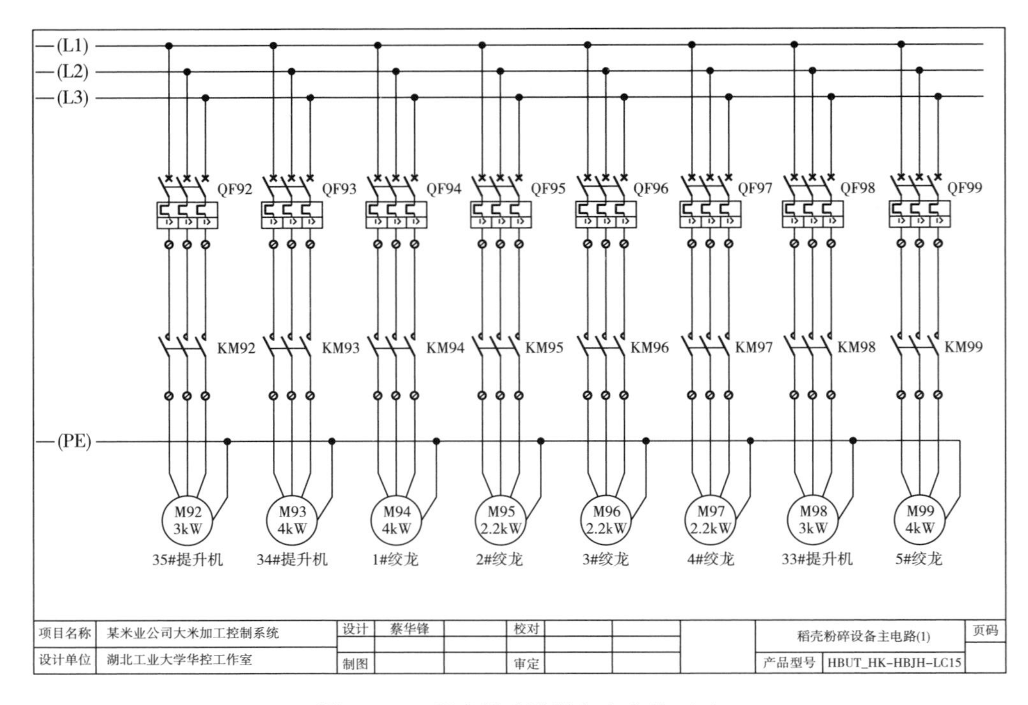

图 4－17　稻壳粉碎段设备主电路（1）

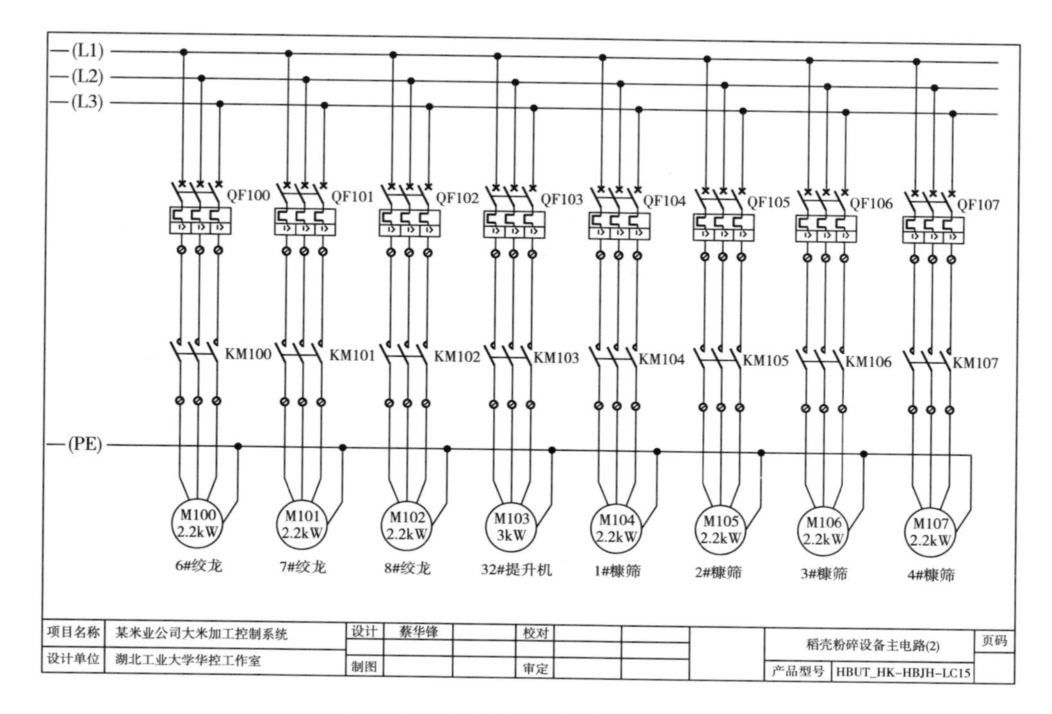

图 4－18　稻壳粉碎段设备主电路（2）

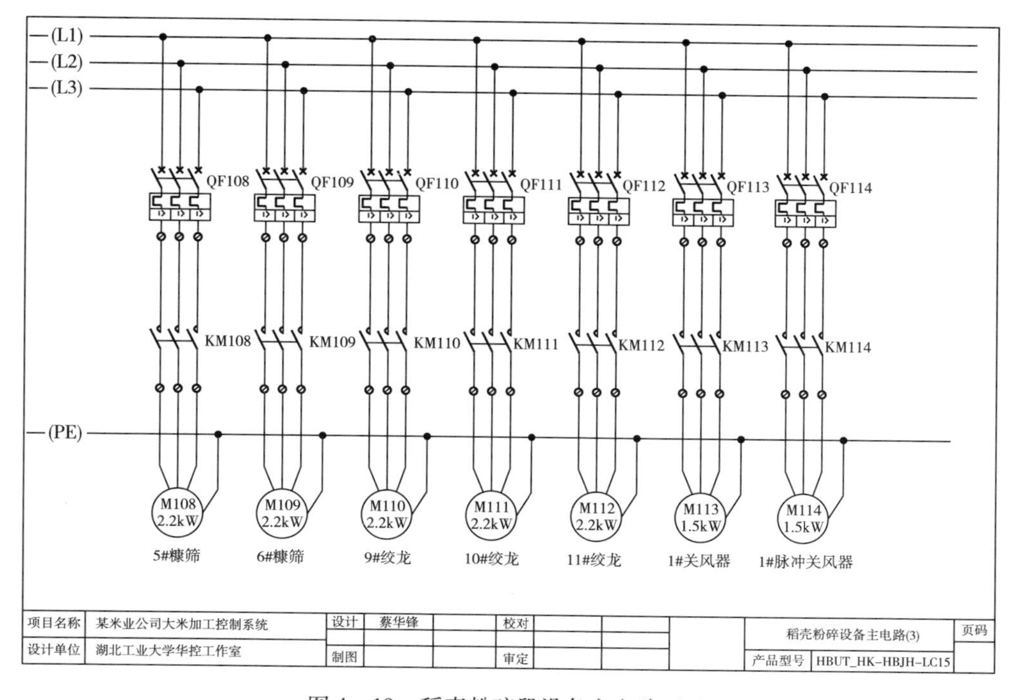

图 4－19　稻壳粉碎段设备主电路（3）

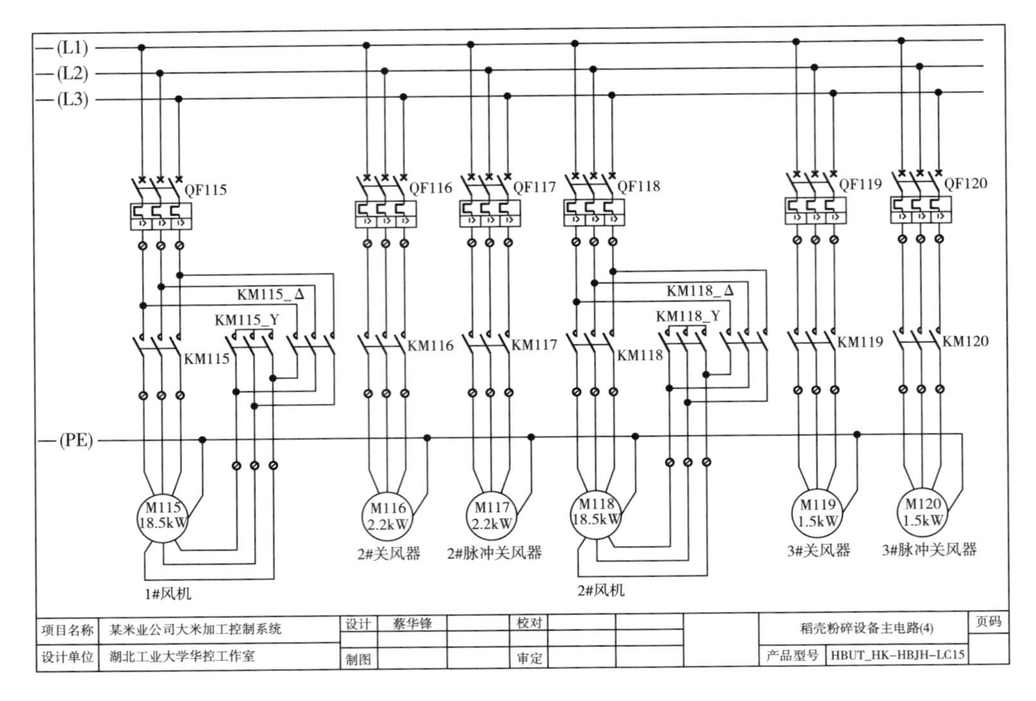

图 4－20　稻壳粉碎段设备主电路（4）

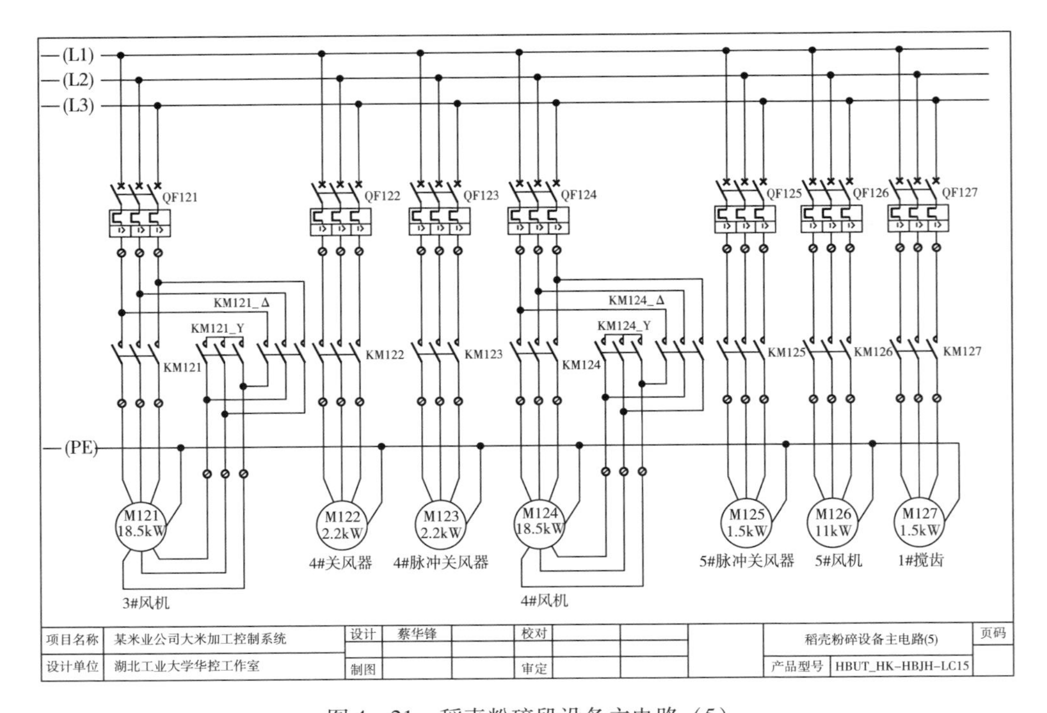

图 4－21　稻壳粉碎段设备主电路（5）

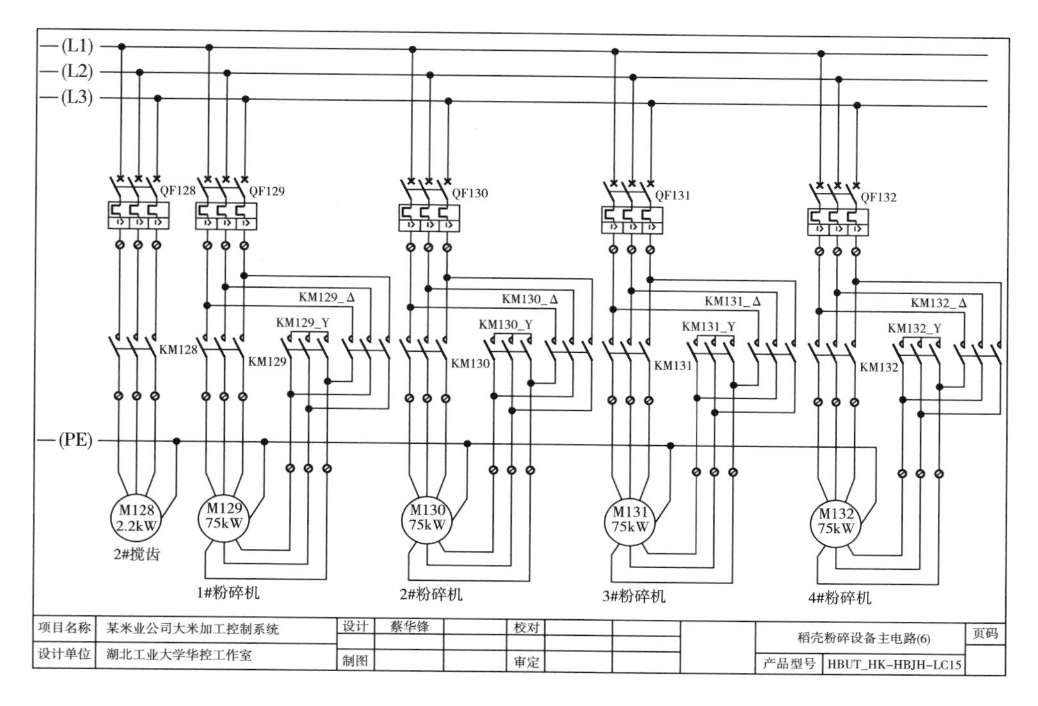

图 4－22　稻壳粉碎段设备主电路（6）

第四节　系统控制电路设计

系统控制电路根据设备控制与检测对象不同主要分为三种类型：直接启停设备控制、星三角启停控制和提升机启动控制与失速检测。

直接启停控制以 M2 为例，当 M2 需要检修、维护时，将现场转换开关旋到“0”位，M2 将停止工作，不受控制；当旋转开关旋到“MAN”位，KM2 线圈得电，M2 直接运行；当旋转开关旋到“AUTO”位，M2 的启动/停止由 PLC 输出控制。为了检测 M2 运行状态，将 KM2 接触器的常开辅助触点和断路器 QF2 的常闭触点接入 PLC 输入。

星三角启停控制以 M1 为例，当 M1 需要检修、维护时，将现场转换开关旋到“0”位，M2 将停止工作，不受控制；当旋转开关旋到“MAN”位，KM1 和 KM1_Y 线圈得电，M1 以星形接法启动，KM1 通电延时一到，KM1_Y 断电而 KM1_Δ 得电转为三角形接法运行；当旋转开关旋到“AUTO”位，M1 的启动/停止由 PLC 输出控制。为了检测 M1 运行状态，将 KM1 接触器的常开辅助触点和断路器 QF1 的常闭触点接入 PLC 输入。

提升机启停控制以 M12 为例，当 M12 需要检修、维护时，将现场转换开关旋到“0”位，M12 将停止工作，不受控制；当旋转开关旋到“MAN”位，KM12 线圈得电，M12 直接运行；当旋转开关旋到“AUTO”位，M12 的启动/停止由 PLC 输出控制。为了检测 M12 运行状态，将 KM12 接触器的常开辅助触点和断路器 QF12 的常闭触点接入 PLC 输入。提升机 M12 安装有失速检测传感器 SQ12，运行后每隔 3s 检测 SQ12 是否有信号反馈，从而判断提升机皮带是否断开。

一、清理砻谷控制电路

稻米加工自动控制系统中，清理砻谷段控制电路如图 4－23～图 4－29 所示。

二、碾米系统控制电路

稻米加工自动控制系统中，碾米系统段控制电路如图 4－30～图 4－34 所示。

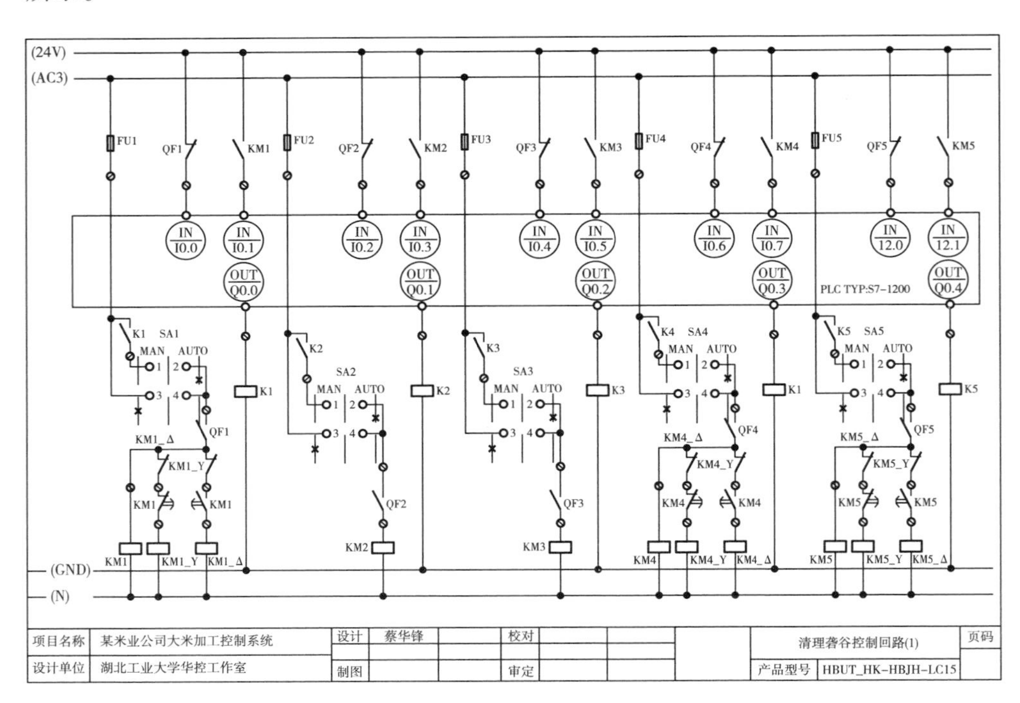

图 4－23 清理砻谷段设备控制回路（1）

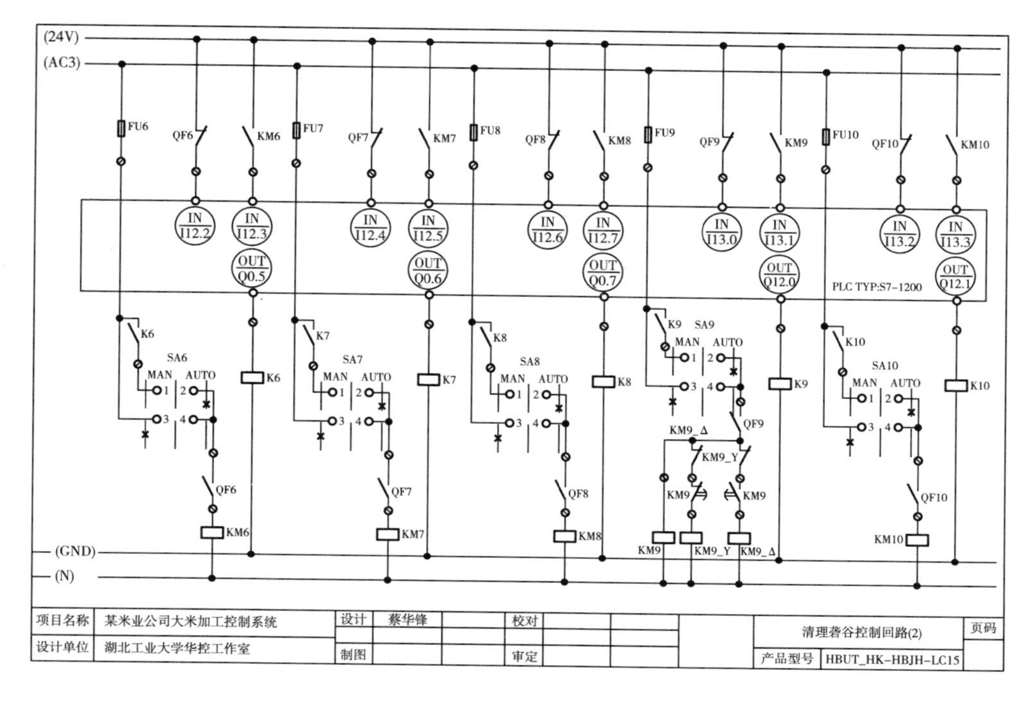

图 4－24　清理砻谷段设备控制回路（2）

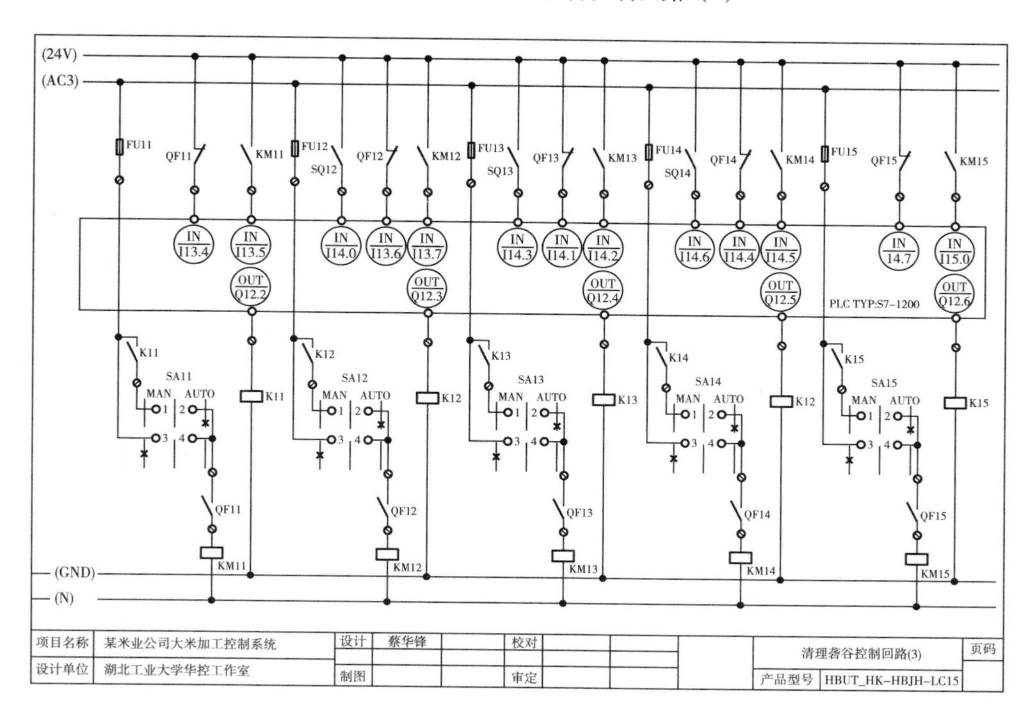

图 4－25　清理砻谷段设备控制回路（3）

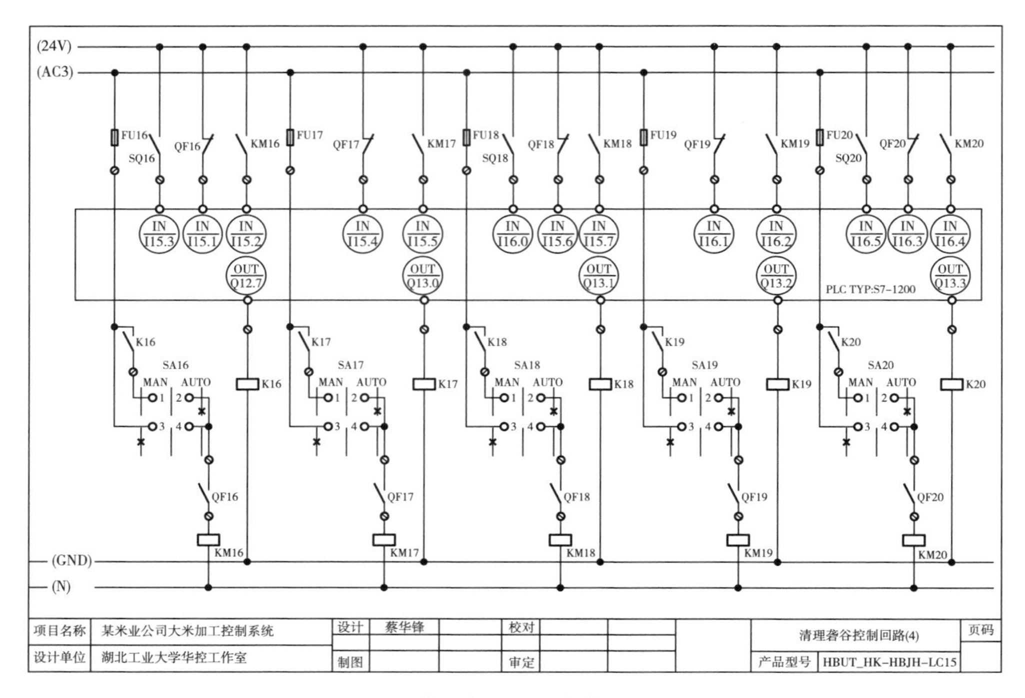

图 4-26 清理砻谷段设备控制回路（4）

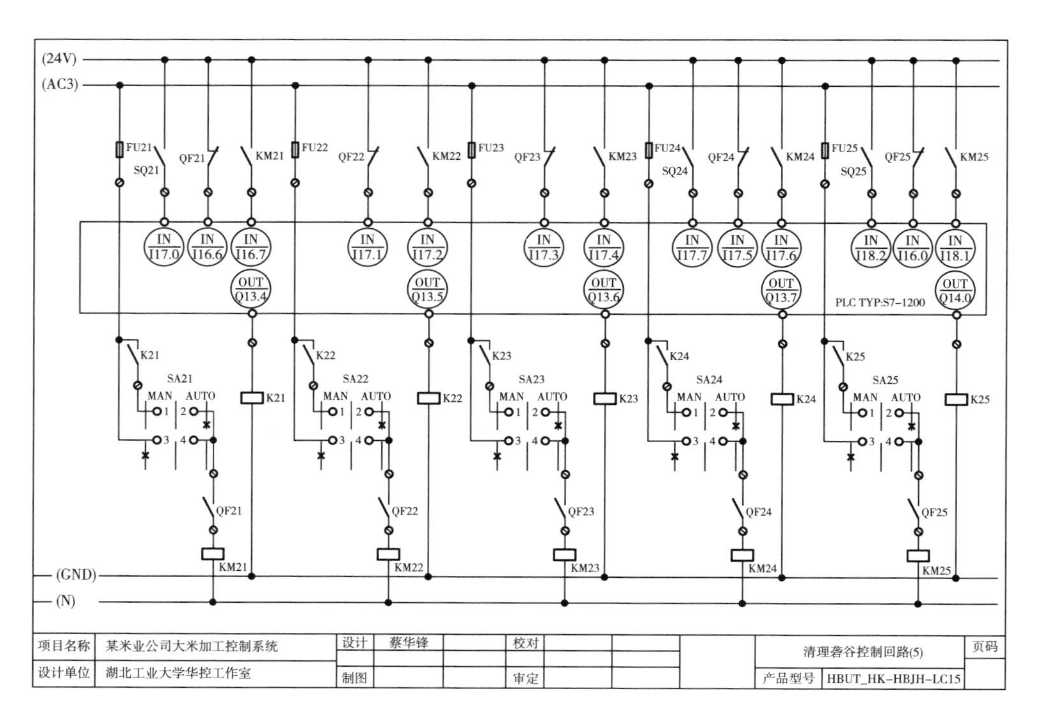

图 4-27 清理砻谷段设备控制回路（5）

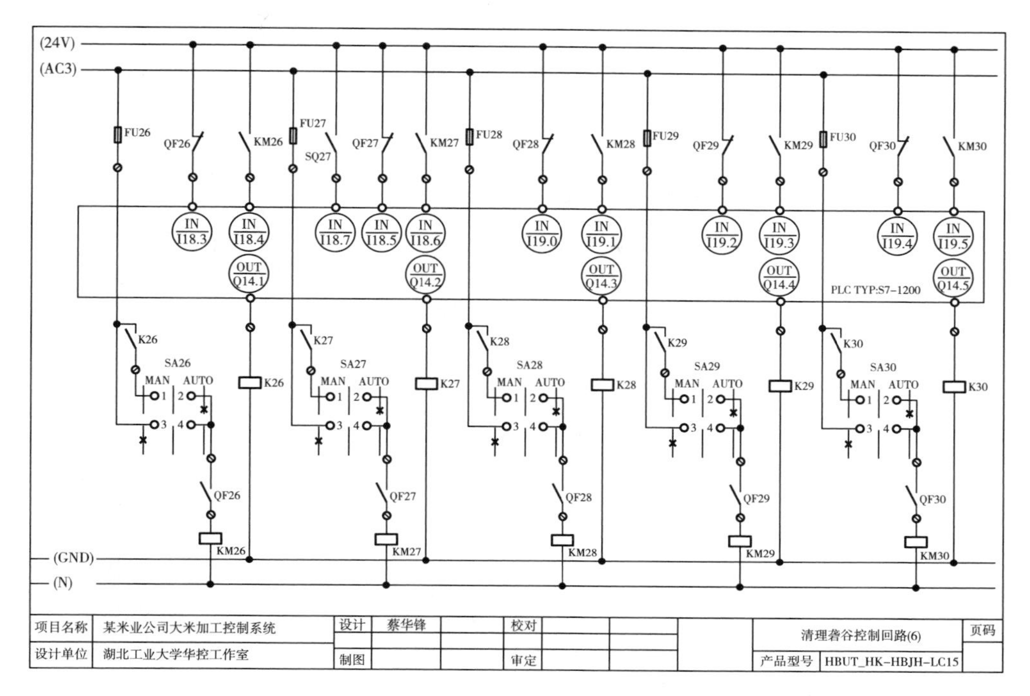

图 4－28　清理砻谷段设备控制回路（6）

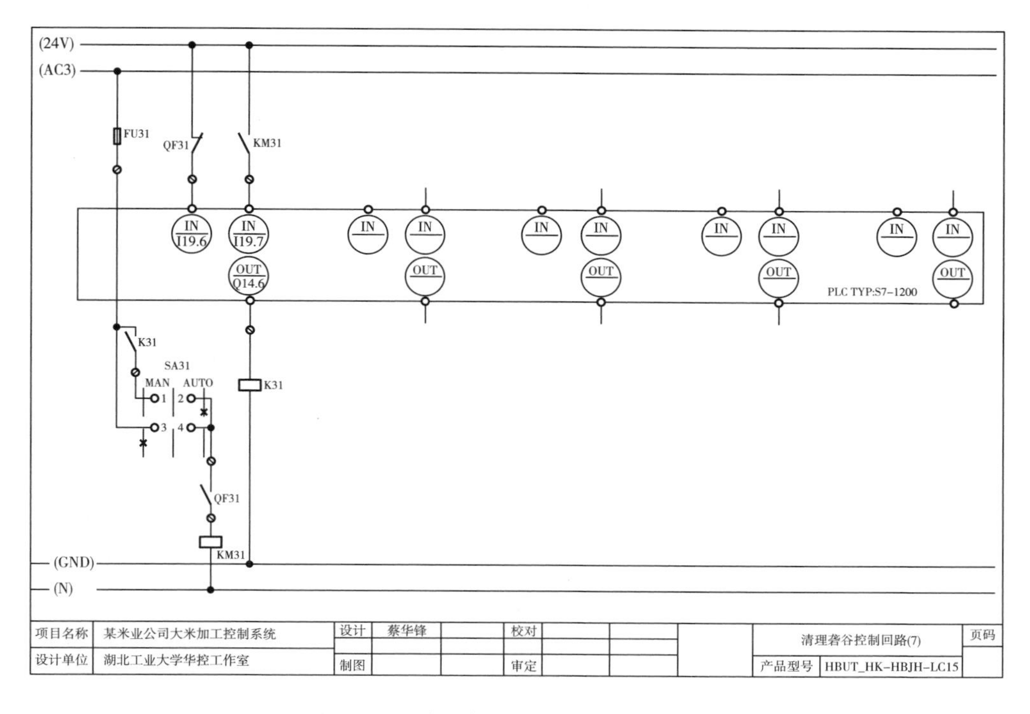

图 4－29　清理砻谷段设备控制回路（7）

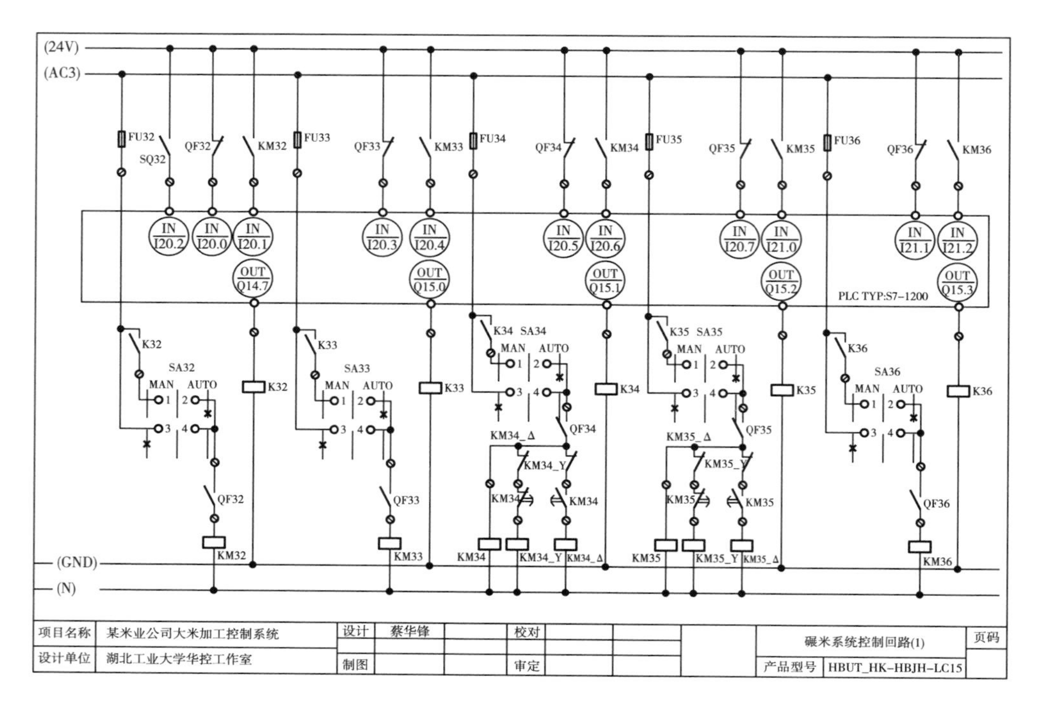

图 4－30　碾米段设备控制回路（1）

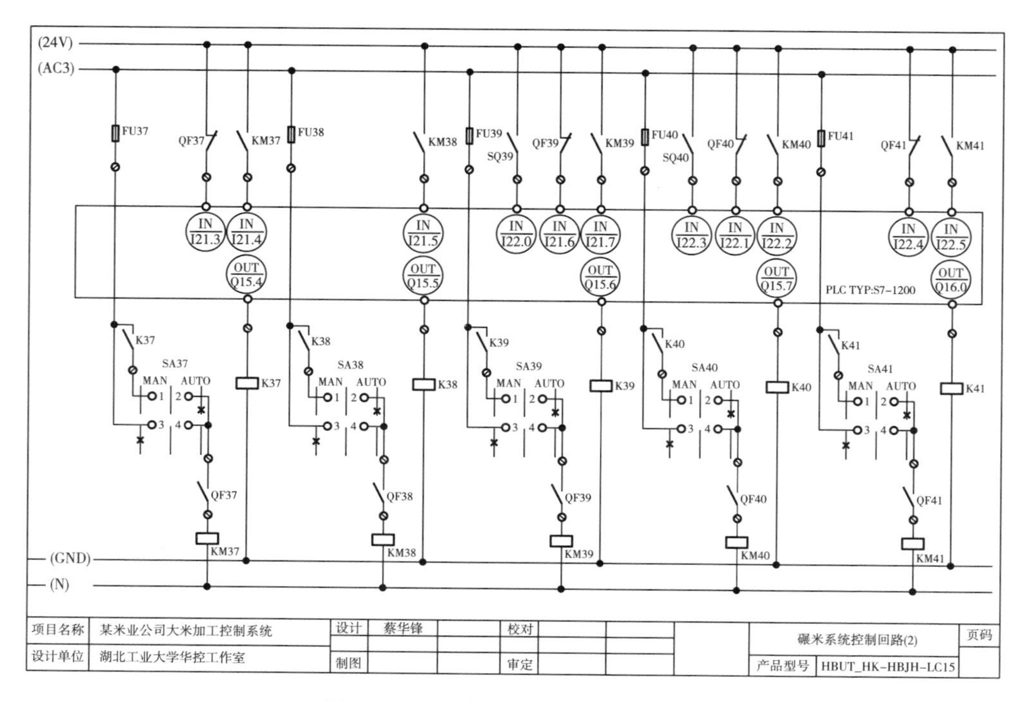

图 4－31　碾米段设备控制回路（2）

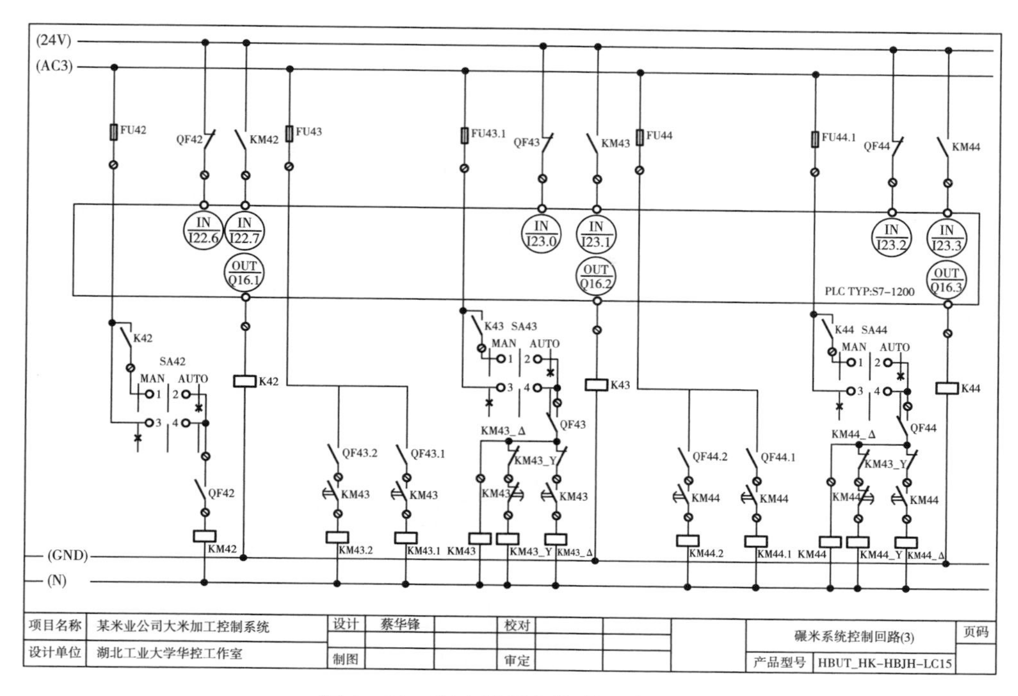

图 4 - 32　碾米段设备控制回路（3）

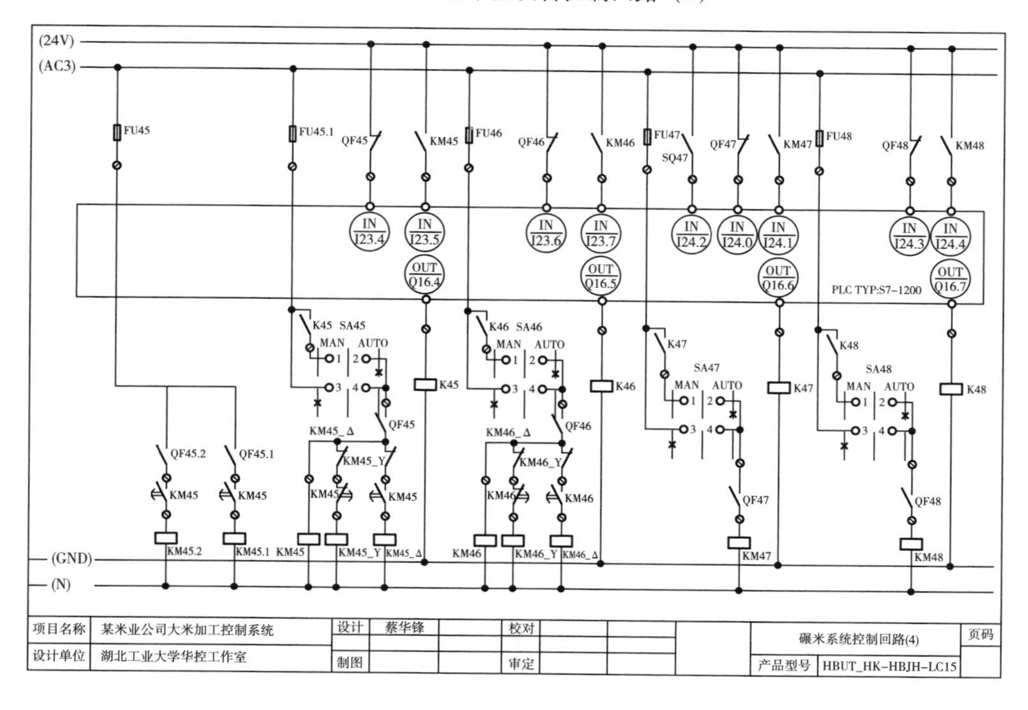

图 4 - 33　碾米段设备控制回路（4）

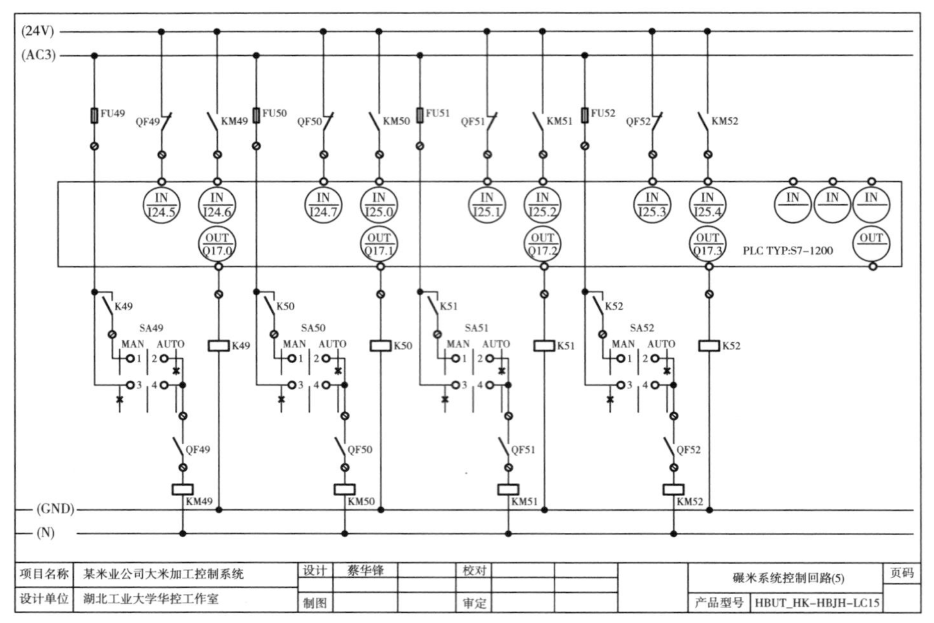

图 4－34　碾米段设备控制回路（5）

三、色选抛光控制电路

稻米加工自动控制系统中，色选抛光段控制电路如图 4－35～图 4－42 所示。

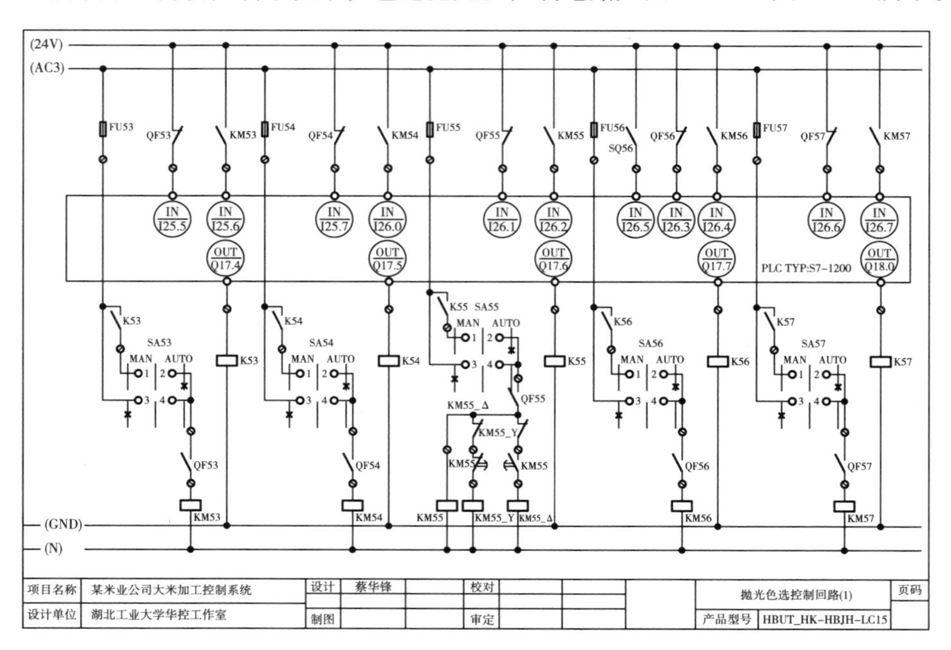

图 4－35　抛光色选段设备控制回路（1）

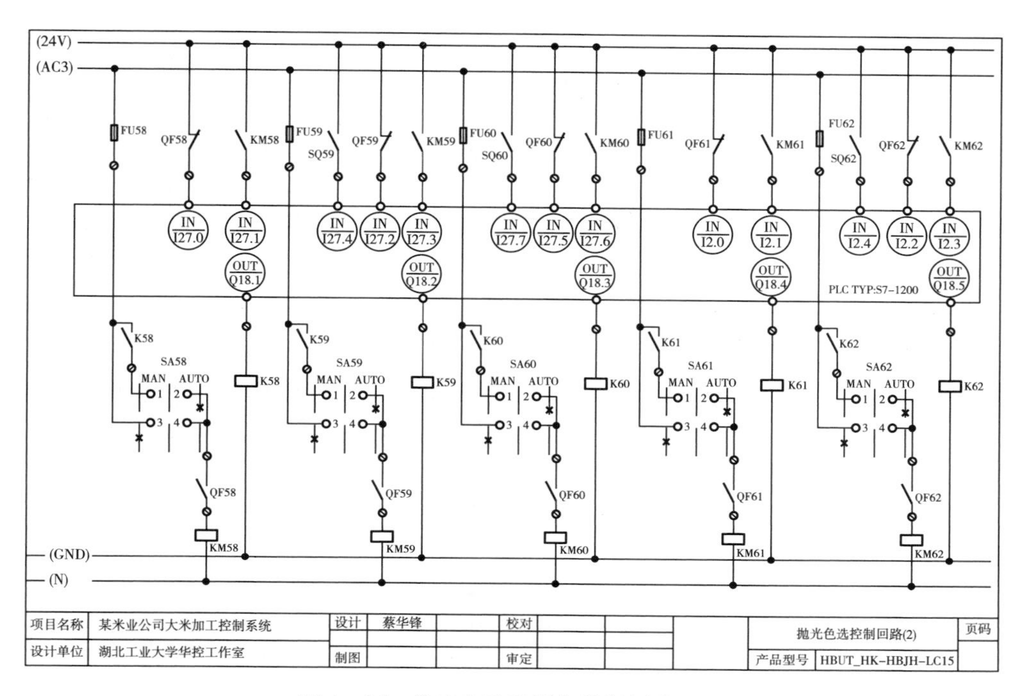

图 4－36　抛光色选段设备控制回路（2）

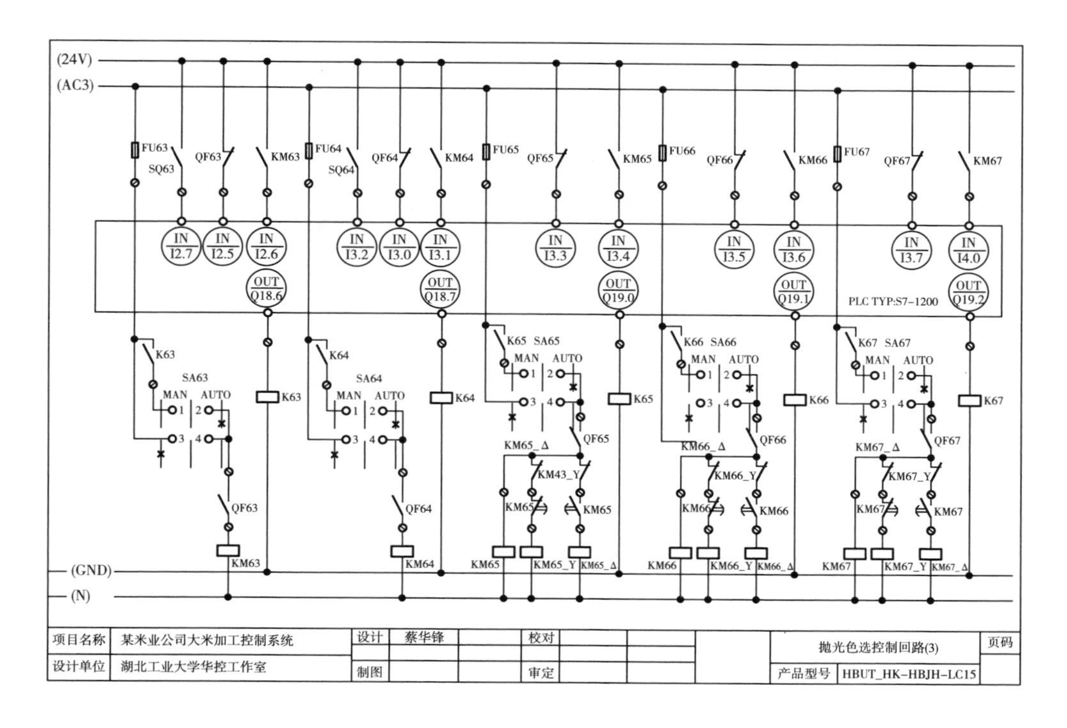

图 4－37　抛光色选段设备控制回路（3）

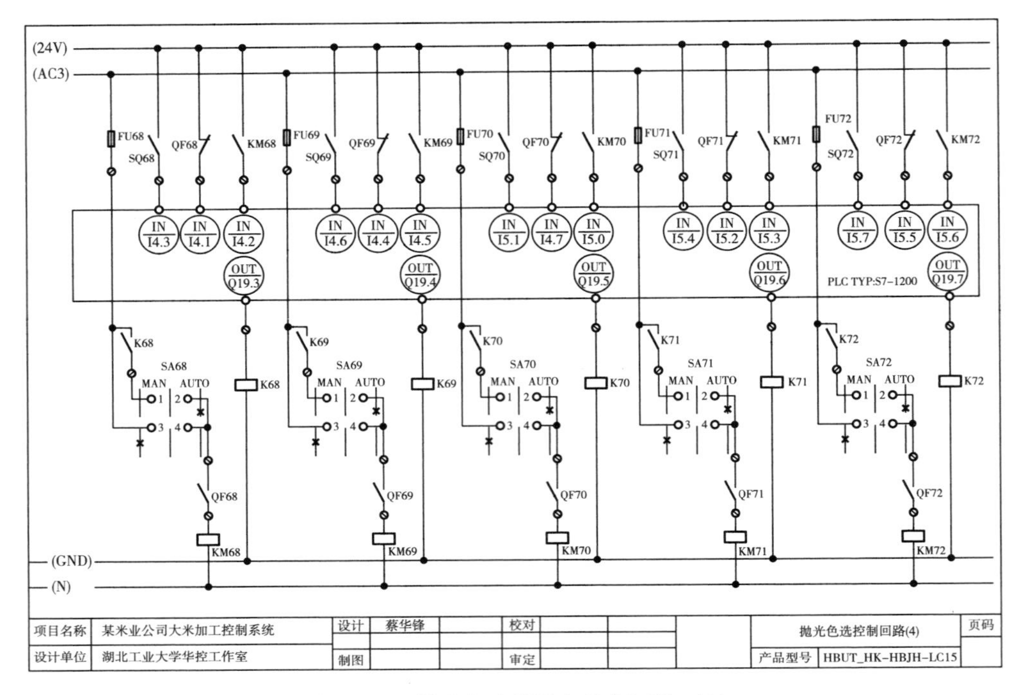

图 4－38　抛光色选段设备控制回路（4）

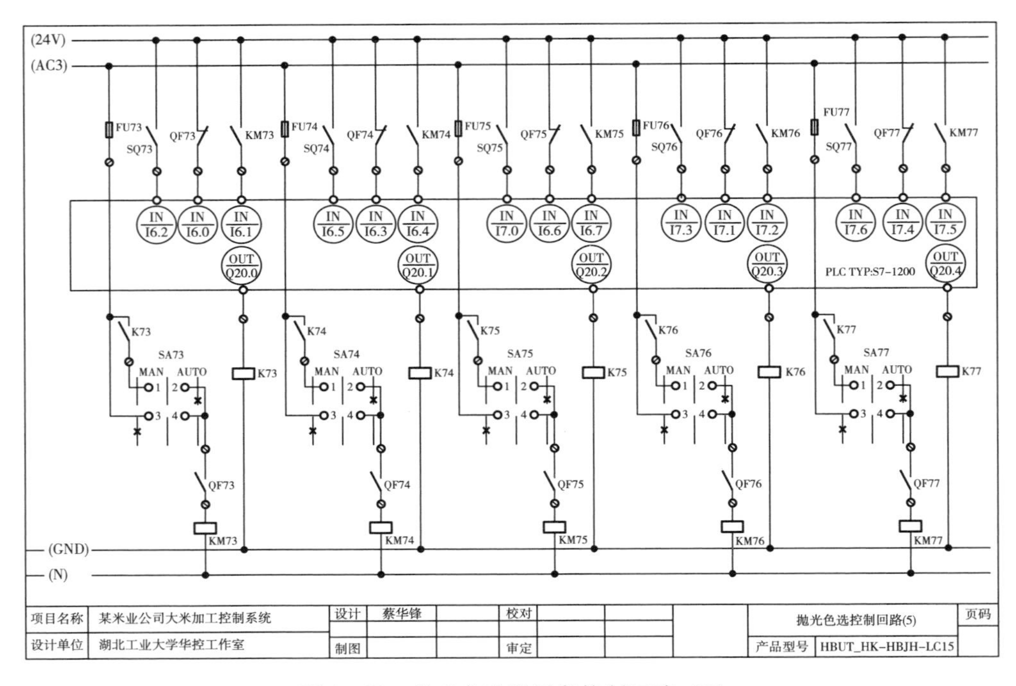

图 4－39　抛光色选段设备控制回路（5）

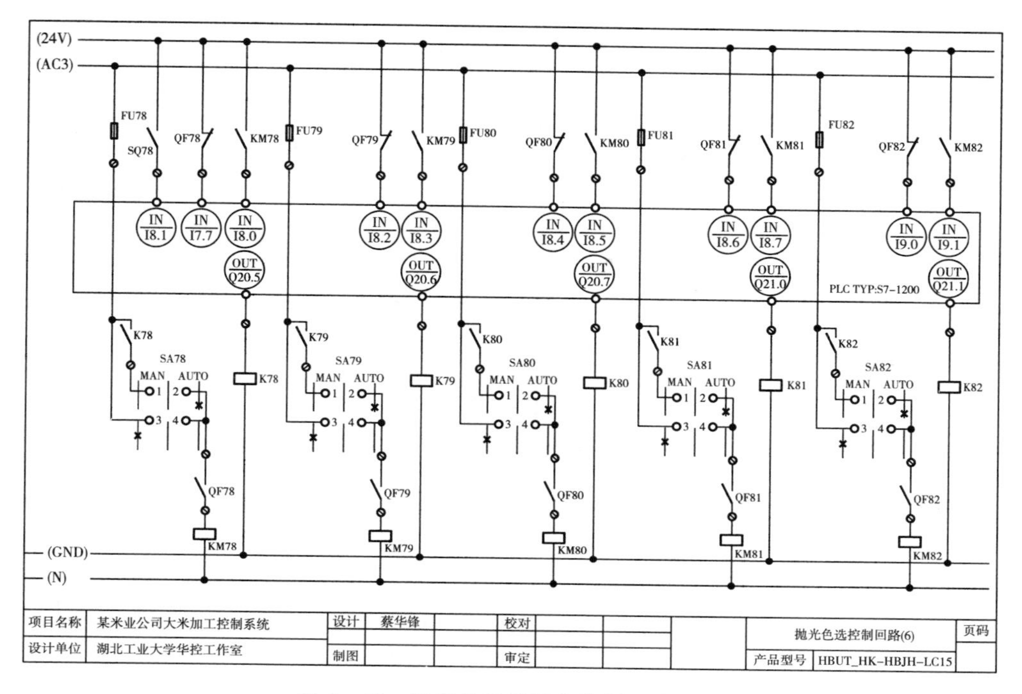

图 4－40　抛光色选段设备控制回路（6）

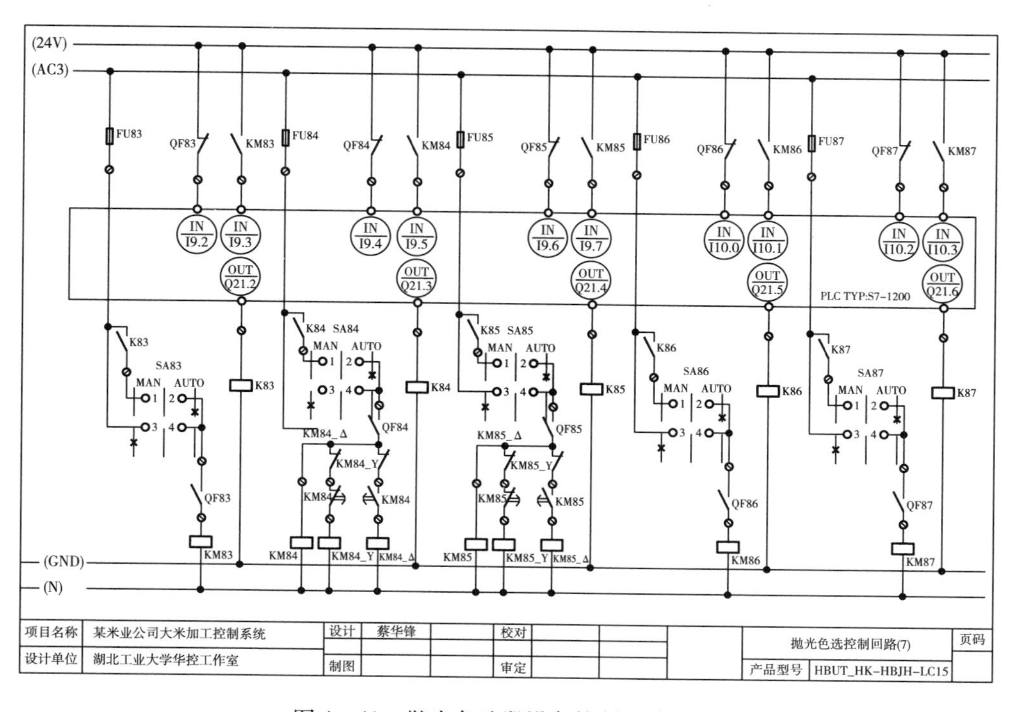

图 4－41　抛光色选段设备控制回路（7）

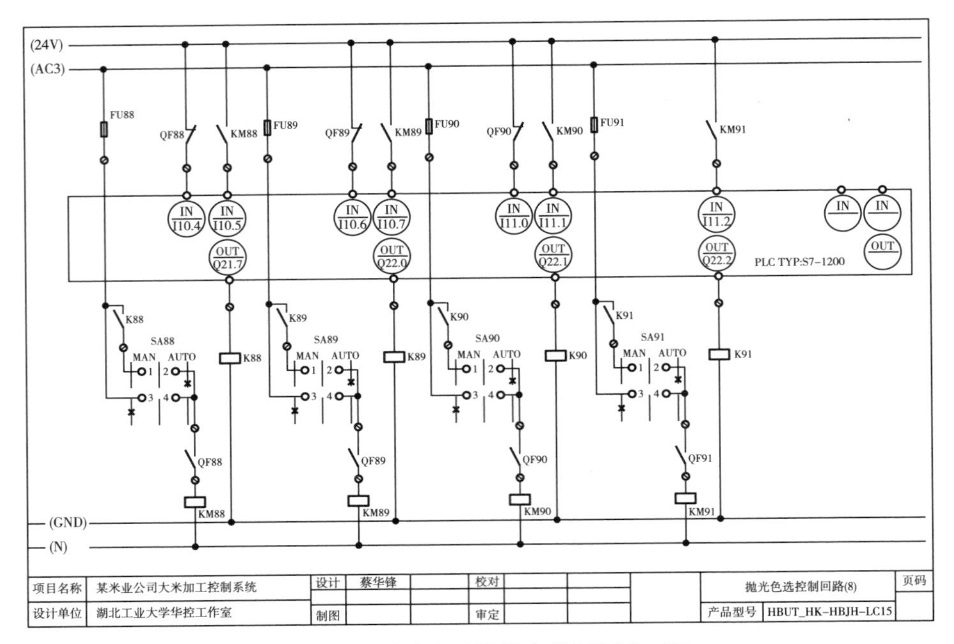

图 4－42　抛光色选段设备控制回路（8）

四、稻壳粉碎控制电路

稻米加工自动控制系统中，稻壳粉碎段控制电路如图 4－43～图 4－51 所示。

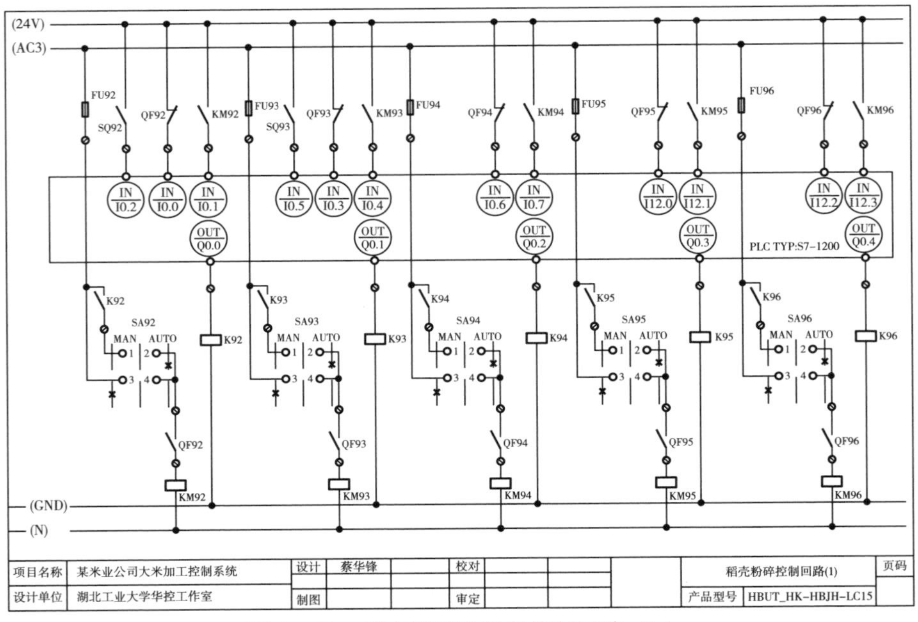

图 4－43　稻壳粉碎段设备控制回路（1）

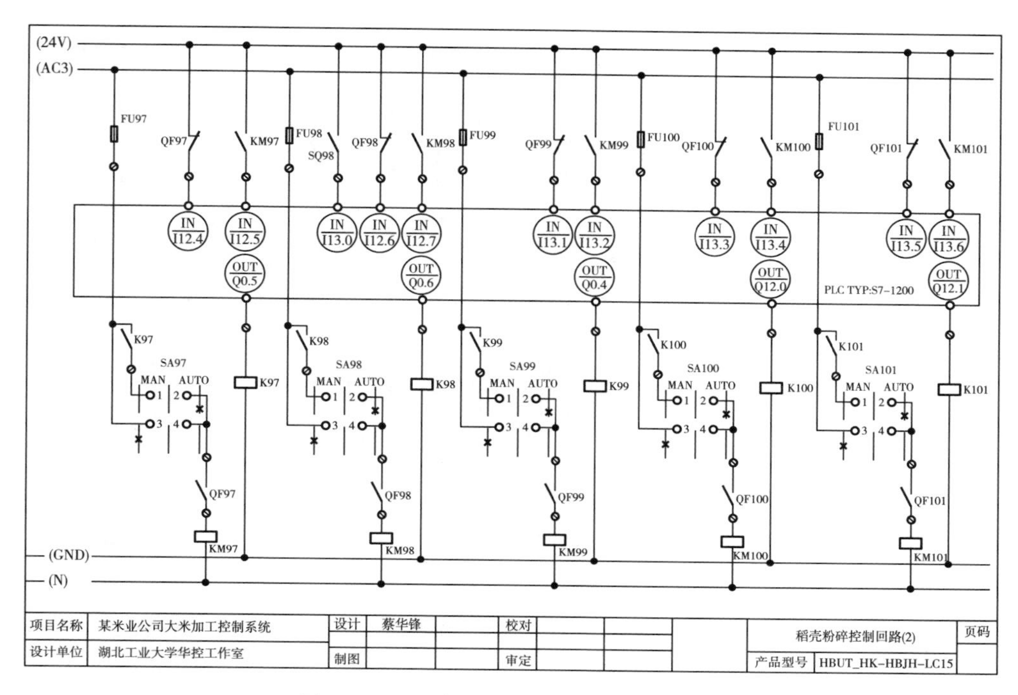

图 4－44　稻壳粉碎段设备控制回路（2）

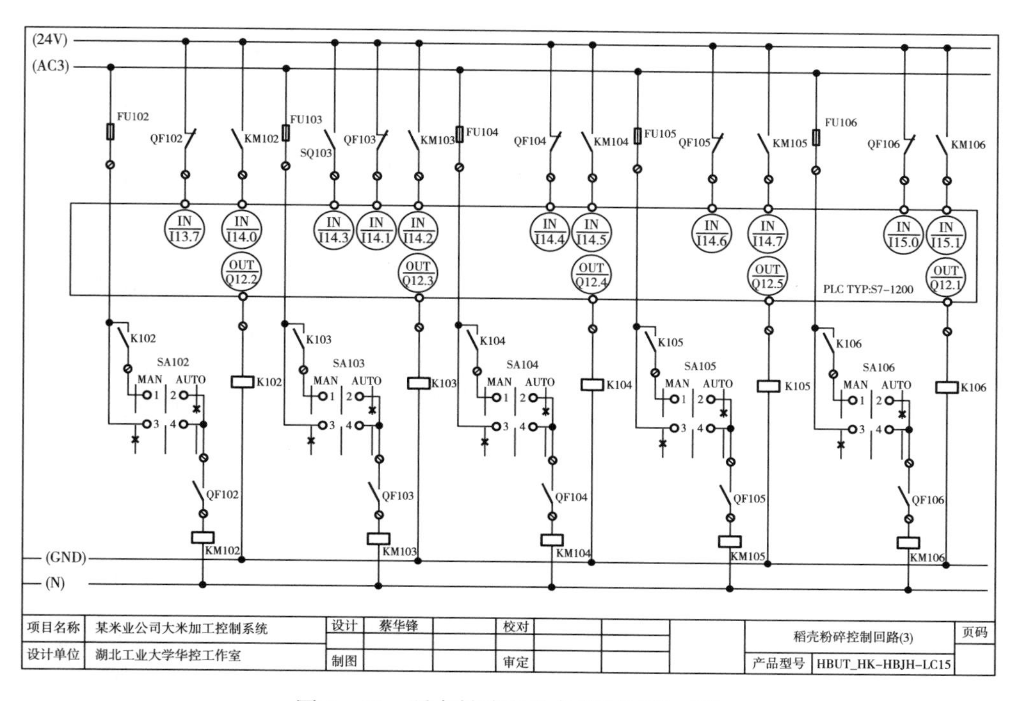

图 4－45　稻壳粉碎段设备控制回路（3）

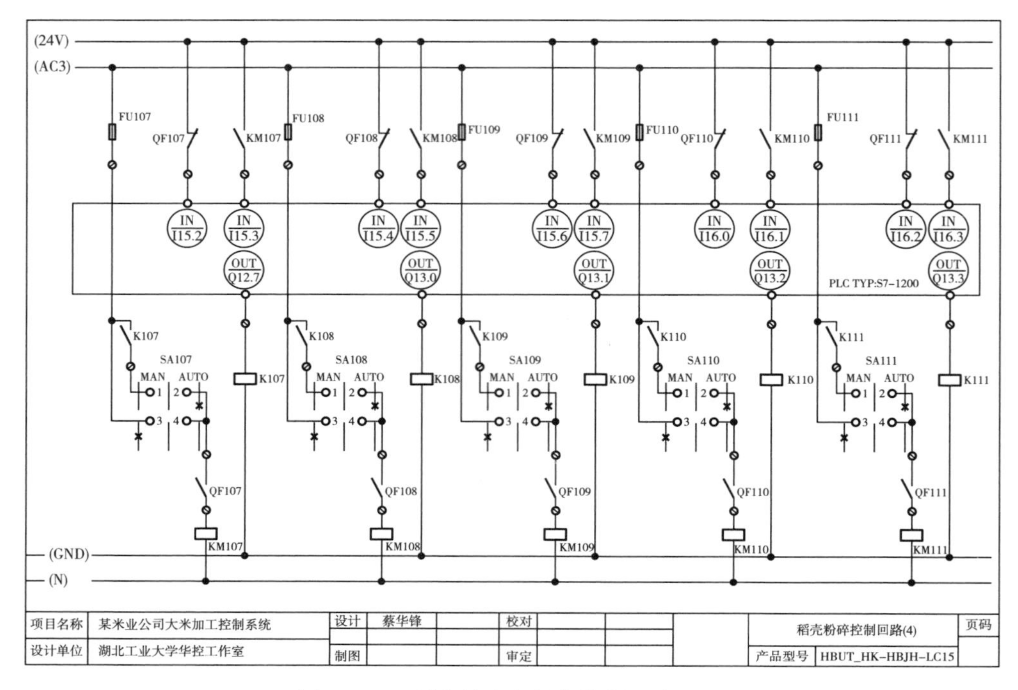

图 4－46　稻壳粉碎段设备控制回路（4）

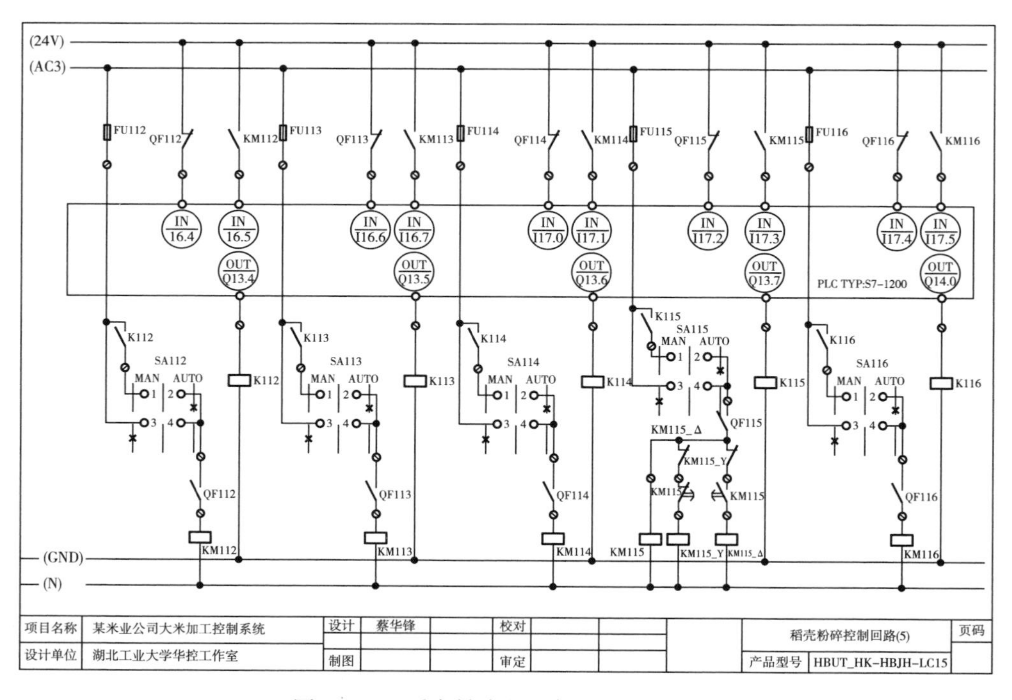

图 4－47　稻壳粉碎段设备控制回路（5）

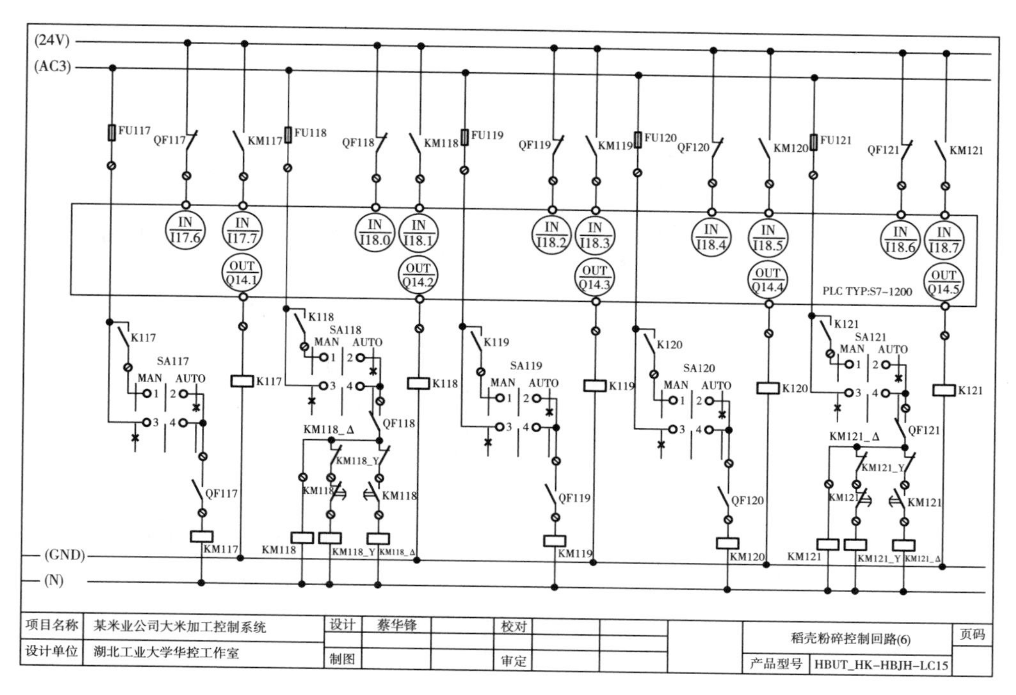

图 4－48　稻壳粉碎段设备控制回路（6）

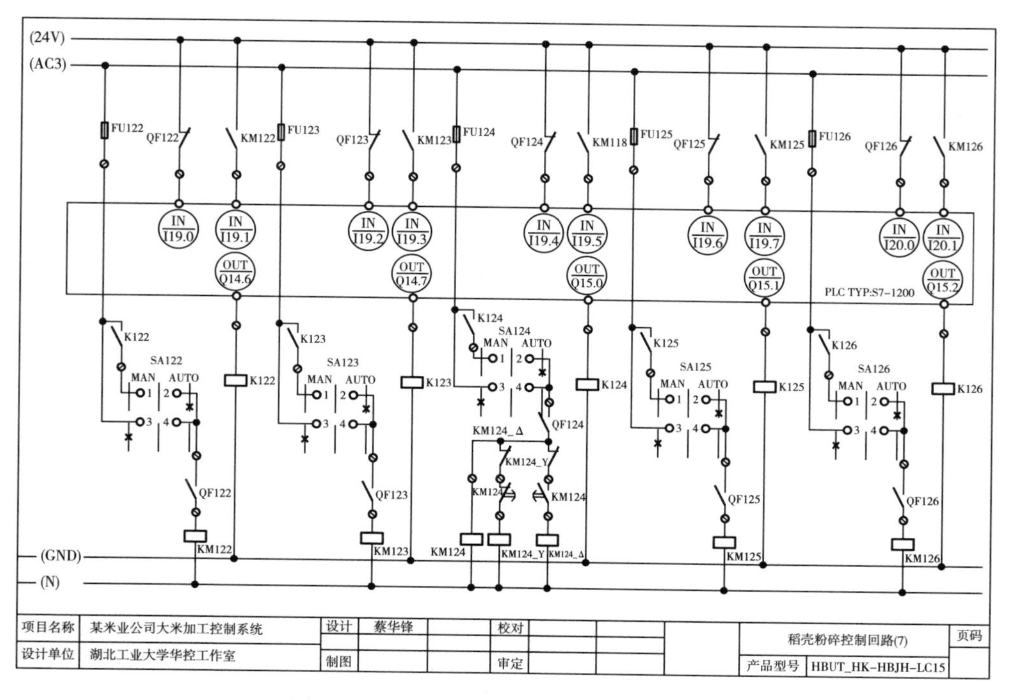

图 4－49　稻壳粉碎段设备控制回路（7）

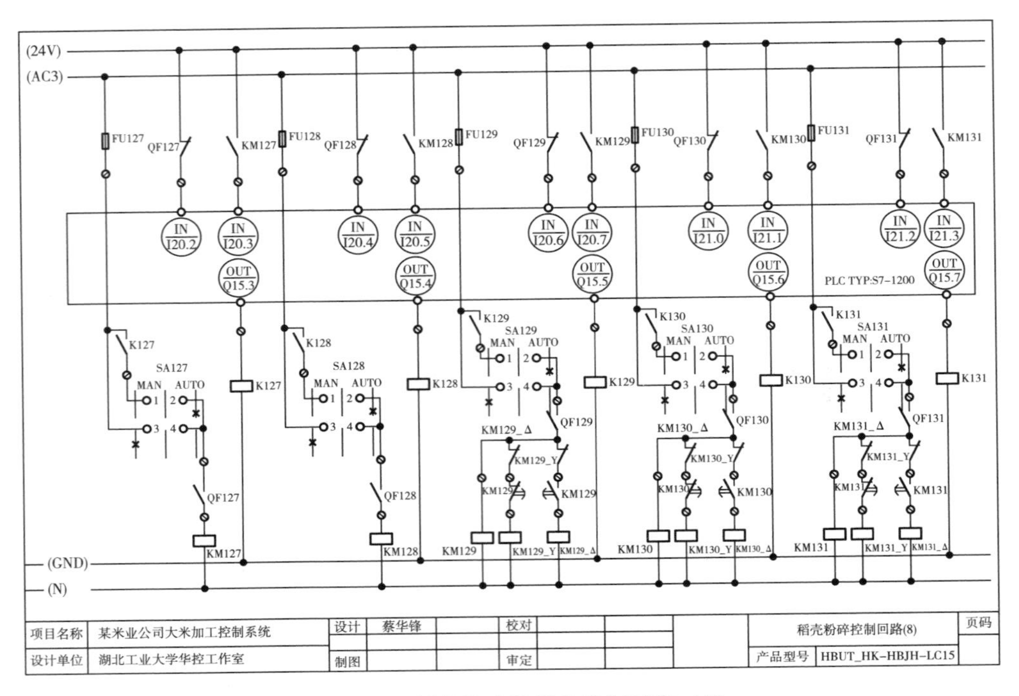

图 4－50　稻壳粉碎段设备控制回路（8）

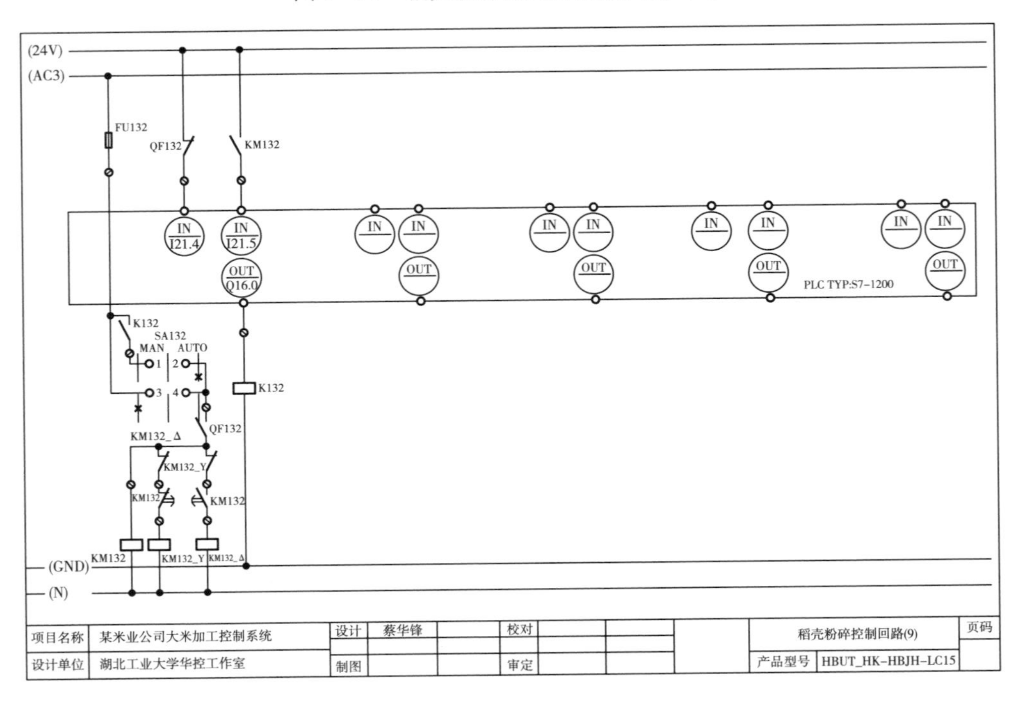

图 4－51　稻壳粉碎段设备控制回路（9）

五、闸门与三通控制电路

稻米加工控制系统中，闸门和三通的使用非常广泛，主要用来控制物料的流动启停和物料的流动方向。在本系统中，因加工的稻谷品种比较单一，而凉米仓与成品仓上物料去向由卸粮小车来实现，所以工艺流程中没有使用三通，本控制系统中共使用了38台闸门，用于原粮、碾米、抛光等进料的控制，所有的闸门均选用气动螺旋阀门。

通过双作用气缸来控制闸门的开和关，气缸的有杆腔和无杆腔各有1个接气口，用一个二位五通24V单电控电磁阀控制，阀上有1个来自压缩空气的进气口P，2个分别通向气缸的A、B口。A和B始终是一个进气、一个出气通给气缸，气缸也就只有伸出和缩回两种状态。给电磁阀通电只是切换一下A、B口的原始通气状态，即A和B反向进出气，因此气缸也跟着反向运动。这时给电磁阀断电，阀就会使A、B口自动回复到原位（阀里的复位弹簧作用），即A、B口进出气又换向了，气缸也就跟着回复。

闸门中的气缸上安装有磁环，并在闸门开到位处装有220V供电的气缸磁感应开关，因此每个磁感应开关接入中间继电器线圈回路，并将对于中间继电器的常开触点接入PLC。闸门开关控制与开到位检测电路图如图4－52～图4－55所示。

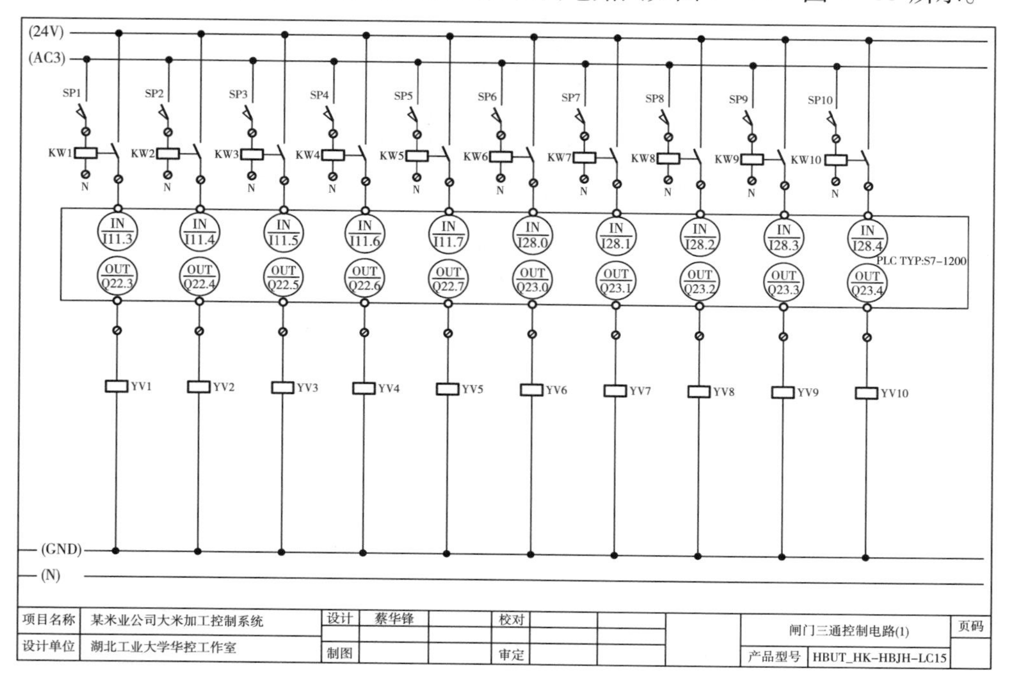

图4－52　闸门三通控制电路（1）

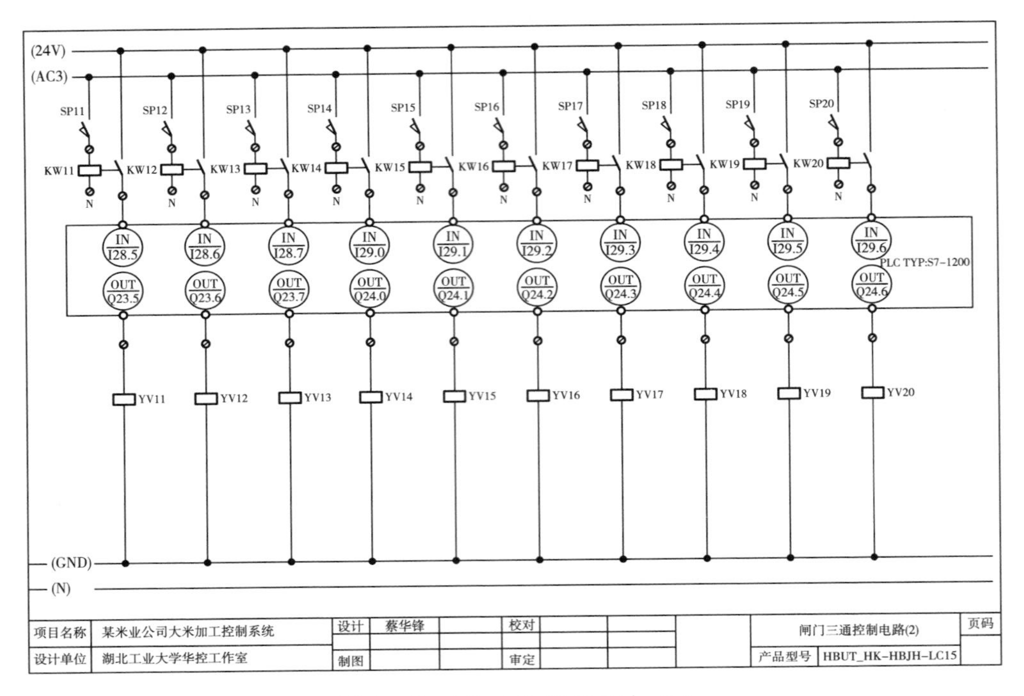

图 4 - 53　闸门三通控制电路（2）

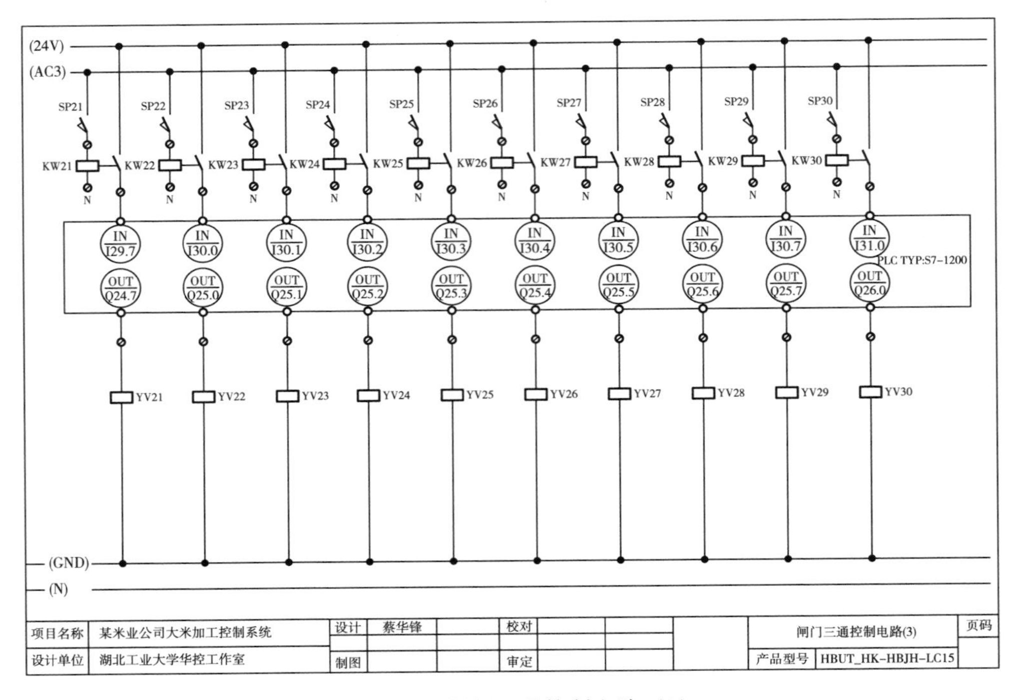

图 4 - 54　闸门三通控制电路（3）

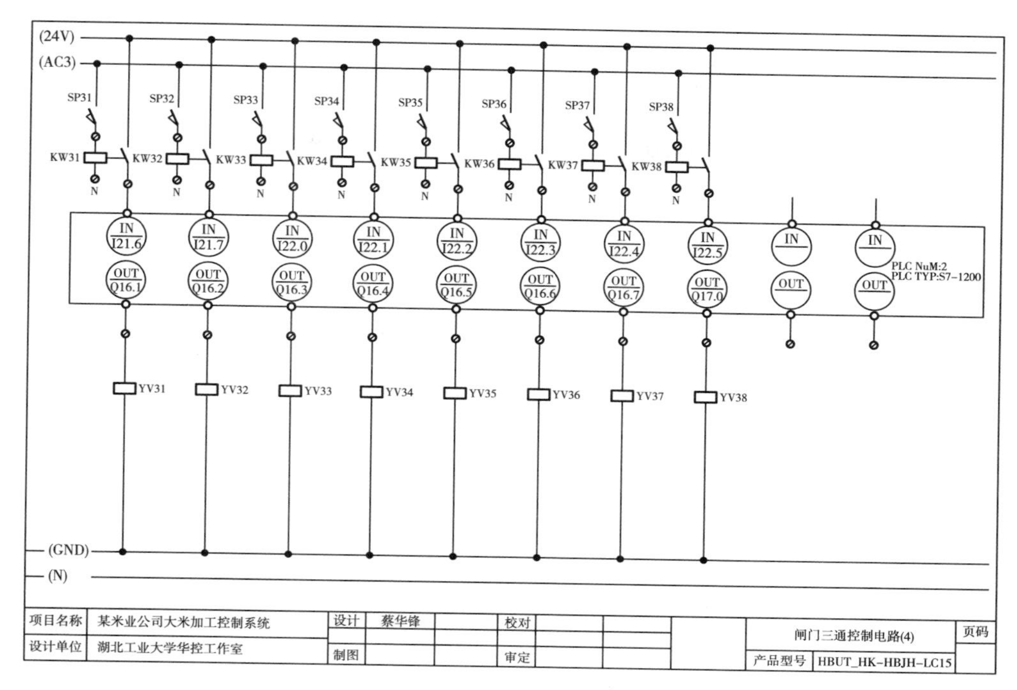

图 4 – 55　闸门三通控制电路（4）

初始状态时，电磁阀线圈断电，气缸推杆使闸门处于关闭状态。如果工艺流程中对应设备运行，放料闸门满足打开条件，PLC 输出为 ON，使电磁阀线圈得电，气缸推杆运行带动闸门移动，闸门开到位时，气缸内部安装的磁环移动到外部气缸磁感应开关处，磁感应开关动作。

第五节　料位检测电路设计

系统中料仓满料、空料检测选用的是阻旋料位开关，共 39 台，其中高料位检测 34 台，空料检测 5 台，它们均采用交流 220V 供电，具有常开触点、常闭触点各一组，这里将常开触点接入 PLC，料位检测电路图如图 4 – 56 ~ 图 4 – 61 所示。

稻米加工自动控制系统启动工作，阻旋料位开关得电，马达运转，当物料没有到达阻旋料位开关的叶片安装位置时，叶片上没有阻力，开关输出端子 COM 和 NO 触点之间断开；当物料高度到达检测的位置时，叶片上有阻力，开关输出端子 COM 和 NO 触点之间接通。物料流通正常后，料仓中物料高速降低叶片上阻力消失，马达重新转动，开关输出端子 COM 和 NO 触点之间又恢复到起始断开状态。

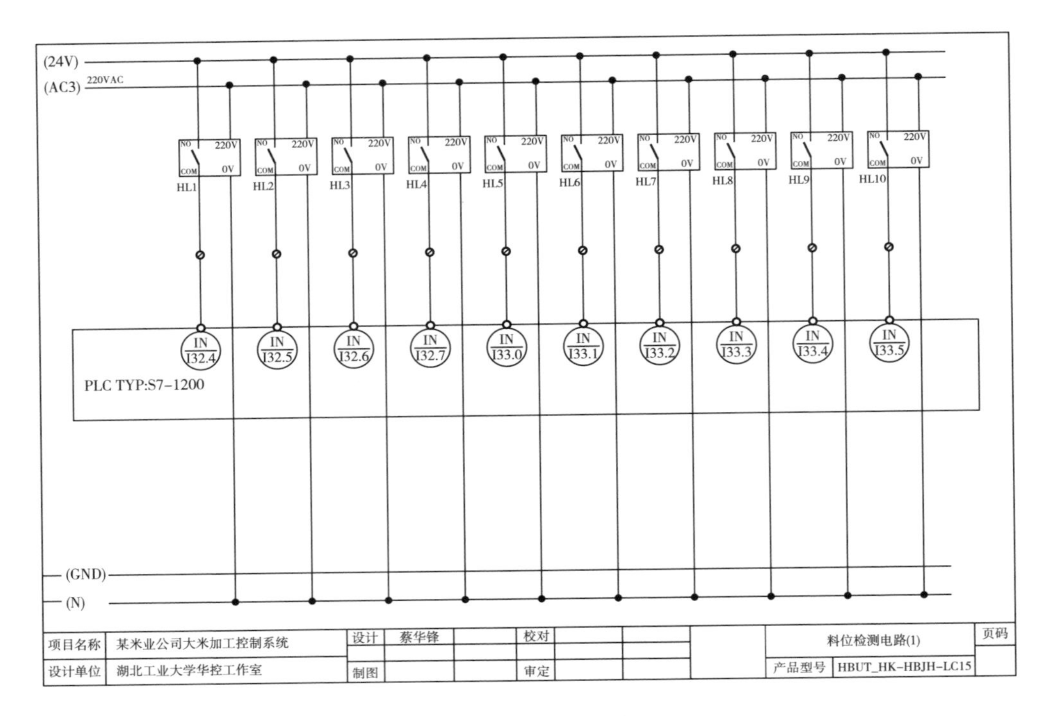

图 4-56 料位检测电路（1）

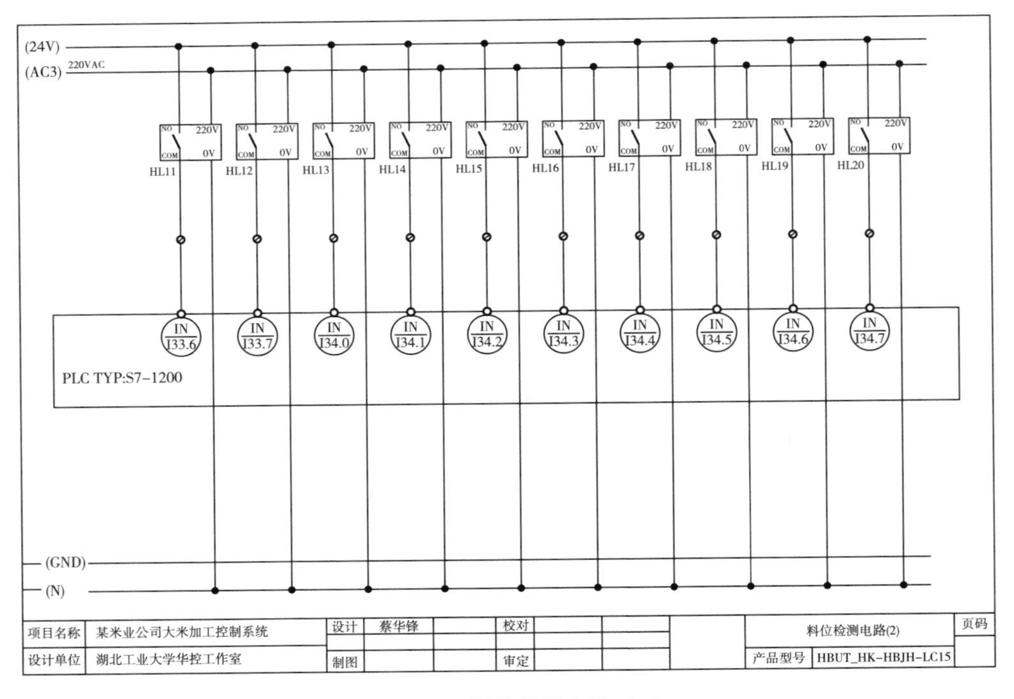

图 4-57 料位检测电路（2）

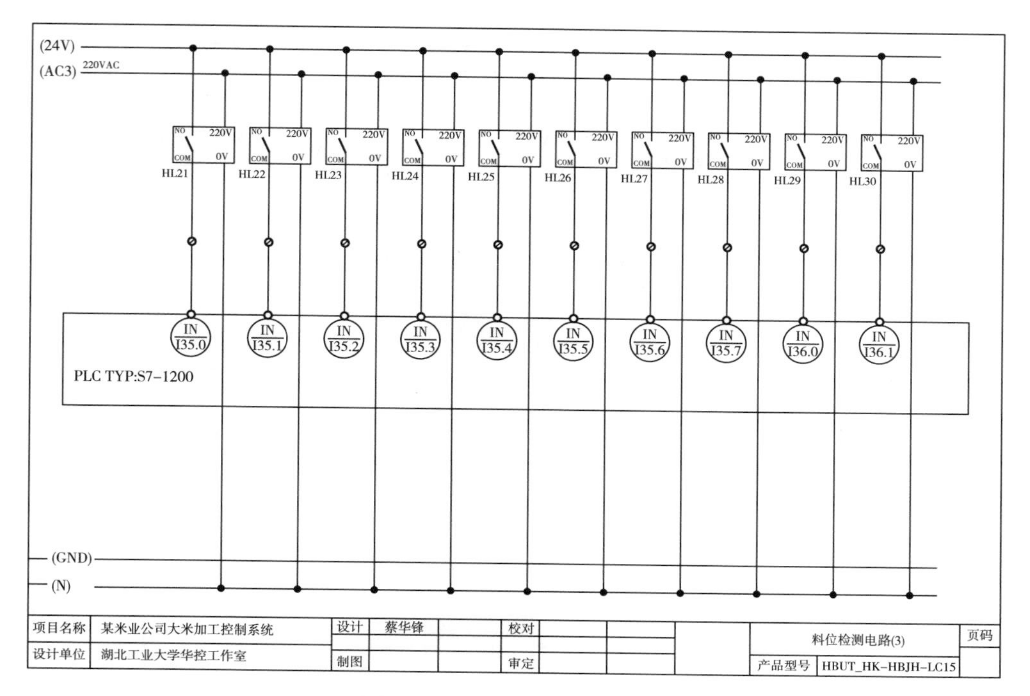

图 4－58　料位检测电路（3）

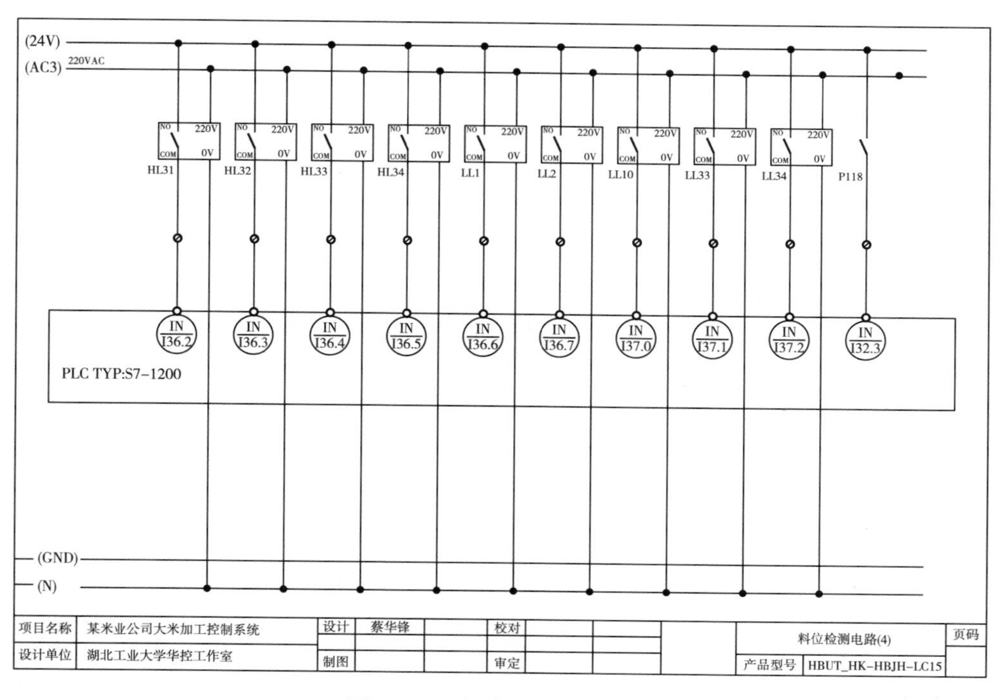

图 4－59　料位检测电路（4）

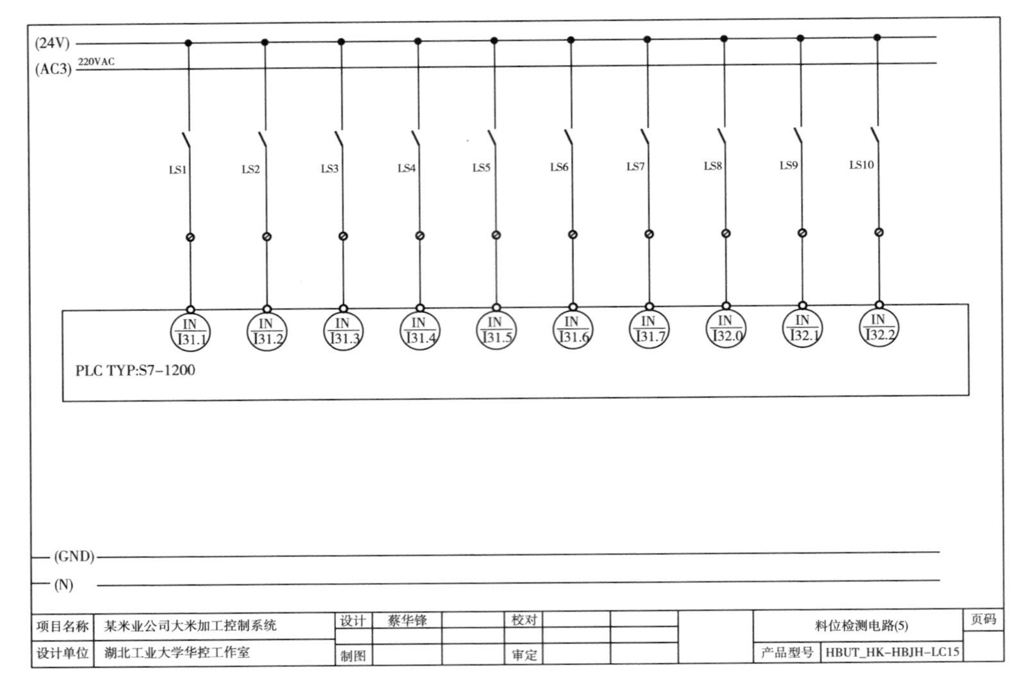

图 4-60　料位检测电路（5）

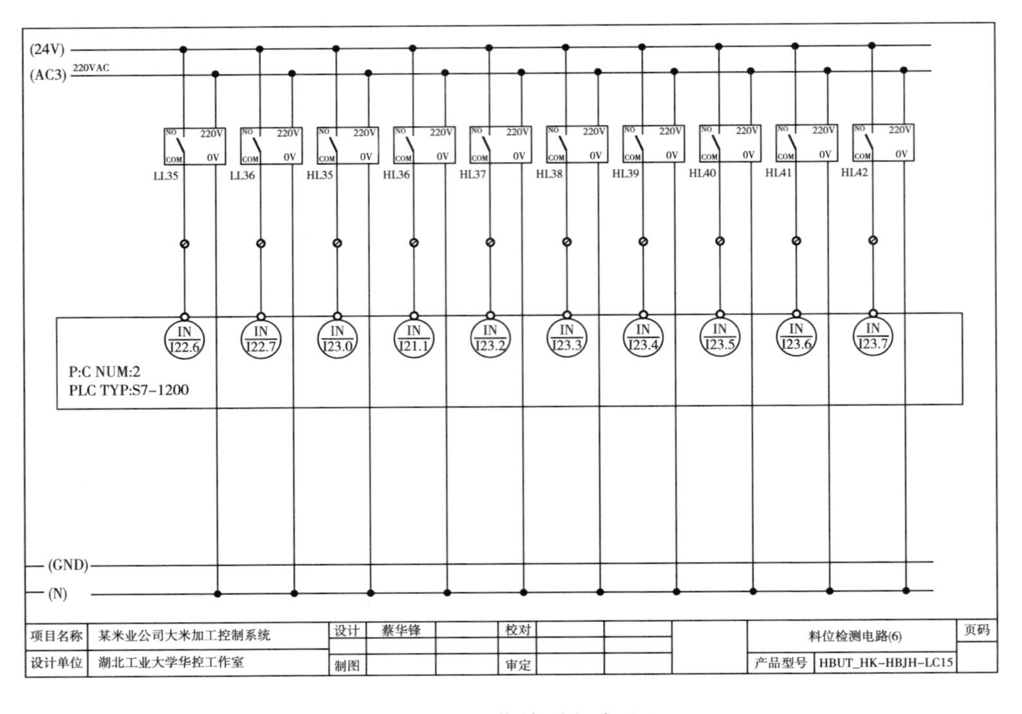

图 4-61　料位检测电路（6）

阻旋料位开关一般采用过载保护装置，能有效避免由于使用不当或非正常外力对电动机及减速器所造成的损坏，且开关接线电缆一般使用横截面为圆形的通用电缆，电缆横截面直径为5～9mm，否则无法确保入口的密封效果。

阻旋料位开关安装时需要注意的事项有：

①阻旋料位开关应避免安装在物料进料口，避免叶片旋转时受到物料的冲击；如果安装环境无法避免其安装在进料口时，可通过加装防护挡板缓解冲击力；

②料位开关水平安装时，接线盒入线口应尽量垂直朝下，且电缆固定螺母必须锁紧；

③当料位开关相对于进料口水平安装时，叶片向下并且与水平夹角保持在10°～20°，如此安装可以有效减少物料对叶片的冲击，延长产品的使用时限。

第五章　稻米加工控制软件实现

第一节　稻米加工控制软件整体设计

一、控制软件功能需求

稻米加工控制系统根据行业需要，确定系统控制主要功能如下。

①单台设备控制操作，稻米加工生产线每台设备能单独进行启/停控制，与其他设备不相关联，根据操作员的需求决定。

②流程控制操作，按照加工工艺顺序控制每个工段设备启动与停止，操作人员只需一键启/停，流程控制过程中无需人为干预。

③自动运行过程中，设备工作流程联锁和逻辑控制。

④自动收集设备状态数据并指示设备运行和设备故障状态。

⑤料位、失速、故障的声光报警。

PLC 控制器是该控制系统的核心组成部分，负责接收来自上位监控计算机的操作指令，并将检测到的现场设备状态信号送到监控计算机上予以显示；完成现场设备的输入/输出信号的处理，对加工设备发出驱动指令。同时，PLC 的逻辑程序用以实现流程操作、单机操作、上下游设备联锁等功能，充分地实现工艺的要求。

二、控制软件整体结构

依据控制软件工程需求分析，可将稻米加工 PLC 控制软件分为初始参数设置、料位器信号处理、清理砻谷自动控制、碾米系统自动控制、色选抛光自动控制、稻壳粉碎自动控制、系统手动控制和故障处理几个部分，软件结构框图如图 5－1 所示。其中，故障处理包含失速检测、设备状态检测和故障声光报警处理；系统手动控制包含设备手动启停控制和闸门、三通手动开关。

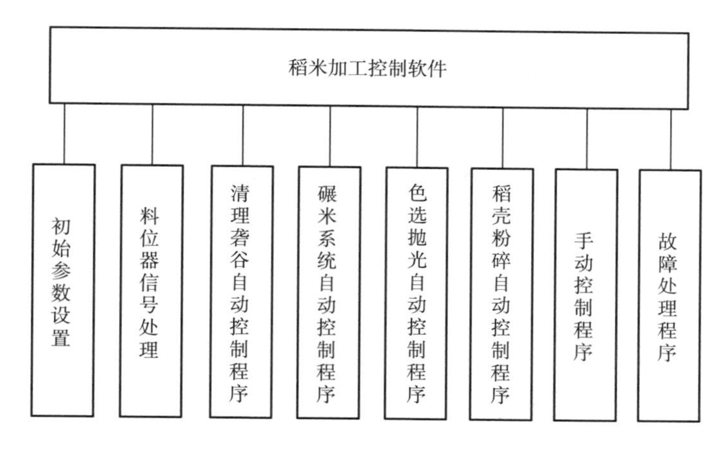

图 5－1　系统控制软件结构框图

第二节　料位器信号处理

料位器在稻米生产系统中主要用来完成仓内物料是否满料或空料的检测与判断，当物料达到传感器探测部件时，输出信号由“OFF”状态变为“ON”状态，即 PLC 对应的输入点变为“ON”时，表明仓已满，此信号一方面供自动控制环节使用，另一面在人机界面上显示出来。

由于使用环境，物料在从上向下流动时，会有部分物料接触料位器探测部件，PLC 检测信号会发生变换，但此过程是短暂的，如果直接响应此信号变化，将会使系统变得不稳定。因此，需要对料位器信号进行必要处理，这里采用去抖思想，其去抖方法是当检测到料位器输入信号变化时，先启动延时（约 10s），当延时时间一到，再去判断此改变的信号是否存在，如果存在则认为仓的确满了，反之则为干扰。

图 5－2 所示为系统三个高料位器检测处理程序，下面以 HL1 的工作过程为例进行叙述。HL1 的输入点为 I32.4，通过中间输入缓冲 DB1. DBX11.4，去抖延时定时器为 DB3. DBX0.0，料满指示分配了 DB2. DBX0.0。

①当料满时 I32.4 为“ON”，定时器 DB3. DBX0.0 开始定时，此时输出故障指示 DB2. DBX0.0 为“OFF”，定时时间 10s 一到，DB2. DBX0.0 触点动作变为“ON”，此时 I32.4 仍然保持为“ON”，则 HL1 料位满指示 DB2. DBX0.0 为“ON”状态，并保持，直到仓内物料退出，I32.4 变为“OFF”状态。

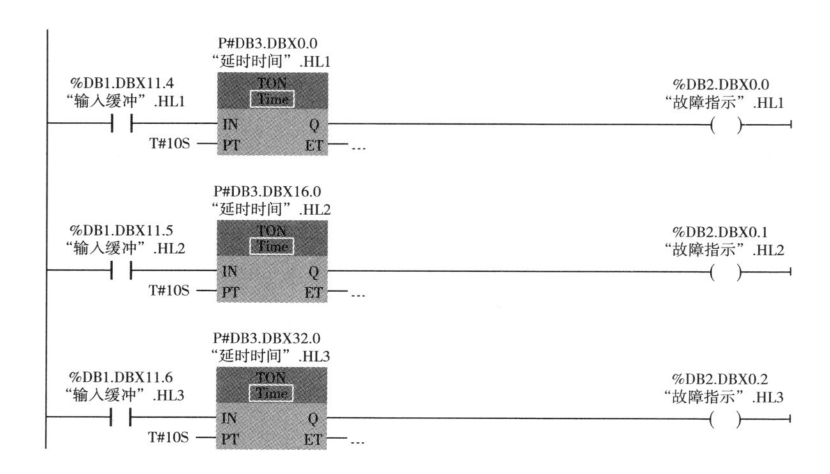

图 5－2　料满检测程序

②当物料干扰时，I32.4 也为"ON"状态，定时器 DB3.DBX0.0 开始定时，在定时过程中，若 I32.4 的状态就变为"OFF"，则定时停止，对应的 DB2.DBX0.0 输出一致为"OFF"。

③当料位器不停被干扰时，其信号不断变化，也无法让定时器定时成功。

图 5－3 所示为系统三个低料位器检测处理程序，下面以 LL1 的工作过程为例进行叙述。LL1 的输入点为 I36.6，通过中间输入缓冲 DB1.DBX15.6，去抖延时定时器为 DB3.DBX544.0，料空指示分配了 DB2.DBX4.2。

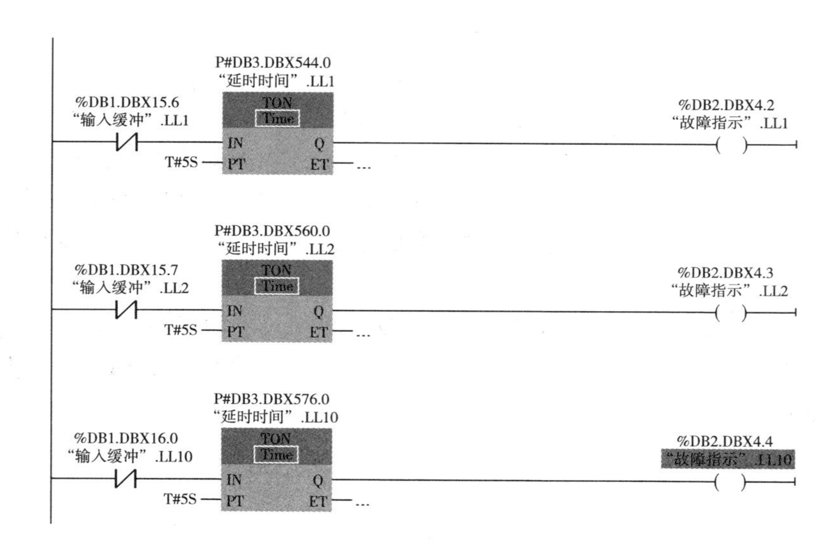

图 5－3　料空检测程序

①当料空时I36.6为“OFF”，定时器DB3.DBX544.0开始定时，此时输出故障指示DB2.DBX4.2为“OFF”，定时时间5s一到，DB2.DBX4.2触点动作变为“ON”，此时I36.6仍然保持为“ON”，则LL1料位满指示DB2.DBX4.2为“ON”状态，并保持，直到仓内物料退出，I36.6变为“OFF”状态。

②当物料干扰时，I36.6也为“OFF”状态，定时器DB3.DBX544.0开始定时，在定时过程中，若I36.6的状态就变为“ON”，则定时停止，对应的DB2.DBX4.2输出一致为“ON”。

③当料位器不停被干扰时，其信号不断变化，也无法让定时器定时成功。

第三节　自动控制软件设计

Petri网是在逻辑层次上对离散事件进行建模和分析的主要方法之一。第三章已经从控制策略出发对各控制阶段进行了详细的建模，接下来是如何将Petri网模型转换成PLC程序。PLC控制器的程序设计方法有多种，包括经验设计法、逻辑设计法、状态分析法、状态图转换法等。本书直接在Petri网模型基础上，从逻辑的角度给出Petri网模型到PLC梯形图转换过程。

图5－4为4种常见的Petri网控制模型。假设单个库所最多只有一个标识的情况下，本文引入的控制模型已经不同于经典的Petri网控制模型，其要求输入库所P_k必须拥有标识，还需要同时具备变迁T_i的条件I_i，变迁T_i才会发生。

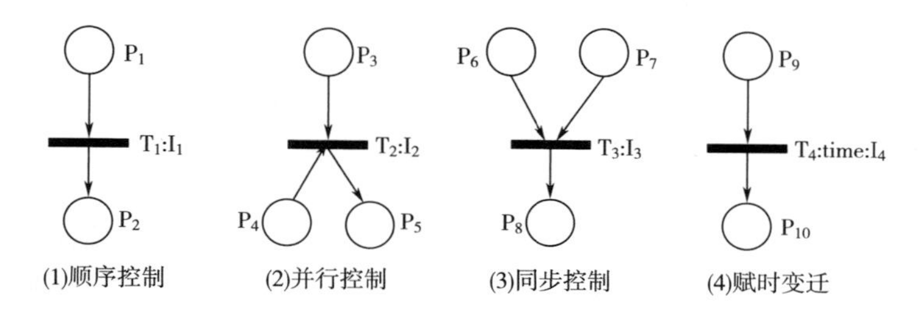

图5－4　常见Petri网模型

在图5－4中，库所P_1、P_3、P_6、P_7和P_9均为得到标识的输入库所，分别代表系统的输入状态，库所P_2、P_4、P_5、P_8和P_{10}代表实际输出库所，变迁T_1～T_4表示实际控制条件。图5－4（1）中，P_1和P_2属于顺序关系，当P_1含有一个标识时，其对应的输出或操作被执行，如果系统运行中，条件I_1逻辑关系为真，则T_1立即激发，P_1失去标识，将标识传送到P_2，P_2被激发后输出实际动作。图5－4（2）中，P_4 和 P_5 属于并行关系，变迁 T_2 激发后，标识由 P_3 分别传送到 P_4 和 P_5，P_3 失去标识后被抑制，P_4、P_5 得到标识后被激活，执行输出实际动作。图5－4（3）中，P_6 和 P_7 属于同步关系，只有当库所 P_6 和 P_7 同时含有标识时，变迁 T_3 才被激发，并将标识传送到 P_8，导致 P_6、P_7 失去标识，同时相应动作被抑制。图5－4（4）中，由于 P_9 含有一标识，系统运行后 T_4 立即激发，当赋时时间到，将标识传送到 P_{10}，P_{10} 被激发后输出实际动作。

在Petri网中，系统的状态迁移由标识在库所内的分布状况来表示，系统的状态迁移由标识的移动来表示。如果Petri网的标识不发生变化，系统的状态将保持不变。因此，标识的变化过程反映了整个系统的控制过程。为分析标识的变化过程，定义如下布尔表达式：

定义1. $P_i(\tau)=1$ 表示 τ 时刻 P_i 得到标识，相应的操作被执行，$P_i(\tau)=0$ 表示 τ 时刻 P_i 标识消耗完，相应的操作被抑制。

定义2. $T_j(\tau)=1$ 表示 τ 时刻 T_j 变迁被触发，相应的条件满足，$T_j(\tau)=0$ 表示 τ 时刻 T_j 变迁未被触发，相应的条件不能满足。

定义3. $C_i(\tau)=1$ 表示 τ 时刻控制条件 $C_i(\tau)$ 为真，$C_i(\tau)=0$ 表示 τ 时刻控制条件 $C_i(\tau)$ 为假；$E_j(\tau)=1$ 表示 τ 时刻输入事件 $E_j(\tau)$ 有效，$E_j(\tau)=0$ 表示 τ 时刻输入事件 $E_j(\tau)$ 无效。

其中 $C_i(\tau)$ 和 $E_j(\tau)$ 是 $T_i(\tau)$ 相对应的控制条件和输入事件，根据Petri网的变迁触发的条件，变迁 $T_j(\tau)$ 触发的表达式为：

$$T_i(\tau)=\prod P_i(\tau)\cdot C_j(\tau)\cdot E_j(\tau) \tag{5-1}$$

式（5－1）中，元素 P_i 属于变迁T的输入库所集合。

如果 $T_j(\tau)=1$，则 T_j 立即被激活，在 T_j 触发后，在 $\tau+\Delta\tau$ 时刻 P_i 库所的状态可表示为：

$$P_i(\tau+\Delta\tau)=[P_i(\tau)+\Sigma T_i(\tau)]\cdot\prod\overline{T_j(\tau)} \tag{5-2}$$

式（5－2）中，$\Sigma T_i(\tau)$ 中的元素 T_i 属于库所P的输入变迁的集合，$\overline{\prod T_j(\tau)}$ 中的元素 T_i 属于库所P的输出变迁的集合。

在式（5－1）和式（5－2）中，“+”和“·”分别代表逻辑操作的“或”和“与”。根据公式（5－1）和式（5－2）的表述，图5－4中顺序控制、并行控制、同步控制和赋时变迁的Petri网控制器可表示为：

①顺序控制器：$T_1=P_1\cdot I_1$，$P_1=P_1\cdot\overline{T_1}$，$P_2=P_2+T_1$

②并行控制器：$T_2=P_3\cdot I_2$，$P_3=P_3\cdot\overline{T_2}$，$P_4=P_4+T_2$，$P_5=P_5+T_2$

③同步控制器：$T_3=P_6\cdot P_7\cdot I_3$，$P_6=P_6\cdot\overline{T_3}$，$P_7=P_7\cdot\overline{T_3}$，$P_8=P_8+T_3$

④赋时变迁控制器的方程包括了时间信息，$T_4=P_9\cdot I_4\cdot time$，$P_9=P_9\cdot\overline{T_4}$，$P_{10}=P_{210}+T_4$。其中，time的写法取决于不同的程序语言环境。

Petri网控制器方程转换到PLC梯形图的一般规则如下。

①将 Petri 网控制器的库所和变迁赋予实际 PLC 的 I/O 地址或中间地址；

②将逻辑与“·”转换成为 PLC 梯形图中的串联逻辑；

③逻辑或“+”转换成为 PLC 梯形图中的并联逻辑；

④将控制器方程左边作为输出；

⑤将控制器方程右边作为输入；

⑥条件 I_i 用相应的 PLC 的 I/O 点表示，当 I_i 表示多个 I/O 点为 ON（OFF）时，则将多个常开（常闭）I/O 点串、并联起来。

这样 Petri 网控制器就变为 PLC 的梯形图程序。很明显一个 Petri 网控制器方程组包含了几个逻辑方程，转化后的 PLC 就包含了几条 PLC 的梯形图语句。因此，Petri 网控制器同 PLC 的梯形图语句之间存在着一一对应的关系。以图 5-4 中的几种常见 Petri 网控制器方程为例，其转化成 PLC 的梯形图如图 5-5～图 5-8 所示。

①顺序控制器：$T_1 = P_1 \cdot I_1$，$P_1 = P_1 \cdot \overline{T_1}$，$P_2 = P_2 + T_1$

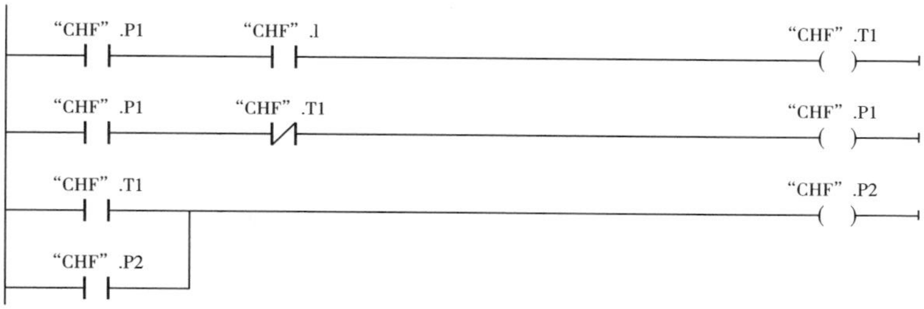

“CHF”.P1　“CHF”.I　“CHF”.T1
“CHF”.P1　“CHF”.T1　“CHF”.P1
“CHF”.T1　“CHF”.P2
“CHF”.P2

图 5-5　顺序控制器表达式组对应的 LAD 程序

②并行控制器：$T_2 = P_3 \cdot I_2$，$P_3 = P_3 \cdot \overline{T_2}$，$P_4 = P_4 + T_2$，$P_5 = P_5 + T_2$

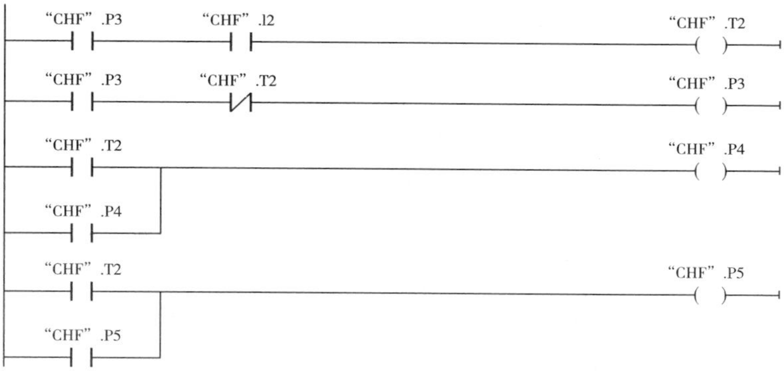

“CHF”.P3　“CHF”.I2　“CHF”.T2
“CHF”.P3　“CHF”.T2　“CHF”.P3
“CHF”.T2　“CHF”.P4
“CHF”.P4
“CHF”.T2　“CHF”.P5
“CHF”.P5

图 5-6　并行控制器表达式组对应的 LAD 程序

③同步控制器：$T_3=P_6\cdot P_7\cdot I_3$，$P_6=P_6\cdot\overline{T_3}$，$P_7=P_7\cdot\overline{T_3}$，$P_8=P_8+T_3$

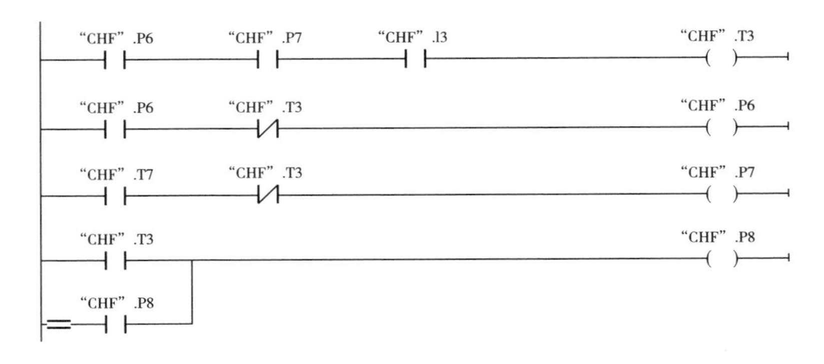

图 5 -7　同步控制器表达式组对应的 LAD 程序

④赋时变迁控制器：$T_4=P_9\cdot I_4\cdot \text{time}$，$P_9=P_9\cdot\overline{T_4}$，$P_{10}=P_{10}+T_4$

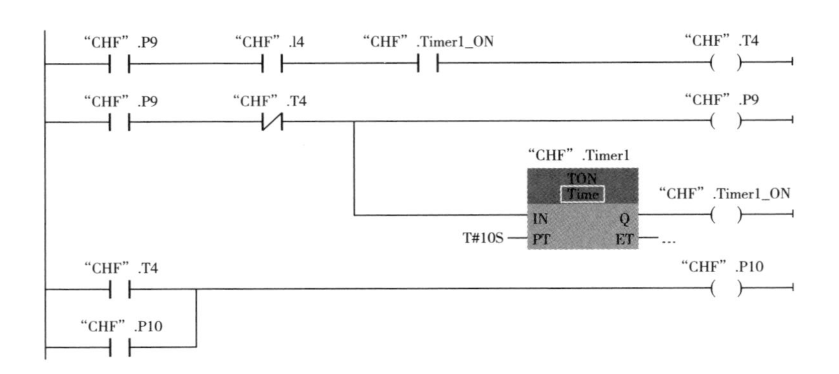

图 5 -8　赋时控制器表达式组对应的 LAD 程序

一、清理砻谷自动控制程序

稻谷清理砻谷段自动控制策略包含自动开机和自动停车，其流程图如图 3 -3 和图 3 -4 所示。为了将 Petri 网模型转换为 PLC 梯形图，首先需列出清理砻谷段 Petri 网模型的逻辑表达式，图 3 -5 所示的 Petri 网模型逻辑表达式如下所示。

$T_{1.0}=P_{1.0}\cdot I_{1.0}$，$P_{1.0}=P_{1.0}\cdot\overline{T_{1.0}}$，$P_{1.1}=P_{1.1}+T_{1.0}$

$T_{1.1}=P_{1.1}\cdot P_{1.3}\cdot I_{1.1}$，$P_{1.1}=P_{1.1}\cdot\overline{T_{1.1}}$，$P_{1.3}=P_{1.3}\cdot\overline{T_{1.1}}$，$P_{1.2}=P_{1.2}+T_{1.1}$

$T_{1.2}=P_{1.2}\cdot I_{1.2}$，$P_{1.2}=P_{1.2}\cdot\overline{T_{1.2}}$，$P_{1.3}=P_{1.3}+T_{1.2}$

$T_{1.3}=P_{1.1}\cdot P_{1.5}\cdot I_{1.3}$，$P_{1.1}=P_{1.1}\cdot\overline{T_{1.3}}$，$P_{1.5}=P_{1.5}\cdot\overline{T_{1.3}}$，$P_{1.4}=P_{1.4}+T_{1.3}$

$T_{1.4}=P_{1.4}\cdot I_{1.4}$，$P_{1.4}=P_{1.4}\cdot\overline{T_{1.4}}$，$P_{1.5}=P_{1.5}+T_{1.4}$

$T_{1.5}=P_{1.1}\cdot P_{1.7}\cdot I_{1.5}$，$P_{1.1}=P_{1.1}\cdot\overline{T_{1.5}}$，$P_{1.7}=P_{1.7}\cdot\overline{T_{1.5}}$，$P_{1.6}=P_{1.6}+T_{1.5}$

$T_{1.6}=P_{1.6}\cdot I_{1.6}$，$P_{1.6}=P_{1.6}\cdot\overline{T_{1.6}}$，$P_{1.7}=P_{1.7}+T_{1.6}$

$T_{1.7}=P_{1.2}\cdot P_{1.4}\cdot P_{1.6}\cdot P_{1.9}\cdot I_{1.7}$，$P_{1.2}=P_{1.2}\cdot\overline{T_{1.7}}$，$P_{1.4}=P_{1.4}\cdot\overline{T_{1.7}}$，$P_{1.6}=P_{1.6}\cdot\overline{T_{1.7}}$，$P_{1.9}=P_{1.9}\cdot\overline{T_{1.7}}$，$P_{1.8}=P_{1.8}+T_{1.7}$

$T_{1.8}=P_{1.8}\cdot I_{1.8}$，$P_{1.8}=P_{1.8}\cdot\overline{T_{1.8}}$，$P_{1.9}=P_{1.9}+T_{1.8}$

$T_{1.9}=P_{1.8}\cdot P_{1.11}\cdot I_{1.9}$，$P_{1.8}=P_{1.8}\cdot\overline{T_{1.9}}$，$P_{1.11}=P_{1.11}\cdot\overline{T_{1.9}}$，$P_{1.10}=P_{1.10}+T_{1.9}$

$T_{1.10}=P_{1.10}\cdot I_{1.10}$，$P_{1.10}=P_{1.10}\cdot\overline{T_{1.10}}$，$P_{1.11}=P_{1.11}+T_{1.10}$

$T_{1.11}=P_{1.10}\cdot P_{1.13}\cdot I_{1.11}$，$P_{1.10}=P_{1.10}\cdot\overline{T_{1.11}}$，$P_{1.13}=P_{1.13}\cdot\overline{T_{1.11}}$，$P_{1.12}=P_{1.12}+T_{1.11}$

$T_{1.12}=P_{1.12}\cdot I_{1.12}$，$P_{1.12}=P_{1.12}\cdot\overline{T_{1.12}}$，$P_{1.13}=P_{1.13}+T_{1.12}$

$T_{1.13}=P_{1.12}\cdot P_{1.15}\cdot I_{1.13}$，$P_{1.12}=P_{1.12}\cdot\overline{T_{1.13}}$，$P_{1.15}=P_{1.15}\cdot\overline{T_{1.13}}$，$P_{1.14}=P_{1.14}+T_{1.13}$

$T_{1.14}=P_{1.14}\cdot I_{1.14}$，$P_{1.14}=P_{1.14}\cdot\overline{T_{1.14}}$，$P_{1.15}=P_{1.15}+T_{1.14}$

$T_{1.15}=P_{1.14}\cdot P_{1.17}\cdot I_{1.15}$，$P_{1.14}=P_{1.14}\cdot\overline{T_{1.15}}$，$P_{1.17}=P_{1.17}\cdot\overline{T_{1.15}}$，$P_{1.16}=P_{1.16}+T_{1.15}$

$T_{1.16}=P_{1.16}\cdot I_{1.16}$，$P_{1.16}=P_{1.16}\cdot\overline{T_{1.16}}$，$P_{1.17}=P_{1.17}+T_{1.16}$

$T_{1.17}=P_{1.16}\cdot P_{1.19}\cdot I_{1.17}$，$P_{1.16}=P_{1.16}\cdot\overline{T_{1.17}}$，$P_{1.19}=P_{1.19}\cdot\overline{T_{1.17}}$，$P_{1.18}=P_{1.18}+T_{1.17}$

$T_{1.18}=P_{1.18}\cdot I_{1.18}$，$P_{1.18}=P_{1.18}\cdot\overline{T_{1.18}}$，$P_{1.19}=P_{1.19}+T_{1.18}$

$T_{1.19}=P_{1.18}\cdot P_{1.21}\cdot I_{1.19}$，$P_{1.18}=P_{1.18}\cdot\overline{T_{1.19}}$，$P_{1.21}=P_{1.21}\cdot\overline{T_{1.19}}$，$P_{1.20}=P_{1.20}+T_{1.19}$

$T_{1.20}=P_{1.20}\cdot I_{1.20}$，$P_{1.20}=P_{1.20}\cdot\overline{T_{1.20}}$，$P_{1.21}=P_{1.21}+T_{1.20}$

$T_{1.21}=P_{1.20}\cdot P_{1.23}\cdot I_{1.21}$，$P_{1.20}=P_{1.20}\cdot\overline{T_{1.21}}$，$P_{1.23}=P_{1.23}\cdot\overline{T_{1.21}}$，$P_{1.22}=P_{1.22}+T_{1.21}$

$T_{1.22}=P_{1.22}\cdot I_{1.22}$，$P_{1.22}=P_{1.22}\cdot\overline{T_{1.22}}$，$P_{1.23}=P_{1.23}+T_{1.22}$

$T_{1.23}=P_{1.20}\cdot P_{1.25}\cdot I_{1.23}$，$P_{1.20}=P_{1.20}\cdot\overline{T_{1.23}}$，$P_{1.25}=P_{1.25}\cdot\overline{T_{1.23}}$，$P_{1.24}=P_{1.24}+T_{1.23}$

$T_{1.24}=P_{1.24}\cdot I_{1.24}$，$P_{1.24}=P_{1.24}\cdot\overline{T_{1.24}}$，$P_{1.25}=P_{1.25}+T_{1.24}$

$T_{1.25}=P_{1.20}\cdot P_{1.27}\cdot I_{1.25}$，$P_{1.20}=P_{1.20}\cdot\overline{T_{1.25}}$，$P_{1.27}=P_{1.27}\cdot\overline{T_{1.25}}$，$P_{1.26}=P_{1.26}+T_{1.25}$

$T_{1.26}=P_{1.26}\cdot I_{1.26}$，$P_{1.26}=P_{1.26}\cdot\overline{T_{1.26}}$，$P_{1.27}=P_{1.27}+T_{1.26}$

$T_{1.27}=P_{1.22}\cdot P_{1.24}\cdot P_{1.26}\cdot P_{1.29}\cdot I_{1.27}$，$P_{1.22}=P_{1.22}\cdot\overline{T_{1.27}}$，$P_{1.24}=P_{1.24}\cdot\overline{T_{1.27}}$，$P_{1.26}=P_{1.26}\cdot\overline{T_{1.27}}$，$P_{1.29}=P_{1.29}\cdot\overline{T_{1.27}}$，$P_{1.28}=P_{1.28}+T_{1.27}$

$T_{1.28}=P_{1.28}\cdot I_{1.28}$，$P_{1.28}=P_{1.28}\cdot\overline{T_{1.28}}$，$P_{1.29}=P_{1.29}+T_{1.28}$

$T_{1.29}=P_{1.28}\cdot P_{1.31}\cdot I_{1.29}$，$P_{1.28}=P_{1.2}\cdot\overline{T_{1.2}}$，$P_{1.31}=P_{1.31}\cdot\overline{T_{1.29}}$，$P_{1.30}=P_{1.30}+T_{1.29}$

$T_{1.30}=P_{1.30}\cdot I_{1.30}$，$P_{1.30}=P_{1.30}\cdot\overline{T_{1.30}}$，$P_{1.31}=P_{1.31}+T_{1.30}$

$T_{1.31}=P_{1.30}\cdot P_{1.33}\cdot I_{1.31}$，$P_{1.30}=P_{1.30}\cdot\overline{T_{1.31}}$，$P_{1.33}=P_{1.33}\cdot\overline{T_{1.31}}$，$P_{1.32}=P_{1.32}+T_{1.31}$

$T_{1.32}=P_{1.32}\cdot I_{1.32}$，$P_{1.32}=P_{1.32}\cdot\overline{T_{1.32}}$，$P_{1.33}=P_{1.33}+T_{1.32}$

$T_{1.33}=P_{1.30}\cdot P_{1.35}\cdot I_{1.33}$，$P_{1.30}=P_{1.30}\cdot\overline{T_{1.33}}$，$P_{1.35}=P_{1.35}\cdot\overline{T_{1.33}}$，$P_{1.34}=P_{1.34}+T_{1.33}$

$T_{1.34}=P_{1.34}\cdot I_{1.34}$，$P_{1.34}=P_{1.34}\cdot\overline{T_{1.34}}$，$P_{1.35}=P_{1.35}+T_{1.34}$

$T_{1.35}=P_{1.32}\cdot P_{1.34}\cdot P_{1.37}\cdot I_{1.35}$，$P_{1.32}=P_{1.32}\cdot\overline{T_{1.35}}$，$P_{1.34}=P_{1.34}\cdot\overline{T_{1.35}}$，$P_{1.37}=P_{1.37}\cdot\overline{T_{1.35}}$，$P_{1.36}=P_{1.36}+T_{1.35}$

$T_{1.36}=P_{1.36}\cdot I_{1.36}$，$P_{1.36}=P_{1.36}\cdot\overline{T_{1.36}}$，$P_{1.37}=P_{1.37}+T_{1.36}$

$T_{1.37}=P_{1.36}\cdot P_{1.39}\cdot I_{1.37}$，$P_{1.36}=P_{1.36}\cdot\overline{T_{1.37}}$，$P_{1.39}=P_{1.39}\cdot\overline{T_{1.37}}$，$P_{1.38}=P_{1.38}+T_{1.37}$

$T_{1.38}=P_{1.38}\cdot I_{1.38}$，$P_{1.38}=P_{1.38}\cdot\overline{T_{1.38}}$，$P_{1.39}=P_{1.39}+T_{1.38}$

$T_{1.39}=P_{1.36}\cdot P_{1.41}\cdot I_{1.39}$，$P_{1.36}=P_{1.36}\cdot\overline{T_{1.39}}$，$P_{1.41}=P_{1.41}\cdot\overline{T_{1.39}}$，$P_{1.40}=P_{1.40}+T_{1.39}$

$T_{1.40}=P_{1.40}\cdot I_{1.40}$，$P_{1.40}=P_{1.40}\cdot\overline{T_{1.40}}$，$P_{1.41}=P_{1.41}+T_{1.40}$

$T_{1.41}=P_{1.38}\cdot P_{1.40}\cdot P_{1.43}\cdot I_{1.41}$，$P_{1.38}=P_{1.38}\cdot\overline{T_{1.41}}$，$P_{1.40}=P_{1.40}\cdot\overline{T_{1.41}}$，$P_{1.43}=P_{1.43}\cdot\overline{T_{1.41}}$，$P_{1.42}=P_{1.42}+T_{1.41}$

$T_{1.42}=P_{1.42}\cdot I_{1.42}$，$P_{1.42}=P_{1.42}\cdot\overline{T_{1.42}}$，$P_{1.43}=P_{1.43}+T_{1.42}$

$T_{1.43}=P_{1.42}\cdot P_{1.45}\cdot I_{1.43}$，$P_{1.42}=P_{1.42}\cdot\overline{T_{1.43}}$，$P_{1.45}=P_{1.45}\cdot\overline{T_{1.43}}$，$P_{1.44}=P_{1.44}+T_{1.43}$

$T_{1.44}=P_{1.44}\cdot I_{1.44}$，$P_{1.44}=P_{1.44}\cdot\overline{T_{1.44}}$，$P_{1.45}=P_{1.45}+T_{1.44}$

$T_{1.45}=P_{1.44}\cdot P_{1.47}\cdot I_{1.45}$，$P_{1.44}=P_{1.44}\cdot\overline{T_{1.45}}$，$P_{1.47}=P_{1.47}\cdot\overline{T_{1.45}}$，$P_{1.46}=P_{1.46}+T_{1.45}$

$T_{1.46}=P_{1.46}\cdot I_{1.46}$，$P_{1.46}=P_{1.46}\cdot\overline{T_{1.46}}$，$P_{1.47}=P_{1.47}+T_{1.46}$

$T_{1.47}=P_{1.46}\cdot P_{1.49}\cdot I_{1.47}$，$P_{1.46}=P_{1.46}\cdot\overline{T_{1.47}}$，$P_{1.49}=P_{1.49}\cdot\overline{T_{1.47}}$，$P_{1.48}=P_{1.48}+T_{1.47}$

$T_{1.48}=P_{1.48}\cdot I_{1.48}$，$P_{1.48}=P_{1.48}\cdot\overline{T_{1.48}}$，$P_{1.49}=P_{1.49}+T_{1.48}$

$T_{1.49}=P_{1.48}\cdot P_{1.51}\cdot I_{1.49}$，$P_{1.48}=P_{1.48}\cdot\overline{T_{1.49}}$，$P_{1.51}=P_{1.51}\cdot\overline{T_{1.49}}$，$P_{1.50}=P_{1.50}+T_{1.49}$

$T_{1.50}=P_{1.50}\cdot I_{1.50}$，$P_{1.50}=P_{1.50}\cdot\overline{T_{1.50}}$，$P_{1.51}=P_{1.51}+T_{1.50}$

$T_{1.51}=P_{1.50}\cdot P_{1.53}\cdot I_{1.51}$，$P_{1.50}=P_{1.50}\cdot\overline{T_{1.51}}$，$P_{1.53}=P_{1.53}\cdot\overline{T_{1.51}}$，$P_{1.52}=P_{1.52}+T_{1.51}$

$T_{1.52}=P_{1.52}\cdot I_{1.52}$，$P_{1.52}=P_{1.52}\cdot\overline{T_{1.52}}$，$P_{1.53}=P_{1.53}+T_{1.52}$

$T_{1.53}=P_{1.52}\cdot P_{1.55}\cdot I_{1.53}$，$P_{1.52}=P_{1.52}\cdot\overline{T_{1.53}}$，$P_{1.55}=P_{1.55}\cdot\overline{T_{1.53}}$，$P_{1.54}=P_{1.54}+T_{1.53}$

$T_{1.54}=P_{1.54}\cdot I_{1.54}$，$P_{1.54}=P_{1.54}\cdot\overline{T_{1.54}}$，$P_{1.55}=P_{1.55}+T_{1.54}$

$T_{1.55}=P_{1.54}\cdot P_{1.57}\cdot I_{1.55}$，$P_{1.54}=P_{1.54}\cdot\overline{T_{1.55}}$，$P_{1.57}=P_{1.57}\cdot\overline{T_{1.55}}$，$P_{1.56}=P_{1.56}+T_{1.55}$

$T_{1.56}=P_{1.56}\cdot I_{1.56}$，$P_{1.56}=P_{1.56}\cdot\overline{T_{1.56}}$，$P_{1.57}=P_{1.57}+T_{1.56}$

$T_{1.57}=P_{1.56}\cdot P_{1.59}\cdot I_{1.57}$，$P_{1.56}=P_{1.56}\cdot\overline{T_{1.57}}$，$P_{1.59}=P_{1.59}\cdot\overline{T_{1.57}}$，$P_{1.58}=P_{1.58}+T_{1.57}$

$T_{1.58}=P_{1.58}\cdot I_{1.58}$，$P_{1.58}=P_{1.58}\cdot\overline{T_{1.58}}$，$P_{1.59}=P_{1.59}+T_{1.58}$

$T_{1.59}=P_{1.56}\cdot P_{1.61}\cdot I_{1.59}$，$P_{1.56}=P_{1.56}\cdot\overline{T_{1.59}}$，$P_{1.61}=P_{1.61}\cdot\overline{T_{1.59}}$，$P_{1.60}=P_{1.60}+T_{1.59}$

$T_{1.60}=P_{1.60}\cdot I_{1.60}$，$P_{1.60}=P_{1.60}\cdot\overline{T_{1.60}}$，$P_{1.61}=P_{1.61}+T_{1.60}$

$T_{1.61}=P_{1.58}\cdot P_{1.63}\cdot I_{1.61}$，$P_{1.58}=P_{1.58}\cdot\overline{T_{1.61}}$，$P_{1.63}=P_{1.63}\cdot\overline{T_{1.61}}$，$P_{1.62}=P_{1.62}+T_{1.61}$

$T_{1.62}=P_{1.62}\cdot I_{1.62}$，$P_{1.62}=P_{1.62}\cdot\overline{T_{1.62}}$，$P_{1.63}=P_{1.63}+T_{1.62}$

$T_{1.63}=P_{1.58}\cdot P_{1.65}\cdot I_{1.63}$，$P_{1.58}=P_{1.58}\cdot\overline{T_{1.63}}$，$P_{1.65}=P_{1.65}\cdot\overline{T_{1.63}}$，$P_{1.64}=P_{1.64}+T_{1.63}$

$T_{1.64}=P_{1.64}\cdot I_{1.64}$，$P_{1.64}=P_{1.64}\cdot\overline{T_{1.64}}$，$P_{1.65}=P_{1.65}+T_{1.64}$

$T_{1.65}=P_{1.60}\cdot P_{1.67}\cdot I_{1.65}$，$P_{1.60}=P_{1.60}\cdot\overline{T_{1.65}}$，$P_{1.67}=P_{1.67}\cdot\overline{T_{1.65}}$，$P_{1.66}=P_{1.66}+T_{1.65}$

$T_{1.66}=P_{1.66}\cdot I_{1.66}$，$P_{1.66}=P_{1.66}\cdot\overline{T_{1.66}}$，$P_{1.67}=P_{1.67}+T_{1.66}$

$T_{1.67}=P_{1.60}\cdot P_{1.69}\cdot I_{1.67}$，$P_{1.60}=P_{1.60}\cdot\overline{T_{1.67}}$，$P_{1.69}=P_{1.69}\cdot\overline{T_{1.67}}$，$P_{1.68}=P_{1.68}+T_{1.67}$

$T_{1.68}=P_{1.68}\cdot I_{1.68}$，$P_{1.68}=P_{1.68}\cdot\overline{T_{1.68}}$，$P_{1.69}=P_{1.69}+T_{1.68}$

$T_{1.69}=P_{1.62}\cdot P_{1.64}\cdot P_{1.66}\cdot P_{1.68}\cdot I_{1.69}$，$P_{1.62}=P_{1.62}\cdot\overline{T_{1.69}}$，$P_{1.64}=P_{1.64}\cdot\overline{T_{1.69}}$，$P_{1.66}=P_{1.66}\cdot\overline{T_{1.69}}$，$P_{1.68}=P_{1.68}\cdot\overline{T_{1.69}}$，$P_{1.76}=P_{1.76}+T_{1.69}$

$T_{1.70}=P_{1.1}\cdot P_{1.71}\cdot I_{1.70}$，$P_{1.1}=P_{1.1}\cdot\overline{T_{1.70}}$，$P_{1.71}=P_{1.71}\cdot\overline{T_{1.70}}$，$P_{1.70}=P_{1.70}+T_{1.70}$

$T_{1.71}=P_{1.70}\cdot I_{1.71}$，$P_{1.70}=P_{1.30}\cdot\overline{T_{1.71}}$，$P_{1.71}=P_{1.71}+T_{1.71}$

$T_{1.72}=P_{1.70}\cdot P_{1.73}\cdot I_{1.72}$，$P_{1.70}=P_{1.70}\cdot\overline{T_{1.72}}$，$P_{1.73}=P_{1.73}\cdot\overline{T_{1.72}}$，$P_{1.72}=P_{1.72}+T_{1.72}$

$T_{1.73}=P_{1.72}\cdot I_{1.73}$，$P_{1.72}=P_{1.72}\cdot\overline{T_{1.73}}$，$P_{1.73}=P_{1.73}+T_{1.73}$

$T_{1.74}=P_{1.72}\cdot P_{1.75}\cdot I_{1.74}$，$P_{1.72}=P_{1.72}\cdot\overline{T_{1.74}}$，$P_{1.75}=P_{1.75}\cdot\overline{T_{1.74}}$，$P_{1.74}=P_{1.74}+T_{1.74}$

$T_{1.75}=P_{1.74}\cdot I_{1.75}$，$P_{1.74}=P_{1.74}\cdot\overline{T_{1.75}}$，$P_{1.75}=P_{1.75}+T_{1.75}$

$T_{1.76}=P_{1.74}\cdot I_{1.76}$，$P_{1.74}=P_{1.74}\cdot\overline{T_{1.76}}$，$P_{1.76}=P_{1.76}+T_{1.76}$

$T_{1.77}=P_{1.76}\cdot I_{1.77}$，$P_{1.76}=P_{1.76}\cdot\overline{T_{1.77}}$，$P_{1.77}=P_{1.77}+T_{1.77}$

$T_{1.78}=P_{1.77}\cdot I_{1.78}\cdot time1$，$P_{1.77}=P_{1.77}\cdot\overline{T_{1.78}}$，$P_{1.78}=P_{1.78}+T_{1.78}$

$T_{1.79}=P_{1.78}\cdot I_{1.79}\cdot time2$，$P_{1.78}=P_{1.78}\cdot\overline{T_{1.79}}$，$P_{1.79}=P_{1.79}+T_{1.79}$

$T_{1.80}=P_{1.79}\cdot I_{1.80}\cdot time3$，$P_{1.79}=P_{1.79}\cdot\overline{T_{1.80}}$，$P_{1.80}=P_{1.80}+T_{1.80}$

$T_{1.81}=P_{1.80}\cdot I_{1.81}\cdot time4$，$P_{1.80}=P_{1.80}\cdot\overline{T_{1.81}}$，$P_{1.81}=P_{1.81}+T_{1.81}$

$T_{1.82}=P_{1.81}\cdot I_{1.82}\cdot time5$，$P_{1.81}=P_{1.81}\cdot\overline{T_{1.82}}$，$P_{1.82}=P_{1.82}+T_{1.82}$

$T_{1.83}=P_{1.82}\cdot I_{1.83}$，$P_{1.82}=P_{1.82}\cdot\overline{T_{1.83}}$，$P_{1.0}=P_{1.0}+T_{1.83}$

接着将上述清理砻谷自动控制逻辑表达式进行化简，这里限于篇幅，以$T_{1.0}\sim T_{1.9}$和$P_{1.0}\sim P_{1.9}$输出为样例进行化简，根据逻辑代数化简法进行化简后的逻辑表达式为：

清理启动信号$T_{1.0}$和清理起始状态$P_{1.0}$逻辑表达式为：

$$T_{1.0}=P_{1.0}\cdot I_{1.0}，P_{1.0}=P_{1.0}\cdot\overline{T_{1.0}}+P_{1.0}+T_{1.83}=P_{1.0}+T_{1.83} \quad (5-3)$$

M6启动条件$T_{1.1}$和清理启动标志“ON”$P_{1.1}$逻辑表达式为：

$$T_{1.1}=P_{1.1}\cdot P_{1.3}\cdot I_{1.1}，P_{1.1}=P_{1.1}\cdot(\overline{T_{1.1}}+\overline{T_{1.3}}+\overline{T_{1.5}})+P_{1.1}+T_{1.0}=P_{1.1}+T_{1.0} \quad (5-4)$$

M6停止条件$T_{1.2}$和M6启动输出$P_{1.2}$逻辑表达式为：

$$T_{1.2}=P_{1.2}\cdot I_{1.2}，P_{1.2}=P_{1.2}+T_{1.1}+P_{1.2}\cdot(\overline{T_{1.7}}+\overline{T_{1.2}})=P_{1.2}+T_{1.1} \quad (5-5)$$

M10启动条件$T_{1.3}$和M6停止输出$P_{1.3}$逻辑表达式为：

$$T_{1.3}=P_{1.1}\cdot P_{1.5}\cdot I_{1.3}，P_{1.3}=P_{1.3}\cdot\overline{T_{1.1}}+P_{1.3}+T_{1.2}=P_{1.3}+T_{1.2} \quad (5-6)$$

M10停止条件$T_{1.4}$和M10启动输出$P_{1.4}$逻辑表达式为：

$$T_{1.4}=P_{1.4}\cdot I_{1.4}，P_{1.4}=P_{1.4}\cdot(\overline{T_{1.4}}+\overline{T_{1.7}})+P_{1.4}+T_{1.3}=P_{1.4}+T_{1.3} \quad (5-7)$$

M11启动条件$T_{1.5}$和M10停止输出$P_{1.5}$逻辑表达式为：

$$T_{1.5}=P_{1.1}\cdot P_{1.7}\cdot I_{1.5}，P_{1.5}=P_{1.5}+T_{1.4}+P_{1.5}\cdot\overline{T_{1.3}}=P_{1.5}+T_{1.4} \quad (5-8)$$

M11停止条件$T_{1.6}$和M11启动输出$P_{1.6}$逻辑表达式为：

$$T_{1.6}=P_{1.6}\cdot I_{1.6}，P_{1.6}=P_{1.6}\cdot(\overline{T_{1.6}}+\overline{T_{1.7}})+P_{1.6}+T_{1.5}=P_{1.6}+T_{1.5} \quad (5-9)$$

M1启动条件$T_{1.7}$和M11停止输出$P_{1.7}$逻辑表达式为：

$$T_{1.7}=P_{1.2}\cdot P_{1.4}\cdot P_{1.6}\cdot P_{1.9}\cdot I_{1.7}，P_{1.7}=P_{1.7}\cdot\overline{T_{1.5}}+P_{1.7}+T_{1.6}=P_{1.7}+T_{1.6} \quad (5-10)$$

M1停止条件$T_{1.8}$和M1启动输出$P_{1.8}$逻辑表达式为：

$$T_{1.8}=P_{1.8}\cdot I_{1.8}，P_{1.8}=P_{1.8}\cdot(\overline{T_{1.8}}+\overline{T_{1.9}})+T_{1.7}+P_{1.8}=T_{1.7}+P_{1.8} \quad (5-11)$$

M3启动条件$T_{1.9}$和M1停止输出$P_{1.9}$逻辑表达式为：

$$T_{1.9}=P_{1.8}\cdot P_{1.11}\cdot I_{1.9}，P_{1.9}=P_{1.9}+T_{1.8}+P_{1.9}\cdot\overline{T_{1.7}}=P_{1.9}+T_{1.8} \quad (5-12)$$

将式（5-3）～式（5-12）逻辑表达式的库所和变迁分配相应的PLC地址，并将逻辑表达式中的“·”“+”“—”关系分别与PLC的“与”“或”“非”逻辑指令相对应，并结合PLC的定时器、计数器等功能指令，转换后的稻谷清理砻谷段自动化控制部分控制的PLC梯形图程序如图5-9所示。

程序段1：T1.0 P1.0

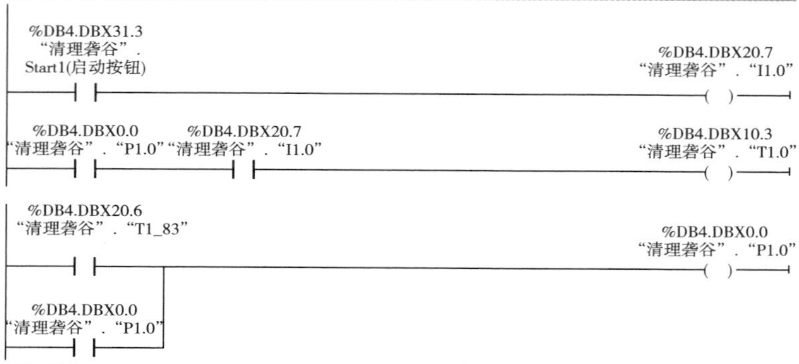

%DB4.DBX31.3
“清理砻谷”.
Start1(启动按钮)
%DB4.DBX20.7
“清理砻谷”.“I1.0”

%DB4.DBX0.0
“清理砻谷”.“P1.0”
%DB4.DBX20.7
“清理砻谷”.“I1.0”
%DB4.DBX10.3
“清理砻谷”.“T1.0”

%DB4.DBX20.6
“清理砻谷”.“T1_83”
%DB4.DBX0.0
“清理砻谷”.“P1.0”
%DB4.DBX0.0
“清理砻谷”.“P1.0”

程序段2：T1.1 P1.1

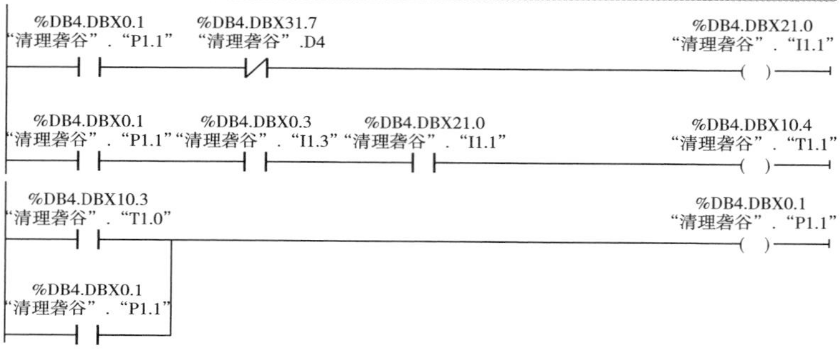

%DB4.DBX0.1
“清理砻谷”.“P1.1”
%DB4.DBX31.7
“清理砻谷”.D4
%DB4.DBX21.0
“清理砻谷”.“I1.1”

%DB4.DBX0.1
“清理砻谷”.“P1.1”
%DB4.DBX0.3
“清理砻谷”.“I1.3”
%DB4.DBX21.0
“清理砻谷”.“I1.1”
%DB4.DBX10.4
“清理砻谷”.“T1.1”

%DB4.DBX10.3
“清理砻谷”.“T1.0”
%DB4.DBX0.1
“清理砻谷”.“P1.1”
%DB4.DBX0.1
“清理砻谷”.“P1.1”

程序段3：T1.2 P1.2

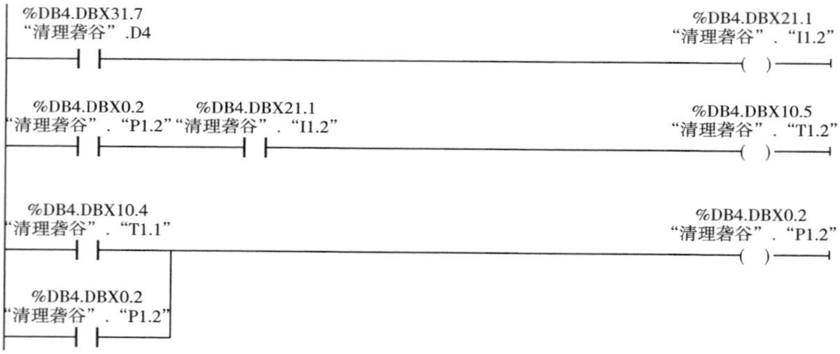

%DB4.DBX31.7
“清理砻谷”.D4
%DB4.DBX21.1
“清理砻谷”.“I1.2”

%DB4.DBX0.2
“清理砻谷”.“P1.2”
%DB4.DBX21.1
“清理砻谷”.“I1.2”
%DB4.DBX10.5
“清理砻谷”.“T1.2”

%DB4.DBX10.4
“清理砻谷”.“T1.1”
%DB4.DBX0.2
“清理砻谷”.“P1.2”
%DB4.DBX0.2
“清理砻谷”.“P1.2”

程序段4：T1.3 P1.3

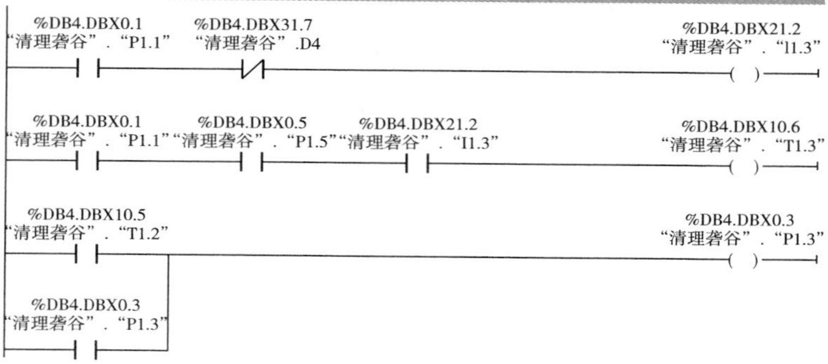

%DB4.DBX0.1
“清理砻谷”.“P1.1”
%DB4.DBX31.7
“清理砻谷”.D4
%DB4.DBX21.2
“清理砻谷”.“I1.3”

%DB4.DBX0.1
“清理砻谷”.“P1.1”
%DB4.DBX0.5
“清理砻谷”.“P1.5”
%DB4.DBX21.2
“清理砻谷”.“I1.3”
%DB4.DBX10.6
“清理砻谷”.“T1.3”

%DB4.DBX10.5
“清理砻谷”.“T1.2”
%DB4.DBX0.3
“清理砻谷”.“P1.3”
%DB4.DBX0.3
“清理砻谷”.“P1.3”

程序段5：T1.4 P1.4

%DB4.DBX31.7 "清理砻谷".D4 —| |— ( ) %DB4.DBX21.3 "清理砻谷"."I1.4"

%DB4.DBX0.4 "清理砻谷"."P1.4" —| |— %DB4.DBX21.3 "清理砻谷"."I1.4" —| |— ( ) %DB4.DBX10.7 "清理砻谷"."T1.4"

%DB4.DBX10.6 "清理砻谷"."T13" —| |— ( ) %DB4.DBX0.4 "清理砻谷"."P1.4"
%DB4.DBX0.4 "清理砻谷"."P1.4" —| |—

程序段6：T1.5 P1.5

%DB4.DBX0.1 "清理砻谷"."P1.1" —| |— %DB4.DBX31.7 "清理砻谷".D4 —|/|— ( ) %DB4.DBX21.4 "清理砻谷"."I1.5"

%DB4.DBX0.1 "清理砻谷"."P1.1" —| |— %DB4.DBX0.7 "清理砻谷"."P1.7" —| |— %DB4.DBX21.4 "清理砻谷"."I1.5" —| |— ( ) %DB4.DBX11.0 "清理砻谷"."T1.5"

%DB4.DBX10.7 "清理砻谷"."T1.4" —| |— ( ) %DB4.DBX0.5 "清理砻谷"."P1.5"
%DB4.DBX0.5 "清理砻谷"."P1.5" —| |—

程序段7：T1.6 P1.6

%DB4.DBX31.7 "清理砻谷".D4 —| |— ( ) %DB4.DBX21.5 "清理砻谷"."I1.6"

%DB4.DBX0.6 "清理砻谷"."P1.6" —| |— %DB4.DBX21.5 "清理砻谷"."I1.6" —| |— ( ) %DB4.DBX11.1 "清理砻谷"."T1.6"

%DB4.DBX11.0 "清理砻谷"."T1.5" —| |— ( ) %DB4.DBX0.6 "清理砻谷"."P1.6"
%DB4.DBX0.6 "清理砻谷"."P1.6" —| |—

程序段8：T1.7 P1.7

%DB1.DBX0.5 "输入缓冲".M6 —| |— %DB1.DBX1.1 "输入缓冲".M10 —| |— %DB1.DBX1.2 "输入缓冲".M11 —| |— %DB4.DBX32.0 "清理砻谷".D5 —|/|— ( ) %DB4.DBX21.6 "清理砻谷"."I1.7"

%DB4.DBX0.2 "清理砻谷"."P1.2" —| |— %DB4.DBX0.4 "清理砻谷"."P1.4" —| |— %DB4.DBX0.6 "清理砻谷"."P1.6" —| |— %DB4.DBX1.1 "清理砻谷"."P1.9" —| |— %DB4.DBX1.6 "清理砻谷"."I1.7" —| |— ( ) %DB4.DBX1.2 "清理砻谷"."T1.7"

%DB4.DBX11.1 "清理砻谷"."T1.6" —| |— ( ) %DB4.DBX0.7 "清理砻谷"."P1.7"
%DB4.DBX0.7 "清理砻谷"."P1.7" —| |—

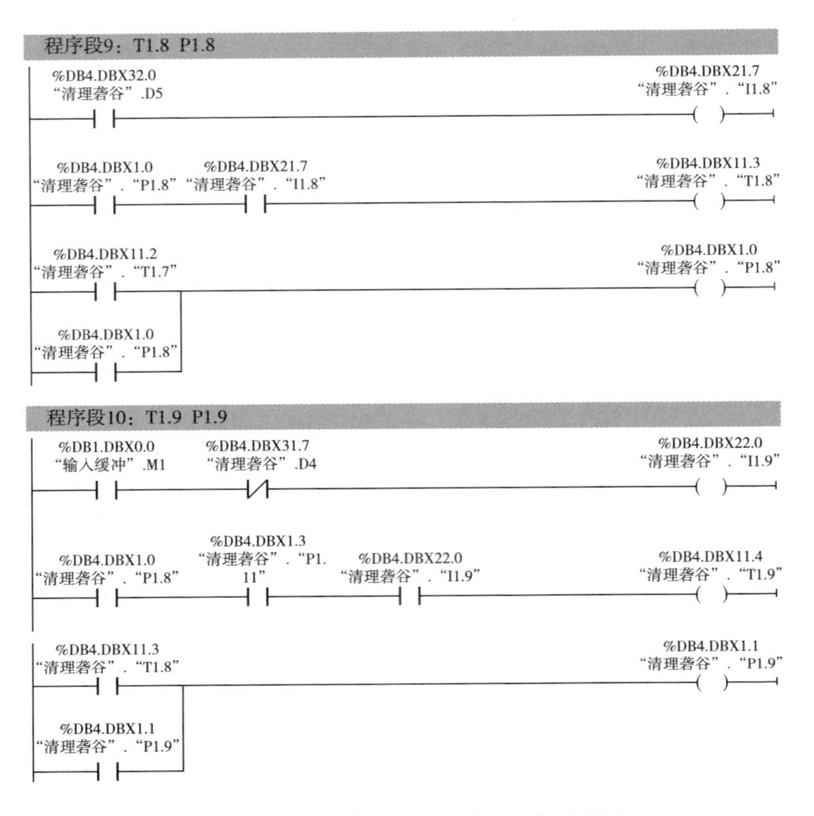

图5－9　稻谷清理砻谷自动控制部分程序

二、碾米系统自动控制

糙米碾米系统段自动控制策略包含自动开机和自动停车，其流程图如图3－6和图3－7所示。为了将Petri网模型转换为PLC梯形图，首先需列出碾米系统段Petri网模型的逻辑表达式，图3－8所示的Petri网模型逻辑表达式如下。

$T_{2.0}=P_{2.0}\cdot I_{2.0}$，$P_{2.0}=P_{2.0}\cdot \overline{T_{2.0}}$，$P_{2.1}=P_{2.1}+T_{2.0}$

$T_{2.1}=P_{2.1}\cdot P_{2.3}\cdot I_{2.1}$，$P_{2.1}=P_{2.1}\cdot \overline{T_{2.1}}$，$P_{2.3}=P_{2.3}\cdot \overline{T_{2.1}}$，$P_{2.2}=P_{2.2}+T_{2.1}$

$T_{2.2}=P_{2.2}\cdot I_{2.2}$，$P_{2.2}=P_{2.2}\cdot \overline{T_{2.2}}$，$P_{2.3}=P_{2.3}+T_{2.2}$

$T_{2.3}=P_{2.2}\cdot I_{2.3}\cdot \mathrm{time1}$，$P_{2.2}=P_{2.2}\cdot \overline{T_{2.3}}$，$P_{2.4}=P_{2.4}+T_{2.3}$

$T_{2.4}=P_{2.2}\cdot I_{2.4}\cdot \mathrm{time2}$，$P_{2.2}=P_{2.2}\cdot \overline{T_{2.4}}$，$P_{2.9}=P_{2.9}+T_{2.4}$

$T_{2.5}=P_{2.4}\cdot P_{2.6}\cdot I_{2.5}$，$P_{2.4}=P_{2.4}\cdot \overline{T_{2.5}}$，$P_{2.6}=P_{2.6}\cdot \overline{T_{2.5}}$，$P_{2.5}=P_{2.5}+T_{2.5}$

$T_{2.6}=P_{2.5}\cdot I_{2.6}$，$P_{2.5}=P_{2.5}\cdot \overline{T_{2.6}}$，$P_{2.6}=P_{2.6}+T_{2.6}$

$T_{2.7}=P_{2.4}\cdot P_{2.8}\cdot I_{2.7}$，$P_{2.4}=P_{2.4}\cdot \overline{T_{2.7}}$，$P_{2.8}=P_{2.8}\cdot \overline{T_{2.7}}$，$P_{2.7}=P_{2.7}+T_{2.7}$

$T_{2.8}=P_{2.7}\cdot I_{2.8}$，$P_{2.7}=P_{2.7}\cdot \overline{T_{2.8}}$，$P_{2.8}=P_{2.8}+T_{2.8}$

$T_{2.9}=P_{2.9}\cdot P_{2.11}\cdot I_{2.9}$，$P_{2.9}=P_{2.9}\cdot\overline{T_{2.9}}$，$P_{2.11}=P_{2.11}\cdot\overline{T_{2.9}}$，$P_{2.10}=P_{2.10}+T_{2.9}$

$T_{2.10}=P_{2.10}\cdot I_{2.10}$，$P_{2.10}=P_{2.10}\cdot\overline{T_{2.10}}$，$P_{2.11}=P_{2.11}+T_{2.10}$

$T_{2.11}=P_{2.9}\cdot P_{2.13}\cdot I_{2.11}$，$P_{2.9}=P_{2.9}\cdot\overline{T_{2.11}}$，$P_{2.13}=P_{2.13}\cdot\overline{T_{2.11}}$，$P_{2.12}=P_{2.12}+T_{2.11}$

$T_{2.12}=P_{2.12}\cdot I_{2.12}$，$P_{2.12}=P_{2.12}\cdot\overline{T_{2.12}}$，$P_{2.13}=P_{2.13}+T_{2.12}$

$T_{2.13}=P_{2.5}\cdot P_{2.7}\cdot P_{2.15}\cdot I_{2.13}$，$P_{2.5}=P_{2.5}\cdot\overline{T_{2.13}}$，$P_{2.7}=P_{2.7}\cdot\overline{T_{2.13}}$，$P_{2.15}=P_{2.15}\cdot\overline{T_{2.13}}$，$P_{2.14}=P_{2.14}+T_{2.13}$

$T_{2.14}=P_{2.14}\cdot I_{2.14}$，$P_{2.14}=P_{2.14}\cdot\overline{T_{2.14}}$，$P_{2.15}=P_{2.15}+T_{2.14}$

$T_{2.15}=P_{2.10}\cdot P_{2.12}\cdot P_{2.17}\cdot I_{2.15}$，$P_{2.10}=P_{2.10}\cdot\overline{T_{2.15}}$，$P_{2.12}=P_{2.12}\cdot\overline{T_{2.15}}$，$P_{2.17}=P_{2.17}\cdot\overline{T_{2.15}}$，$P_{2.16}=P_{2.16}+T_{2.15}$

$T_{2.16}=P_{2.16}\cdot I_{2.16}$，$P_{2.16}=P_{2.16}\cdot\overline{T_{2.16}}$，$P_{2.17}=P_{2.17}+T_{2.16}$

$T_{2.17}=P_{2.14}\cdot P_{2.16}\cdot P_{2.19}\cdot I_{2.17}$，$P_{2.14}=P_{2.14}\cdot\overline{T_{2.17}}$，$P_{2.16}=P_{2.16}\cdot\overline{T_{2.17}}$，$P_{2.19}=P_{2.19}\cdot\overline{T_{2.17}}$，$P_{2.18}=P_{2.18}+T_{2.17}$

$T_{2.18}=P_{2.18}\cdot I_{2.18}$，$P_{2.18}=P_{2.18}\cdot\overline{T_{2.18}}$，$P_{2.19}=P_{2.19}+T_{2.18}$

$T_{2.19}=P_{2.18}\cdot I_{2.19}\cdot time3$，$P_{2.18}=P_{2.18}\cdot\overline{T_{2.19}}$，$P_{2.20}=P_{2.20}+T_{2.19}$

$T_{2.21}=P_{2.20}\cdot P_{2.23}\cdot I_{2.21}$，$P_{2.20}=P_{2.20}\cdot\overline{T_{2.21}}$，$P_{2.23}=P_{2.23}\cdot\overline{T_{2.21}}$，$P_{2.22}=P_{2.22}+T_{2.21}$

$T_{2.22}=P_{2.22}\cdot I_{2.22}$，$P_{2.22}=P_{2.22}\cdot\overline{T_{2.22}}$，$P_{2.23}=P_{2.23}+T_{2.22}$

$T_{2.23}=P_{2.22}\cdot P_{2.25}\cdot I_{2.23}$，$P_{2.22}=P_{2.22}\cdot\overline{T_{2.23}}$，$P_{2.25}=P_{2.25}\cdot\overline{T_{2.23}}$，$P_{2.24}=P_{2.24}+T_{2.23}$

$T_{2.24}=P_{2.24}\cdot I_{2.24}$，$P_{2.24}=P_{2.24}\cdot\overline{T_{2.24}}$，$P_{2.25}=P_{2.25}+T_{2.24}$

$T_{2.25}=P_{2.24}\cdot P_{2.27}\cdot I_{2.25}$，$P_{2.24}=P_{2.24}\cdot\overline{T_{2.25}}$，$P_{2.27}=P_{2.27}\cdot\overline{T_{2.25}}$，$P_{2.26}=P_{2.26}+T_{2.25}$

$T_{2.26}=P_{2.26}\cdot I_{2.26}$，$P_{2.26}=P_{2.26}\cdot\overline{T_{2.26}}$，$P_{2.27}=P_{2.27}+T_{2.26}$

$T_{2.27}=P_{2.26}\cdot P_{2.29}\cdot I_{2.27}$，$P_{2.26}=P_{2.26}\cdot\overline{T_{2.27}}$，$P_{2.29}=P_{2.29}\cdot\overline{T_{2.27}}$，$P_{2.28}=P_{2.28}+T_{2.27}$

$T_{2.28}=P_{2.28}\cdot I_{2.28}$，$P_{2.28}=P_{2.28}\cdot\overline{T_{2.28}}$，$P_{2.29}=P_{2.29}+T_{2.28}$

$T_{2.29}=P_{2.28}\cdot P_{2.31}\cdot I_{2.29}$，$P_{2.28}=P_{2.28}\cdot\overline{T_{2.29}}$，$P_{2.31}=P_{2.31}\cdot\overline{T_{2.29}}$，$P_{2.30}=P_{2.30}+T_{2.29}$

$T_{2.30}=P_{2.30}\cdot I_{2.30}$，$P_{2.30}=P_{2.30}\cdot\overline{T_{2.30}}$，$P_{2.31}=P_{2.31}+T_{2.30}$

$T_{2.31}=P_{2.30}\cdot P_{2.33}\cdot I_{2.31}$，$P_{2.30}=P_{2.30}\cdot\overline{T_{2.31}}$，$P_{2.33}=P_{2.33}\cdot\overline{T_{2.31}}$，$P_{2.32}=P_{2.32}+T_{2.31}$

$T_{2.32}=P_{2.32}\cdot I_{2.32}$，$P_{2.32}=P_{2.32}\cdot\overline{T_{2.32}}$，$P_{2.33}=P_{2.33}+T_{2.32}$

$T_{2.33}=P_{2.32}\cdot P_{2.35}\cdot I_{2.33}$，$P_{2.32}=P_{2.32}\cdot\overline{T_{2.33}}$，$P_{2.35}=P_{2.35}\cdot\overline{T_{2.33}}$，$P_{2.34}=P_{2.34}+T_{2.33}$

$T_{2.34}=P_{2.34}\cdot I_{2.34}$，$P_{2.34}=P_{2.34}\cdot\overline{T_{2.34}}$，$P_{2.35}=P_{2.35}+T_{2.34}$

$T_{2.35}=P_{2.34}\cdot P_{2.37}\cdot I_{2.35}$，$P_{2.34}=P_{2.34}\cdot\overline{T_{2.35}}$，$P_{2.37}=P_{2.37}\cdot\overline{T_{2.35}}$，$P_{2.36}=P_{2.36}+T_{2.35}$

$T_{2.36}=P_{2.36}\cdot I_{2.36}$，$P_{2.36}=P_{2.36}\cdot\overline{T_{2.36}}$，$P_{2.37}=P_{2.37}+T_{2.36}$

$T_{2.37}=P_{2.36}\cdot P_{2.39}\cdot I_{2.37}$，$P_{2.36}=P_{2.36}\cdot\overline{T_{2.37}}$，$P_{2.39}=P_{2.39}\cdot\overline{T_{2.37}}$，$P_{2.38}=P_{2.38}+T_{2.37}$

$T_{2.38}=P_{2.38}\cdot I_{2.38}$，$P_{2.38}=P_{2.38}\cdot\overline{T_{2.38}}$，$P_{2.39}=P_{2.39}+T_{2.38}$

$T_{2.39}=P_{2.38}\cdot P_{2.41}\cdot I_{2.39}$，$P_{2.38}=P_{2.38}\cdot\overline{T_{2.39}}$，$P_{2.41}=P_{2.41}\cdot\overline{T_{2.39}}$，$P_{2.40}=P_{2.40}+T_{2.39}$

$T_{2.40}=P_{2.40}\cdot I_{2.40}$，$P_{2.40}=P_{2.40}\cdot\overline{T_{2.40}}$，$P_{2.41}=P_{2.41}+T_{2.40}$

$T_{2.41}=P_{2.40}\cdot P_{2.43}\cdot I_{2.41}$，$P_{2.40}=P_{2.40}\cdot\overline{T_{2.41}}$，$P_{2.43}=P_{2.43}\cdot\overline{T_{2.41}}$，$P_{2.42}=P_{2.42}+T_{2.41}$

$T_{2.42}=P_{2.42}\cdot I_{2.42}$，$P_{2.42}=P_{2.42}\cdot\overline{T_{2.42}}$，$P_{2.43}=P_{2.43}+T_{2.42}$

$T_{2.43}=P_{2.42}\cdot P_{2.45}\cdot I_{2.43}$，$P_{2.42}=P_{2.42}\cdot\overline{T_{2.43}}$，$P_{2.45}=P_{2.45}\cdot\overline{T_{2.43}}$，$P_{2.44}=P_{2.44}+T_{2.43}$

$T_{2.44}=P_{2.44}\cdot I_{2.44}$，$P_{2.44}=P_{2.44}\cdot\overline{T_{2.44}}$，$P_{2.45}=P_{2.45}+T_{2.44}$

$T_{2.45}=P_{2.44}\cdot P_{2.47}\cdot I_{2.45}$，$P_{2.44}=P_{2.44}\cdot\overline{T_{2.45}}$，$P_{2.47}=P_{2.47}\cdot\overline{T_{2.45}}$，$P_{2.46}=P_{2.46}+T_{2.45}$

$T_{2.46}=P_{2.46}\cdot I_{2.46}$，$P_{2.46}=P_{2.46}\cdot\overline{T_{2.46}}$，$P_{2.47}=P_{2.47}+T_{2.46}$

$T_{2.47}=P_{2.46}\cdot P_{2.49}\cdot I_{2.47}$，$P_{2.46}=P_{2.46}\cdot\overline{T_{2.47}}$，$P_{2.49}=P_{2.49}\cdot\overline{T_{2.47}}$，$P_{2.48}=P_{2.48}+T_{2.47}$

$T_{2.48}=P_{2.48}\cdot I_{2.48}$，$P_{2.48}=P_{2.48}\cdot\overline{T_{2.48}}$，$P_{2.49}=P_{2.49}+T_{2.48}$

$T_{2.49}=P_{2.48}\cdot I_{2.49}$，$P_{2.48}=P_{2.48}\cdot\overline{T_{2.49}}$，$P_{2.50}=P_{2.50}+T_{2.49}$

$T_{2.50}=P_{2.50}\cdot I_{2.50}$，$P_{2.50}=P_{2.50}\cdot\overline{T_{2.50}}$，$P_{2.51}=P_{2.51}+T_{2.50}$

$T_{2.51}=P_{2.51}\cdot I_{2.51}\cdot time4$，$P_{2.51}=P_{2.51}\cdot\overline{T_{2.51}}$，$P_{2.52}=P_{2.52}+T_{2.51}$

$T_{2.52}=P_{2.52}\cdot I_{2.52}\cdot time5$，$P_{2.52}=P_{2.52}\cdot\overline{T_{2.52}}$，$P_{2.53}=P_{2.53}+T_{2.52}$

$T_{2.53}=P_{2.53}\cdot I_{2.53}\cdot time6$，$P_{2.53}=P_{2.53}\cdot\overline{T_{2.53}}$，$P_{2.54}=P_{2.54}+T_{2.53}$

$T_{2.54}=P_{2.54}\cdot I_{2.54}\cdot time7$，$P_{2.54}=P_{2.54}\cdot\overline{T_{2.54}}$，$P_{2.55}=P_{2.55}+T_{2.54}$

$T_{2.55}=P_{2.55}\cdot I_{2.55}\cdot time8$，$P_{2.55}=P_{2.55}\cdot\overline{T_{2.55}}$，$P_{2.56}=P_{2.56}+T_{2.55}$

$T_{2.56}=P_{2.56}\cdot I_{2.56}$，$P_{2.56}=P_{2.56}\cdot\overline{T_{2.56}}$，$P_{2.0}=P_{2.0}+T_{2.56}$

接着将上述碾米系统自动控制逻辑表达式进行化简，这里限于篇幅，以 $T_{2.0}$ ~ $T_{2.9}$和 $P_{2.0}$ ~ $P_{2.9}$输出为样例进行化简，根据逻辑代数化简法进行化简后的逻辑表达式如下。

碾米启动信号 $T_{1.0}$和碾米起始状态 $P_{1.0}$逻辑表达式为：

$$T_{2.0}=P_{2.0}\cdot I_{2.0}，P_{2.0}=P_{2.0}+P_{2.0}\cdot\overline{T_{2.0}}+T_{2.56}=P_{2.0}+T_{2.56} \quad (5-13)$$

M33 启动条件 $T_{1.1}$和碾米启动标志“ON”$P_{1.1}$逻辑表达式为：

$$T_{2.1}=P_{2.1}\cdot P_{2.3}\cdot I_{2.1}，P_{2.1}=P_{2.1}+T_{2.0}+P_{2.1}\cdot\overline{T_{2.0}}=P_{2.1}+T_{2.0} \quad (5-14)$$

M33 停止条件 $T_{1.2}$和 M33 启动输出 $P_{1.2}$逻辑表达式为：

$$T_{2.2}=P_{2.2}\cdot I_{2.2}，P_{2.2}=P_{2.2}+T_{2.1}+P_{2.2}\cdot\overline{T_{2.2}}+P_{2.2}\cdot\overline{T_{2.4}}+P_{2.2}\cdot\overline{T_{2.3}}=P_{2.2}+T_{2.1} \quad (5-15)$$

Y1 延时 $T_{1.3}$和 M33 停止输出 $P_{1.3}$逻辑表达式为：

$$T_{2.3}=P_{2.2}\cdot I_{2.3}\cdot time1，P_{2.3}=P_{2.3}+T_{2.2}+P_{2.3}\cdot\overline{T_{2.1}}=P_{2.3}+T_{2.2} \quad (5-16)$$

Y2 延时 $T_{1.4}$和延时 1 时间 Y1 到 $P_{1.4}$逻辑表达式为：

$$T_{2.4}=P_{2.2}\cdot I_{2.4}\cdot time2，P_{2.4}=P_{2.4}\cdot\overline{T_{2.7}}+P_{2.4}+T_{2.3}+P_{2.4}\cdot\overline{T_{2.5}}=P_{2.4}+T_{2.3} \quad (5-17)$$

M52 启动条件 $T_{1.5}$和 M52 启动输出 $P_{1.5}$逻辑表达式为：

$$T_{2.5}=P_{2.4}\cdot P_{2.6}\cdot I_{2.5}，P_{2.5}=P_{2.5}+T_{2.5}+P_{2.5}\cdot\overline{T_{2.6}}+P_{2.5}\cdot\overline{T_{2.13}}=P_{2.5}+T_{2.5} \quad (5-18)$$

M52 停止条件 $T_{1.6}$和 M52 停止输出 $P_{11.6}$逻辑表达式为：

$$T_{2.6}=P_{2.5}\cdot I_{2.6}，P_{2.6}=P_{2.6}+T_{2.6}+P_{2.6}\cdot\overline{T_{2.5}}=P_{2.6}+T_{2.6} \quad (5-19)$$

M50 启动条件 $T_{1.7}$和 M50 启动输出 $P_{1.7}$逻辑表达式为：

$$T_{2.7}=P_{2.4}\cdot P_{2.8}\cdot I_{2.7}，P_{2.7}=P_{2.7}+T_{2.7}+P_{2.7}\cdot\overline{T_{2.8}}+P_{2.7}\cdot\overline{T_{2.13}}=P_{2.7}+T_{2.7} \quad (5-20)$$

M50 停止条件 $T_{1.8}$和 M50 停止输出 $P_{1.8}$逻辑表达式为：

$$T_{2.8}=P_{2.7}\cdot I_{2.8}，P_{2.8}=P_{2.8}+T_{2.8}+P_{2.8}\cdot\overline{T_{2.7}}=P_{2.8}+T_{2.8} \quad (5-21)$$

M49 启动条件 $T_{1.9}$和延时 2 时间 Y2 到 $P_{1.9}$逻辑表达式为：

$$T_{2.9}=P_{2.9}\cdot P_{2.11}\cdot I_{2.9}，P_{2.9}=P_{2.9}+T_{2.4}+P_{2.9}\cdot\overline{T_{2.11}}+P_{2.9}\cdot\overline{T_{2.9}}=P_{2.9}+T_{2.4} \quad (5-22)$$

将式（5－13）~式（5－22）逻辑表达式的库所和变迁分配相应的 PLC 地

址，并将逻辑表达式中的“·”“+”“—”关系分别与PLC的“与”“或”“非”逻辑指令相对应，并结合PLC的定时器、计数器等功能指令，转换后的糙米碾米系统段自动化控制部分控制的PLC梯形图程序如图5-10所示。

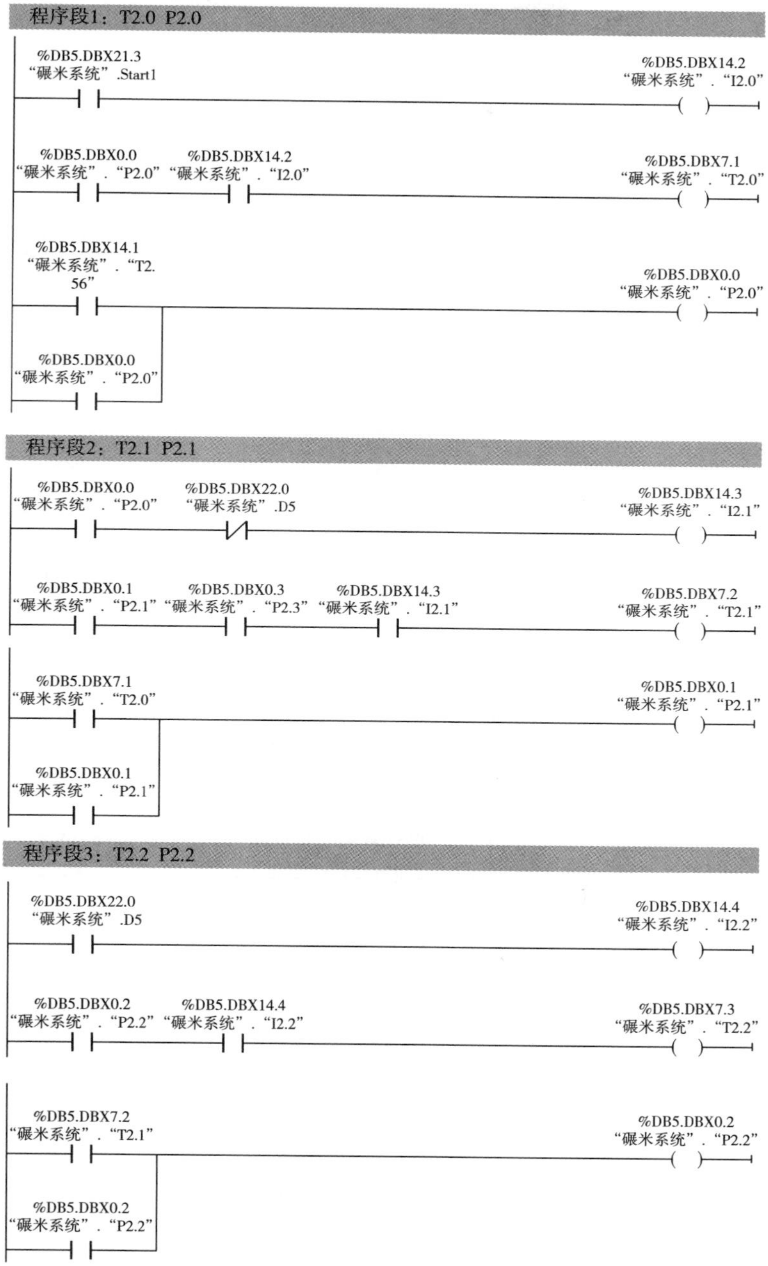

程序段1：T2.0 P2.0

%DB5.DBX21.3
“碾米系统”.Start1
%DB5.DBX14.2
“碾米系统”.“I2.0”

%DB5.DBX0.0
“碾米系统”.“P2.0”
%DB5.DBX14.2
“碾米系统”.“I2.0”
%DB5.DBX7.1
“碾米系统”.“T2.0”

%DB5.DBX14.1
“碾米系统”.“T2.56”
%DB5.DBX0.0
“碾米系统”.“P2.0”
%DB5.DBX0.0
“碾米系统”.“P2.0”

程序段2：T2.1 P2.1

%DB5.DBX0.0
“碾米系统”.“P2.0”
%DB5.DBX22.0
“碾米系统”.D5
%DB5.DBX14.3
“碾米系统”.“I2.1”

%DB5.DBX0.1
“碾米系统”.“P2.1”
%DB5.DBX0.3
“碾米系统”.“P2.3”
%DB5.DBX14.3
“碾米系统”.“I2.1”
%DB5.DBX7.2
“碾米系统”.“T2.1”

%DB5.DBX7.1
“碾米系统”.“T2.0”
%DB5.DBX0.1
“碾米系统”.“P2.1”
%DB5.DBX0.1
“碾米系统”.“P2.1”

程序段3：T2.2 P2.2

%DB5.DBX22.0
“碾米系统”.D5
%DB5.DBX14.4
“碾米系统”.“I2.2”

%DB5.DBX0.2
“碾米系统”.“P2.2”
%DB5.DBX14.4
“碾米系统”.“I2.2”
%DB5.DBX7.3
“碾米系统”.“T2.2”

%DB5.DBX7.2
“碾米系统”.“T2.1”
%DB5.DBX0.2
“碾米系统”.“P2.2”
%DB5.DBX0.2
“碾米系统”.“P2.2”

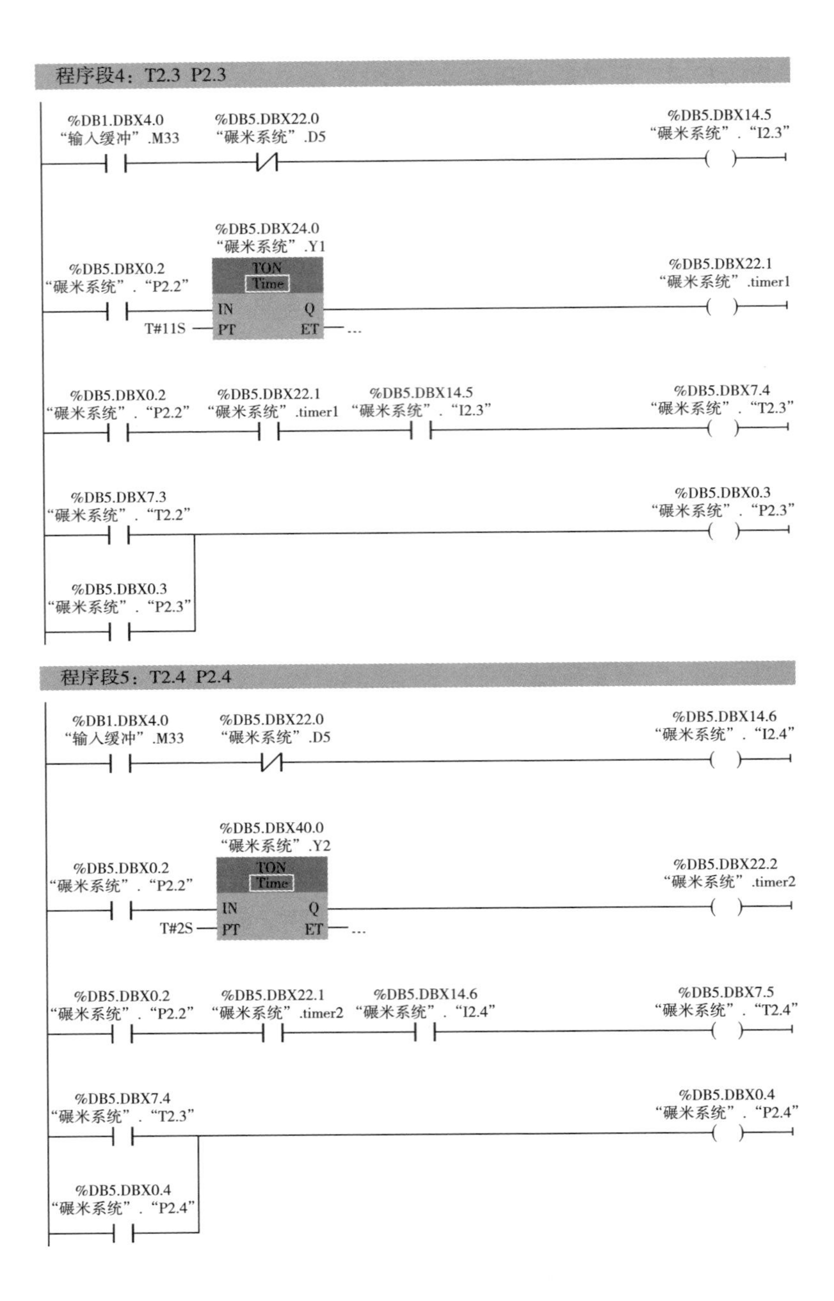
程序段4：T2.3 P2.3
%DB1.DBX4.0
"输入缓冲".M33
%DB5.DBX22.0
"碾米系统".D5
%DB5.DBX14.5
"碾米系统"."I2.3"
%DB5.DBX24.0
"碾米系统".Y1
TON
Time
%DB5.DBX0.2
"碾米系统"."P2.2"
IN
Q
T#11S
PT
ET
...
%DB5.DBX22.1
"碾米系统".timer1
%DB5.DBX0.2
"碾米系统"."P2.2"
%DB5.DBX22.1
"碾米系统".timer1
%DB5.DBX14.5
"碾米系统"."I2.3"
%DB5.DBX7.4
"碾米系统"."T2.3"
%DB5.DBX7.3
"碾米系统"."T2.2"
%DB5.DBX0.3
"碾米系统"."P2.3"
%DB5.DBX0.3
"碾米系统"."P2.3"
程序段5：T2.4 P2.4
%DB1.DBX4.0
"输入缓冲".M33
%DB5.DBX22.0
"碾米系统".D5
%DB5.DBX14.6
"碾米系统"."I2.4"
%DB5.DBX40.0
"碾米系统".Y2
TON
Time
%DB5.DBX0.2
"碾米系统"."P2.2"
IN
Q
T#2S
PT
ET
...
%DB5.DBX22.2
"碾米系统".timer2
%DB5.DBX0.2
"碾米系统"."P2.2"
%DB5.DBX22.1
"碾米系统".timer2
%DB5.DBX14.6
"碾米系统"."I2.4"
%DB5.DBX7.5
"碾米系统"."T2.4"
%DB5.DBX7.4
"碾米系统"."T2.3"
%DB5.DBX0.4
"碾米系统"."P2.4"
%DB5.DBX0.4
"碾米系统"."P2.4"

程序段6：T2.5 P2.5

%DB5.DBX0.4 "碾米系统"."P2.4"　%DB1.DBX4.0 "输入缓冲".M33　%DB5.DBX21.7 "碾米系统".D4　%DB5.DBX14.7 "碾米系统"."I2.5"

%DB5.DBX0.4 "碾米系统"."P2.4"　%DB5.DBX0.6 "碾米系统"."P2.6"　%DB5.DBX14.7 "碾米系统"."I2.5"　%DB5.DBX7.6 "碾米系统"."T2.5"

%DB5.DBX7.6 "碾米系统"."T2.5"　%DB5.DBX0.5 "碾米系统"."P2.5"

%DB5.DBX0.5 "碾米系统"."P2.5"

程序段7：T2.6 P2.6

%DB1.DBX4.0 "输入缓冲".M33　%DB5.DBX21.7 "碾米系统".D4　%DB5.DBX15.0 "碾米系统"."I2.6"

%DB5.DBX0.5 "碾米系统"."P2.5"　%DB5.DBX15.0 "碾米系统"."I2.6"　%DB5.DBX7.7 "碾米系统"."T2.6"

%DB5.DBX7.7 "碾米系统"."T2.6"　%DB5.DBX7.7 "碾米系统"."T2.6"

%DB5.DBX7.7 "碾米系统"."T2.6"

程序段8：T2.7 P2.7

%DB5.DBX0.4 "碾米系统"."P2.4"　%DB1.DBX4.0 "输入缓冲".M33　%DB5.DBX21.7 "碾米系统".D4　%DB5.DBX15.1 "碾米系统"."I2.7"

%DB5.DBX0.4 "碾米系统"."P2.4"　%DB5.DBX1.0 "碾米系统"."P2.8"　%DB5.DBX15.1 "碾米系统"."I2.7"　%DB5.DBX8.0 "碾米系统"."T2.7"

%DB5.DBX8.0 "碾米系统"."T2.7"　%DB5.DBX0.7 "碾米系统"."P2.7"

%DB5.DBX0.7 "碾米系统"."P2.7"

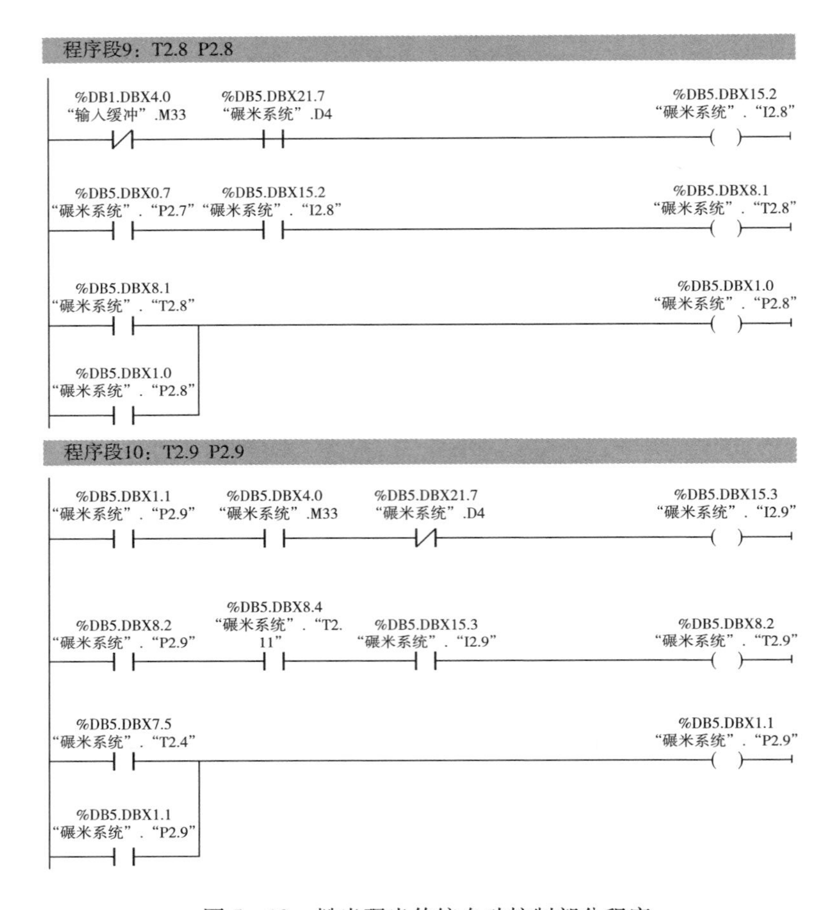

图 5-10　糙米碾米传统自动控制部分程序

三、色选抛光自动控制

白米色选抛光段自动控制策略包含自动开机和自动停车，其流程图如图 3-9 和图 3-10 所示。为了将 Petri 网模型转换为 PLC 梯形图，首先需列出色选抛光段 Petri 网模型的逻辑表达式，图 3-11 所示的 Petri 网模型逻辑表达式如下所示。

$T_{3.0}=P_{3.0}\cdot I_{3.0}$，$P_{3.0}=P_{3.0}\cdot \overline{T_{3.0}}$，$P_{3.1}=P_{3.1}+T_{3.0}$

$T_{3.1}=P_{3.1}\cdot P_{3.3}\cdot I_{3.1}$，$P_{3.1}=P_{3.1}\cdot \overline{T_{3.1}}$，$P_{3.3}=P_{3.3}\cdot \overline{T_{3.1}}$，$P_{3.2}=P_{3.2}+T_{3.1}$

$T_{3.2}=P_{3.2}\cdot I_{3.2}$，$P_{3.2}=P_{3.2}\cdot \overline{T_{3.2}}$，$P_{3.3}=P_{3.3}+T_{3.2}$

$T_{3.3}=P_{3.1}\cdot P_{3.5}\cdot I_{3.3}$，$P_{3.1}=P_{3.1}\cdot \overline{T_{3.3}}$，$P_{3.5}=P_{3.5}\cdot \overline{T_{3.3}}$，$P_{3.4}=P_{3.4}+T_{3.3}$

$T_{3.4}=P_{3.4}\cdot I_{3.4}$，$P_{3.4}=P_{3.4}\cdot \overline{T_{3.4}}$，$P_{3.5}=P_{3.5}+T_{3.4}$

$T_{3.5}=P_{3.2}\cdot P_{3.4}\cdot P_{3.7}\cdot I_{3.5}$，$P_{3.2}=P_{3.2}\cdot\overline{T_{3.5}}$，$P_{3.4}=P_{3.4}\cdot\overline{T_{3.5}}$，$P_{3.7}=P_{3.7}\cdot\overline{T_{3.5}}$，$P_{3.6}=P_{3.6}+T_{3.5}$

$T_{3.6}=P_{3.6}\cdot I_{3.6}$，$P_{3.6}=P_{3.6}\cdot\overline{T_{3.6}}$，$P_{3.7}=P_{3.7}+T_{3.6}$

$T_{3.7}=P_{3.6}\cdot P_{3.9}\cdot I_{3.7}$，$P_{3.6}=P_{3.6}\cdot\overline{T_{3.7}}$，$P_{3.9}=P_{3.9}\cdot\overline{T_{3.7}}$，$P_{3.8}=P_{3.8}+T_{3.7}$

$T_{3.8}=P_{3.8}\cdot I_{3.8}$，$P_{3.8}=P_{3.8}\cdot\overline{T_{3.8}}$，$P_{3.9}=P_{3.9}+T_{3.8}$

$T_{3.9}=P_{3.8}\cdot P_{3.11}\cdot I_{3.9}$，$P_{3.8}=P_{3.8}\cdot\overline{T_{3.9}}$，$P_{3.11}=P_{3.11}\cdot\overline{T_{3.9}}$，$P_{3.10}=P_{3.10}+T_{3.9}$

$T_{3.10}=P_{3.10}\cdot I_{3.10}$，$P_{3.10}=P_{3.10}\cdot\overline{T_{3.10}}$，$P_{3.11}=P_{3.11}+T_{3.10}$

$T_{3.11}=P_{3.10}\cdot P_{3.13}\cdot I_{3.11}$，$P_{3.10}=P_{3.10}\cdot\overline{T_{3.11}}$，$P_{3.13}=P_{3.13}\cdot\overline{T_{3.11}}$，$P_{3.12}=P_{3.12}+T_{3.11}$

$T_{3.12}=P_{3.12}\cdot I_{3.12}$，$P_{3.12}=P_{3.12}\cdot\overline{T_{3.12}}$，$P_{3.13}=P_{3.13}+T_{3.12}$

$T_{3.13}=P_{3.12}\cdot P_{3.15}\cdot I_{3.13}$，$P_{3.12}=P_{3.12}\cdot\overline{T_{3.13}}$，$P_{3.15}=P_{3.15}\cdot\overline{T_{3.13}}$，$P_{3.14}=P_{3.14}+T_{3.13}$

$T_{3.14}=P_{3.14}\cdot I_{3.14}$，$P_{3.14}=P_{3.14}\cdot\overline{T_{3.14}}$，$P_{3.15}=P_{3.15}+T_{3.14}$

$T_{3.15}=P_{3.12}\cdot P_{3.17}\cdot I_{3.15}$，$P_{3.12}=P_{3.12}\cdot\overline{T_{3.15}}$，$P_{3.17}=P_{3.17}\cdot\overline{T_{3.15}}$，$P_{3.16}=P_{3.16}+T_{3.15}$

$T_{3.16}=P_{3.16}\cdot I_{3.16}$，$P_{3.16}=P_{3.16}\cdot\overline{T_{3.16}}$，$P_{3.17}=P_{3.17}+T_{3.16}$

$T_{3.17}=P_{3.14}\cdot P_{3.16}\cdot P_{3.19}\cdot I_{3.17}$，$P_{3.14}=P_{3.14}\cdot\overline{T_{3.17}}$，$P_{3.16}=P_{3.16}\cdot\overline{T_{3.17}}$，$P_{3.19}=P_{3.19}\cdot\overline{T_{3.17}}$，$P_{3.18}=P_{3.18}+T_{3.17}$

$T_{3.18}=P_{3.18}\cdot I_{3.18}$，$P_{3.18}=P_{3.18}\cdot\overline{T_{3.18}}$，$P_{3.19}=P_{3.19}+T_{3.18}$

$T_{3.19}=P_{3.18}\cdot P_{3.21}\cdot I_{3.17}$，$P_{3.18}=P_{3.18}\cdot\overline{T_{3.19}}$，$P_{3.21}=P_{3.21}\cdot\overline{T_{3.19}}$，$P_{3.20}=P_{3.20}+T_{3.19}$

$T_{3.20}=P_{3.20}\cdot I_{3.20}$，$P_{3.20}=P_{3.20}\cdot\overline{T_{3.20}}$，$P_{3.21}=P_{3.21}+T_{3.20}$

$T_{3.21}=P_{3.18}\cdot P_{3.23}\cdot I_{3.21}$，$P_{3.18}=P_{3.18}\cdot\overline{T_{3.21}}$，$P_{3.23}=P_{3.23}\cdot\overline{T_{3.21}}$，$P_{3.22}=P_{3.22}+T_{3.21}$

$T_{3.22}=P_{3.22}\cdot I_{3.22}$，$P_{3.22}=P_{3.22}\cdot\overline{T_{3.22}}$，$P_{3.23}=P_{3.23}+T_{3.22}$

$T_{3.23}=P_{3.18}\cdot P_{3.25}\cdot I_{3.23}$，$P_{3.18}=P_{3.18}\cdot\overline{T_{3.23}}$，$P_{3.25}=P_{3.25}\cdot\overline{T_{3.23}}$，$P_{3.24}=P_{3.24}+T_{3.23}$

$T_{3.24}=P_{3.24}\cdot I_{3.24}$，$P_{3.24}=P_{3.24}\cdot\overline{T_{3.24}}$，$P_{3.25}=P_{3.25}+T_{3.24}$

$T_{3.25}=P_{3.20}\cdot P_{3.22}\cdot P_{3.24}\cdot I_{3.25}$，$P_{3.20}=P_{3.20}\cdot\overline{T_{3.25}}$，$P_{3.22}=P_{3.22}\cdot\overline{T_{3.25}}$，$P_{3.24}=P_{3.24}\cdot\overline{T_{3.25}}$，$P_{3.26}=P_{3.26}+T_{3.25}$，$P_{3.28}=P_{3.28}+T_{3.25}$

$T_{3.26}=P_{3.27}\cdot I_{3.26}$，$P_{3.27}=P_{3.27}\cdot\overline{T_{3.27}}$，$P_{3.26}=P_{3.26}+T_{3.27}$

$T_{3.27}=P_{3.26}\cdot I_{3.27}$，$P_{3.26}=P_{3.26}\cdot\overline{T_{3.27}}$，$P_{3.27}=P_{3.27}+T_{3.27}$

$T_{3.28}=P_{3.29}\cdot I_{3.28}$，$P_{3.29}=P_{3.29}\cdot\overline{T_{3.29}}$，$P_{3.28}=P_{3.28}+T_{3.29}$

$T_{3.29}=P_{3.28}\cdot I_{3.29}$，$P_{3.28}=P_{3.28}\cdot\overline{T_{3.29}}$，$P_{3.29}=P_{3.29}+T_{3.29}$

$T_{3.30}=P_{3.26}\cdot P_{3.28}\cdot P_{3.31}\cdot I_{3.30}$，$P_{3.26}=P_{3.26}\cdot\overline{T_{3.30}}$，$P_{3.28}=P_{3.28}\cdot\overline{T_{3.30}}$，$P_{3.31}=P_{3.31}\cdot\overline{T_{3.30}}$，$P_{3.30}=P_{3.30}+T_{3.30}$

$T_{3.31}=P_{3.30}\cdot I_{3.31}$，$P_{3.30}=P_{3.30}\cdot\overline{T_{3.30}}$，$P_{3.31}=P_{3.31}+T_{3.31}$

$T_{3.32}=P_{3.30}\cdot P_{3.33}\cdot I_{3.32}$，$P_{3.30}=P_{3.30}\cdot\overline{T_{3.32}}$，$P_{3.33}=P_{3.33}\cdot\overline{T_{3.32}}$，$P_{3.32}=P_{3.32}+T_{3.32}$

$T_{3.33}=P_{3.32}\cdot I_{3.33}$，$P_{3.32}=P_{3.32}\cdot\overline{T_{3.33}}$，$P_{3.33}=P_{3.33}+T_{3.33}$

$T_{3.34}=P_{3.32}\cdot P_{3.35}\cdot I_{3.34}$，$P_{3.32}=P_{3.32}\cdot\overline{T_{3.34}}$，$P_{3.35}=P_{3.35}\cdot\overline{T_{3.34}}$，$P_{3.34}=P_{3.34}+T_{3.34}$

$T_{3.35}=P_{3.34}\cdot I_{3.35}$，$P_{3.34}=P_{3.34}\cdot\overline{T_{3.35}}$，$P_{3.35}=P_{3.35}+T_{3.35}$

$T_{3.36}=P_{3.34}\cdot P_{3.37}\cdot I_{3.36}$，$P_{3.34}=P_{3.34}\cdot\overline{T_{3.36}}$，$P_{3.37}=P_{3.37}\cdot\overline{T_{3.36}}$，$P_{3.36}=P_{3.36}+T_{3.36}$

$T_{3.37}=P_{3.36}\cdot I_{3.37}$，$P_{3.36}=P_{3.36}\cdot\overline{T_{3.37}}$，$P_{3.37}=P_{3.37}+T_{3.37}$

$T_{3.38}=P_{3.36}\cdot P_{3.39}\cdot I_{3.38}$，$P_{3.36}=P_{3.36}\cdot\overline{T_{3.38}}$，$P_{3.39}=P_{3.39}\cdot\overline{T_{3.38}}$，$P_{3.38}=P_{3.38}+T_{3.38}$

$T_{3.39}=P_{3.38}\cdot I_{3.39}$，$P_{3.38}=P_{3.38}\cdot\overline{T_{3.39}}$，$P_{3.39}=P_{3.39}+T_{3.39}$

$T_{3.40}=P_{3.38}\cdot P_{3.41}\cdot I_{3.40}$，$P_{3.38}=P_{3.38}\cdot\overline{T_{3.40}}$，$P_{3.41}=P_{3.41}\cdot\overline{T_{3.40}}$，$P_{3.40}=P_{3.40}+T_{3.40}$

$T_{3.41}=P_{3.40}\cdot I_{3.41}$，$P_{3.40}=P_{3.40}\cdot\overline{T_{3.41}}$，$P_{3.41}=P_{3.41}+T_{3.41}$

$T_{3.42}=P_{3.38}\cdot P_{3.43}\cdot I_{3.42}$，$P_{3.38}=P_{3.38}\cdot\overline{T_{3.42}}$，$P_{3.43}=P_{3.43}\cdot\overline{T_{3.42}}$，$P_{3.42}=P_{3.42}+T_{3.42}$

$T_{3.43}=P_{3.42}\cdot I_{3.43}$，$P_{3.42}=P_{3.42}\cdot\overline{T_{3.43}}$，$P_{3.43}=P_{3.43}+T_{3.43}$

$T_{3.44}=P_{3.40}\cdot P_{3.42}\cdot P_{3.45}\cdot I_{3.44}$，$P_{3.40}=P_{3.40}\cdot\overline{T_{3.44}}$，$P_{3.42}=P_{3.42}\cdot\overline{T_{3.44}}$，$P_{3.45}=P_{3.45}\cdot\overline{T_{3.44}}$，$P_{3.44}=P_{3.44}+T_{3.44}$

$T_{3.45}=P_{3.44}\cdot I_{3.45}$，$P_{3.44}=P_{3.44}\cdot\overline{T_{3.45}}$，$P_{3.45}=P_{3.45}+T_{3.45}$

$T_{3.46}=P_{3.44}\cdot P_{3.47}\cdot I_{3.46}$，$P_{3.44}=P_{3.44}\cdot\overline{T_{3.46}}$，$P_{3.47}=P_{3.47}\cdot\overline{T_{3.46}}$，$P_{3.46}=P_{3.46}+T_{3.46}$

$T_{3.47}=P_{3.46}\cdot I_{3.47}$，$P_{3.46}=P_{3.46}\cdot\overline{T_{3.47}}$，$P_{3.47}=P_{3.47}+T_{3.47}$

$T_{3.48}=P_{3.46}\cdot P_{3.49}\cdot I_{3.48}$，$P_{3.46}=P_{3.46}\cdot\overline{T_{3.48}}$，$P_{3.49}=P_{3.49}\cdot\overline{T_{3.48}}$，$P_{3.48}=P_{3.48}+T_{3.48}$

$T_{3.49}=P_{3.48}\cdot I_{3.49}$，$P_{3.48}=P_{3.48}\cdot\overline{T_{3.49}}$，$P_{3.49}=P_{3.49}+T_{3.49}$

$T_{3.50}=P_{3.48}\cdot P_{3.51}\cdot I_{3.50}$，$P_{3.48}=P_{3.48}\cdot\overline{T_{3.50}}$，$P_{3.51}=P_{3.51}\cdot\overline{T_{3.50}}$，$P_{3.50}=P_{3.50}+T_{3.50}$

$T_{3.51}=P_{3.50}\cdot I_{3.51}$，$P_{3.50}=P_{3.50}\cdot\overline{T_{3.51}}$，$P_{3.51}=P_{3.51}+T_{3.51}$

$T_{3.52}=P_{3.50}\cdot P_{3.53}\cdot I_{3.52}$，$P_{3.50}=P_{3.50}\cdot\overline{T_{3.52}}$，$P_{3.53}=P_{3.53}\cdot\overline{T_{3.52}}$，$P_{3.52}=P_{3.52}+T_{3.52}$

$T_{3.53}=P_{3.52}\cdot I_{3.53}$，$P_{3.52}=P_{3.52}\cdot\overline{T_{3.53}}$，$P_{3.53}=P_{3.53}+T_{3.53}$

$T_{3.54}=P_{3.52}\cdot P_{3.55}\cdot I_{3.54}$，$P_{3.52}=P_{3.52}\cdot\overline{T_{3.54}}$，$P_{3.55}=P_{3.55}\cdot\overline{T_{3.54}}$，$P_{3.54}=P_{3.54}+T_{3.54}$

$T_{3.55}=P_{3.54}\cdot I_{3.55}$，$P_{3.54}=P_{3.54}\cdot\overline{T_{3.55}}$，$P_{3.55}=P_{3.55}+T_{3.55}$

$T_{3.56}=P_{3.52}\cdot P_{3.57}\cdot I_{3.56}$，$P_{3.52}=P_{3.52}\cdot\overline{T_{3.56}}$，$P_{3.57}=P_{3.57}\cdot\overline{T_{3.56}}$，$P_{3.56}=P_{3.56}+T_{3.56}$

$T_{3.57}=P_{3.56}\cdot I_{3.57}$，$P_{3.56}=P_{3.56}\cdot\overline{T_{3.57}}$，$P_{3.57}=P_{3.57}+T_{3.57}$

$T_{3.58}=P_{3.52}\cdot P_{3.59}\cdot I_{3.58}$，$P_{3.52}=P_{3.52}\cdot\overline{T_{3.58}}$，$P_{3.59}=P_{3.59}\cdot\overline{T_{3.58}}$，$P_{3.58}=P_{3.58}+T_{3.58}$

$T_{3.59}=P_{3.58}\cdot I_{3.59}$，$P_{3.58}=P_{3.58}\cdot\overline{T_{3.59}}$，$P_{3.59}=P_{3.59}+T_{3.59}$

$T_{3.60}=P_{3.54}\cdot P_{3.56}\cdot P_{3.58}\cdot P_{3.61}\cdot I_{3.60}$，$P_{3.54}=P_{3.54}\cdot\overline{T_{3.60}}$，$P_{3.56}=P_{3.56}\cdot\overline{T_{3.60}}$，$P_{3.58}=P_{3.58}\cdot\overline{T_{3.60}}$，$P_{3.61}=P_{3.61}\cdot\overline{T_{3.60}}$，$P_{3.60}=P_{3.60}+T_{3.60}$

$T_{3.61}=P_{3.60}\cdot I_{3.61}$，$P_{3.60}=P_{3.60}\cdot\overline{T_{3.61}}$，$P_{3.61}=P_{3.61}+T_{3.61}$

$T_{3.62}=P_{3.60}\cdot P_{3.63}\cdot I_{3.62}$，$P_{3.60}=P_{3.60}\cdot\overline{T_{3.62}}$，$P_{3.63}=P_{3.63}\cdot\overline{T_{3.62}}$，$P_{3.62}=P_{3.62}+T_{3.62}$

$T_{3.63}=P_{3.62}\cdot I_{3.63}$，$P_{3.62}=P_{3.62}\cdot\overline{T_{3.63}}$，$P_{3.63}=P_{3.63}+T_{3.63}$

$T_{3.64}=P_{3.60}\cdot P_{3.65}\cdot I_{3.64}$，$P_{3.60}=P_{3.60}\cdot\overline{T_{3.64}}$，$P_{3.65}=P_{3.65}\cdot\overline{T_{3.64}}$，$P_{3.64}=P_{3.64}+T_{3.64}$

$T_{3.65}=P_{3.64}\cdot I_{3.65}$，$P_{3.64}=P_{3.64}\cdot\overline{T_{3.65}}$，$P_{3.65}=P_{3.65}+T_{3.65}$

$T_{3.66}=P_{3.60}\cdot P_{3.67}\cdot I_{3.66}$，$P_{3.60}=P_{3.60}\cdot\overline{T_{3.66}}$，$P_{3.67}=P_{3.67}\cdot\overline{T_{3.66}}$，$P_{3.66}=P_{3.66}+T_{3.66}$

$T_{3.67}=P_{3.66}\cdot I_{3.67}$，$P_{3.66}=P_{3.66}\cdot\overline{T_{3.67}}$，$P_{3.67}=P_{3.67}+T_{3.67}$

$T_{3.68}=P_{3.62}\cdot P_{3.64}\cdot P_{3.66}\cdot P_{3.69}\cdot I_{3.68}$，$P_{3.62}=P_{3.62}\cdot\overline{T_{3.68}}$，$P_{3.64}=P_{3.64}\cdot\overline{T_{3.68}}$，$P_{3.66}=P_{3.66}\cdot\overline{T_{3.68}}$，$P_{3.69}=P_{3.69}\cdot\overline{T_{3.68}}$，$P_{3.68}=P_{3.68}+T_{3.68}$

$T_{3.69}=P_{3.68}\cdot I_{3.69}$，$P_{3.68}=P_{3.68}\cdot\overline{T_{3.69}}$，$P_{3.69}=P_{3.69}+T_{3.69}$

$T_{3.70}=P_{3.68}\cdot P_{3.71}\cdot I_{3.70}$，$P_{3.68}=P_{3.68}\cdot\overline{T_{3.70}}$，$P_{3.71}=P_{3.71}\cdot\overline{T_{3.70}}$，$P_{3.70}=P_{3.70}+T_{3.70}$

$T_{3.71}=P_{3.70}\cdot I_{3.71}$，$P_{3.70}=P_{3.70}\cdot\overline{T_{3.71}}$，$P_{3.71}=P_{3.71}+T_{3.71}$

$T_{3.72}=P_{3.68}\cdot P_{3.73}\cdot I_{3.72}$，$P_{3.68}=P_{3.68}\cdot\overline{T_{3.72}}$，$P_{3.73}=P_{3.73}\cdot\overline{T_{3.72}}$，$P_{3.72}=P_{3.72}+T_{3.72}$

$T_{3.73}=P_{3.72}\cdot I_{3.73}$，$P_{3.72}=P_{3.72}\cdot\overline{T_{3.73}}$，$P_{3.73}=P_{3.73}+T_{3.73}$

$T_{3.74}=P_{3.68}\cdot P_{3.75}\cdot I_{3.74}$，$P_{3.68}=P_{3.68}\cdot\overline{T_{3.74}}$，$P_{3.75}=P_{3.75}\cdot\overline{T_{3.74}}$，$P_{3.74}=P_{3.74}+T_{3.74}$

$T_{3.75}=P_{3.74}\cdot I_{3.75}$，$P_{3.74}=P_{3.74}\cdot\overline{T_{3.75}}$，$P_{3.75}=P_{3.75}+T_{3.75}$

$T_{3.76}=P_{3.70}\cdot P_{3.72}\cdot P_{3.74}\cdot P_{3.77}\cdot I_{3.76}$，$P_{3.70}=P_{3.70}\cdot\overline{T_{3.76}}$，$P_{3.72}=P_{3.72}\cdot\overline{T_{3.76}}$，$P_{3.74}=P_{3.74}\cdot\overline{T_{3.76}}$，$P_{3.77}=P_{3.77}\cdot\overline{T_{3.76}}$，$P_{3.76}=P_{3.76}+T_{3.76}$

$T_{3.77}=P_{3.76}\cdot I_{3.77}$，$P_{3.76}=P_{3.76}\cdot\overline{T_{3.77}}$，$P_{3.77}=P_{3.77}+T_{3.77}$

$T_{3.78}=P_{3.76}\cdot P_{3.79}\cdot I_{3.78}$，$P_{3.76}=P_{3.76}\cdot\overline{T_{3.78}}$，$P_{3.79}=P_{3.79}\cdot\overline{T_{3.78}}$，$P_{3.78}=P_{3.78}+T_{3.78}$

$T_{3.79}=P_{3.78}\cdot I_{3.79}$，$P_{3.78}=P_{3.78}\cdot\overline{T_{3.79}}$，$P_{3.79}=P_{3.79}+T_{3.79}$

$T_{3.80}=P_{3.78}\cdot P_{3.81}\cdot I_{3.80}$，$P_{3.78}=P_{3.78}\cdot\overline{T_{3.80}}$，$P_{3.81}=P_{3.81}\cdot\overline{T_{3.80}}$，$P_{3.80}=P_{3.80}+T_{3.80}$

$T_{3.81}=P_{3.80}\cdot I_{3.81}$，$P_{3.80}=P_{3.80}\cdot\overline{T_{3.81}}$，$P_{3.81}=P_{3.81}+T_{3.81}$

$T_{3.82}=P_{3.78}\cdot P_{3.83}\cdot I_{3.82}$，$P_{3.78}=P_{3.78}\cdot\overline{T_{3.82}}$，$P_{3.83}=P_{3.83}\cdot\overline{T_{3.82}}$，$P_{3.82}=P_{3.82}+T_{3.82}$

$T_{3.83}=P_{3.82}\cdot I_{3.83}$，$P_{3.82}=P_{3.82}\cdot\overline{T_{3.83}}$，$P_{3.83}=P_{3.83}+T_{3.83}$

$T_{3.84}=P_{3.78}\cdot P_{3.85}\cdot I_{3.84}$，$P_{3.78}=P_{3.78}\cdot\overline{T_{3.84}}$，$P_{3.85}=P_{3.85}\cdot\overline{T_{3.84}}$，$P_{3.84}=P_{3.84}+T_{3.84}$

$T_{3.85}=P_{3.84}\cdot I_{3.85}$，$P_{3.84}=P_{3.84}\cdot\overline{T_{3.85}}$，$P_{3.85}=P_{3.85}+T_{3.85}$

$T_{3.86}=P_{3.78}\cdot P_{3.87}\cdot I_{3.86}$，$P_{3.78}=P_{3.78}\cdot\overline{T_{3.86}}$，$P_{3.87}=P_{3.87}\cdot\overline{T_{3.86}}$，$P_{3.86}=P_{3.86}+T_{3.86}$

$T_{3.87}=P_{3.86}\cdot I_{3.87}$，$P_{3.86}=P_{3.86}\cdot\overline{T_{3.87}}$，$P_{3.87}=P_{3.87}+T_{3.87}$

$T_{3.88}=P_{3.80}\cdot P_{3.82}\cdot P_{3.84}\cdot P_{3.86}\cdot I_{3.88}$，$P_{3.80}=P_{3.80}\cdot\overline{T_{3.88}}$，$P_{3.82}=P_{3.82}\cdot\overline{T_{3.88}}$，$P_{3.84}=P_{3.84}\cdot\overline{T_{3.88}}$，$P_{3.86}=P_{3.86}\cdot\overline{T_{3.88}}$，$P_{3.88}=P_{3.88}+T_{3.88}$

$T_{3.89}=P_{3.88}\cdot I_{3.89}$，$P_{3.88}=P_{3.88}\cdot\overline{T_{3.89}}$，$P_{3.89}=P_{3.89}+T_{3.89}$

$T_{3.90}=P_{3.89}\cdot I_{3.90}\cdot time1$，$P_{3.89}=P_{3.89}\cdot\overline{T_{3.90}}$，$P_{3.90}=P_{3.90}+T_{3.90}$

$T_{3.91}=P_{3.90}\cdot I_{3.91}\cdot time2$，$P_{3.90}=P_{3.90}\cdot\overline{T_{3.91}}$，$P_{3.91}=P_{3.91}+T_{3.91}$

$T_{3.92}=P_{3.91}\cdot I_{3.92}\cdot time3$，$P_{3.91}=P_{3.91}\cdot\overline{T_{3.92}}$，$P_{3.92}=P_{3.92}+T_{3.92}$

$T_{3.93}=P_{3.92}\cdot I_{3.93}\cdot time4$，$P_{3.92}=P_{3.92}\cdot\overline{T_{3.93}}$，$P_{3.93}=P_{3.93}+T_{3.93}$

$T_{3.94}=P_{3.93}\cdot I_{3.94}\cdot time5$，$P_{3.93}=P_{3.93}\cdot\overline{T_{3.94}}$，$P_{3.94}=P_{3.94}+T_{3.94}$

$T_{3.95}=P_{3.94}\cdot I_{3.95}$，$P_{3.94}=P_{3.94}\cdot\overline{T_{3.95}}$，$P_{3.0}=P_{3.0}+T_{3.95}$。

接着将上述色选抛光自动控制逻辑表达式进行化简，这里限于篇幅，以 $T_{3.0}$ ~ $T_{3.9}$和 $P_{3.0}$ ~ $P_{3.9}$输出为样例进行化简，根据逻辑代数化简法进行化简后的逻辑表达式为如下。

色选抛光启动信号 $T_{3.0}$和抛光起始状态 $P_{3.0}$逻辑表达式为：

$$T_{3.0}=P_{3.0}\cdot I_{3.0}，P_{3.0}=P_{3.0}\cdot\overline{T_{3.0}}+P_{3.0}+T_{3.95}=P_{3.0}+T_{3.95} \tag{5-23}$$

M49 启动条件 $T_{3.1}$和色选抛光启动标志“ON” $P_{3.1}$逻辑表达式为：

$$T_{3.1}=P_{3.1}\cdot P_{3.3}\cdot I_{3.1}，P_{3.1}=P_{3.1}\cdot\overline{T_{3.1}}+P_{3.1}\cdot\overline{T_{3.3}}+P_{3.1}+T_{3.0}=P_{3.1}+T_{3.0} \tag{5-24}$$

M49 停止条件 $T_{3.2}$ 和 M49 启动输出 $P_{3.2}$ 逻辑表达式为：

$$T_{3.2}=P_{3.2}\cdot I_{3.2},\ P_{3.2}=P_{3.2}+T_{3.1}+P_{3.2}\cdot\overline{T_{3.2}}+P_{3.2}\cdot\overline{T_{3.5}}=P_{3.2}+T_{3.1} \tag{5-25}$$

M52 启动条件 $T_{3.3}$ 和 M49 停止输出 $P_{3.3}$ 逻辑表达式为：

$$T_{3.3}=P_{3.1}\cdot P_{3.5}\cdot I_{3.3},\ P_{3.3}=P_{3.3}+T_{3.2}+P_{3.3}\cdot\overline{T_{3.1}}=P_{3.3}+T_{3.2} \tag{5-26}$$

M52 停止条件 $T_{3.4}$ 和 M52 启动输出 $P_{3.4}$ 逻辑表达式为：

$$T_{3.4}=P_{3.4}\cdot I_{3.4},\ P_{3.4}=P_{3.4}+T_{3.3}+P_{3.4}\cdot\overline{T_{3.5}}+P_{3.4}\cdot\overline{T_{3.4}}=P_{3.4}+T_{3.3} \tag{5-27}$$

M34 启动条件 $T_{3.5}$ 和 M52 停止输出 $P_{3.5}$ 逻辑表达式为：

$$T_{3.5}=P_{3.2}\cdot P_{3.4}\cdot P_{3.7}\cdot I_{3.5},\ P_{3.5}=P_{3.5}\cdot\overline{T_{3.3}}+P_{3.5}+T_{3.4}=P_{3.5}+T_{3.4} \tag{5-28}$$

M34 停止条件 $T_{3.6}$ 和 M34 启动输出 $P_{3.6}$ 逻辑表达式为：

$$T_{3.6}=P_{3.6}\cdot I_{3.6},\ P_{3.6}=P_{3.6}\cdot\overline{T_{3.6}}+P_{3.6}\cdot\overline{T_{3.7}}+P_{3.6}+T_{3.5}=P_{3.6}+T_{3.5} \tag{5-29}$$

M89 启动条件 $T_{3.7}$ 和 M34 停止输出 $P_{3.7}$ 逻辑表达式为：

$$T_{3.7}=P_{3.6}\cdot P_{3.9}\cdot I_{3.7},\ P_{3.7}=P_{3.7}+T_{3.6}+P_{3.7}\cdot\overline{T_{3.5}}=P_{3.7}+T_{3.6} \tag{5-30}$$

M89 停止条件 $T_{3.8}$ 和 M89 启动输出 $P_{3.8}$ 逻辑表达式为：

$$T_{3.8}=P_{3.8}\cdot I_{3.8},\ P_{3.8}=P_{3.8}+T_{3.7}+P_{3.8}\cdot\overline{T_{3.9}}+P_{3.8}\cdot\overline{T_{3.8}}=P_{3.8}+T_{3.7} \tag{5-31}$$

M60 启动条件 $T_{3.9}$ 和 M89 停止输出 $P_{3.9}$ 逻辑表达式为：

$$T_{3.9}=P_{3.8}\cdot P_{3.11}\cdot I_{3.9},\ P_{3.9}=P_{3.9}\cdot\overline{T_{3.7}}+P_{3.9}+T_{3.8}=P_{3.9}+T_{3.8} \tag{5-32}$$

将式（5－23）～式（5－32）逻辑表达式的库所和变迁分配相应的 PLC 地址，并将逻辑表达式中的“·”“+”“—”关系分别与 PLC 的“与”“或”“非”逻辑指令相对应，并结合 PLC 的定时器、计数器等功能指令，转换后的白米色选抛光段自动化控制部分控制的 PLC 梯形图程序如图 5－11 所示。

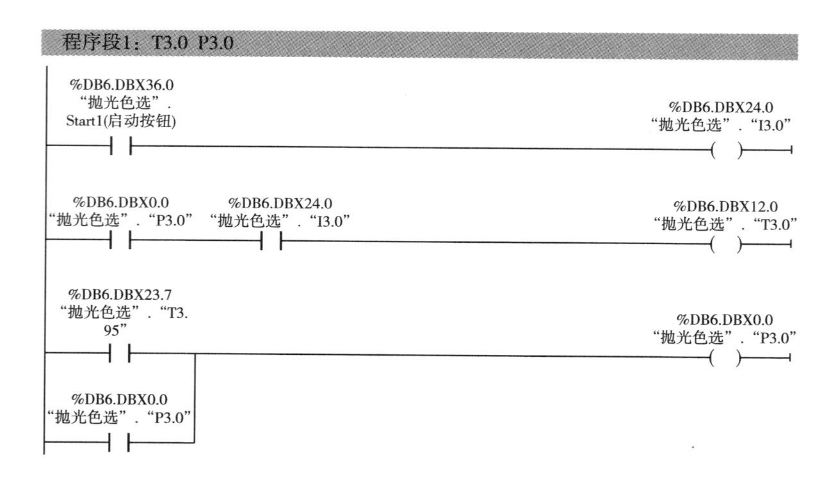

程序段2：T3.1 P3.1

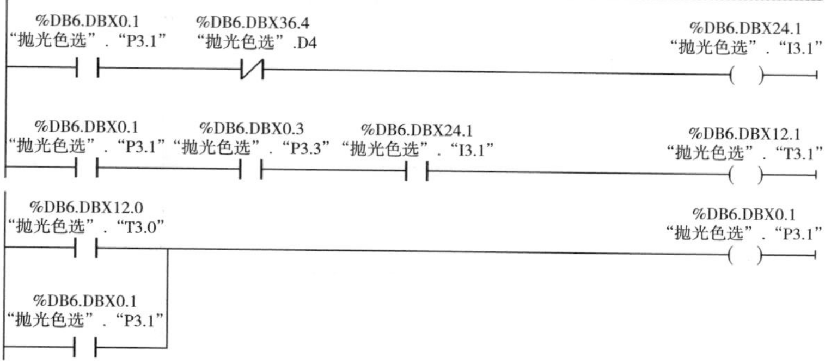

%DB6.DBX0.1 "抛光色选"."P3.1"　%DB6.DBX36.4 "抛光色选".D4　%DB6.DBX24.1 "抛光色选"."I3.1"

%DB6.DBX0.1 "抛光色选"."P3.1"　%DB6.DBX0.3 "抛光色选"."P3.3"　%DB6.DBX24.1 "抛光色选"."I3.1"　%DB6.DBX12.1 "抛光色选"."T3.1"

%DB6.DBX12.0 "抛光色选"."T3.0"　%DB6.DBX0.1 "抛光色选"."P3.1"

%DB6.DBX0.1 "抛光色选"."P3.1"

程序段3：T3.2 P3.2

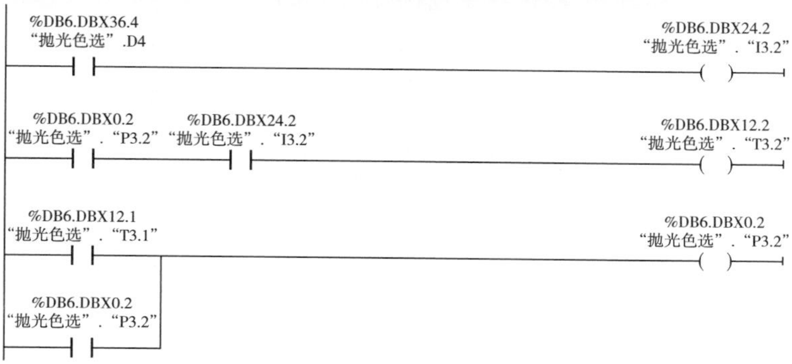

%DB6.DBX36.4 "抛光色选".D4　%DB6.DBX24.2 "抛光色选"."I3.2"

%DB6.DBX0.2 "抛光色选"."P3.2"　%DB6.DBX24.2 "抛光色选"."I3.2"　%DB6.DBX12.2 "抛光色选"."T3.2"

%DB6.DBX12.1 "抛光色选"."T3.1"　%DB6.DBX0.2 "抛光色选"."P3.2"

%DB6.DBX0.2 "抛光色选"."P3.2"

程序段4：T3.3 P3.3

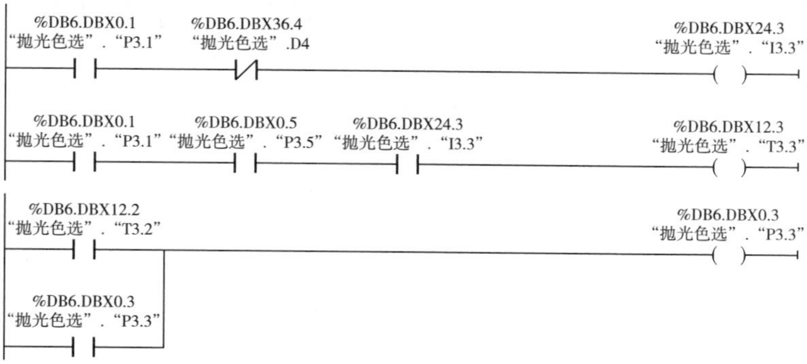

%DB6.DBX0.1 "抛光色选"."P3.1"　%DB6.DBX36.4 "抛光色选".D4　%DB6.DBX24.3 "抛光色选"."I3.3"

%DB6.DBX0.1 "抛光色选"."P3.1"　%DB6.DBX0.5 "抛光色选"."P3.5"　%DB6.DBX24.3 "抛光色选"."I3.3"　%DB6.DBX12.3 "抛光色选"."T3.3"

%DB6.DBX12.2 "抛光色选"."T3.2"　%DB6.DBX0.3 "抛光色选"."P3.3"

%DB6.DBX0.3 "抛光色选"."P3.3"

程序段5：T3.4 P3.4

%DB6.DBX36.4 “抛光色选”.D4 —| |— %DB6.DBX24.4 “抛光色选”.“I3.4” —( )—

%DB6.DBX0.4 “抛光色选”.“P3.4” —| |— %DB6.DBX24.4 “抛光色选”.“I3.4” —| |— %DB6.DBX12.4 “抛光色选”.“T3.4” —( )—

%DB6.DBX12.3 “抛光色选”.“T3.3” —| |— （并联 %DB6.DBX0.4 “抛光色选”.“P3.4” —| |—） %DB6.DBX0.4 “抛光色选”.“P3.4” —( )—

程序段6：T3.5 P3.5

%DB1.DBX6.0 “输入缓冲”.M49 —| |— %DB1.DBX6.3 “输入缓冲”.M52 —| |— %DB6.DBX36.3 “抛光色选”.D3 —|/|— %DB6.DBX24.5 “抛光色选”.“I3.5” —( )—

%DB6.DBX0.2 “抛光色选”.“P3.2” —| |— %DB6.DBX0.4 “抛光色选”.“P3.4” —| |— %DB6.DBX0.7 “抛光色选”.“P3.7” —| |— %DB6.DBX24.5 “抛光色选”.“I3.5” —| |— %DB6.DBX12.5 “抛光色选”.“T3.5” —( )—

%DB6.DBX12.4 “抛光色选”.“T3.4” —| |— （并联 %DB6.DBX0.5 “抛光色选”.“P3.5” —| |—） %DB6.DBX0.5 “抛光色选”.“P3.5” —( )—

程序段7：T3.6 P3.6

%DB6.DBX36.3 “抛光色选”.D3 —| |— %DB6.DBX24.6 “抛光色选”.“I3.6” —( )—

%DB6.DBX0.6 “抛光色选”.“P3.6” —| |— %DB6.DBX24.6 “抛光色选”.“I3.6” —| |— %DB6.DBX12.6 “抛光色选”.“T3.6” —( )—

%DB6.DBX12.5 “抛光色选”.“T3.5” —| |— （并联 %DB6.DBX0.6 “抛光色选”.“P3.6” —| |—） %DB6.DBX0.6 “抛光色选”.“P3.6” —( )—

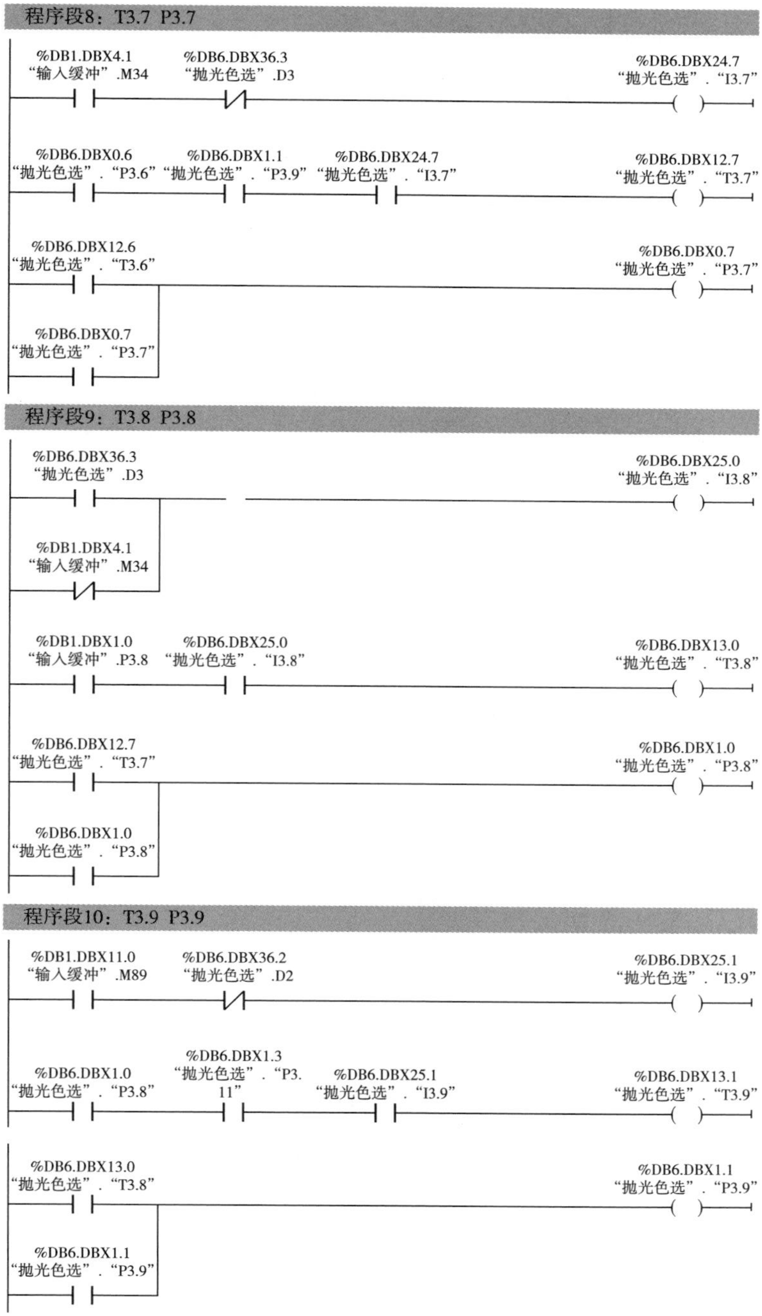

程序段8：T3.7 P3.7

%DB1.DBX4.1 "输入缓冲".M34
%DB6.DBX36.3 "抛光色选".D3
%DB6.DBX24.7 "抛光色选"."I3.7"

%DB6.DBX0.6 "抛光色选"."P3.6"
%DB6.DBX1.1 "抛光色选"."P3.9"
%DB6.DBX24.7 "抛光色选"."I3.7"
%DB6.DBX12.7 "抛光色选"."T3.7"

%DB6.DBX12.6 "抛光色选"."T3.6"
%DB6.DBX0.7 "抛光色选"."P3.7"
%DB6.DBX0.7 "抛光色选"."P3.7"

程序段9：T3.8 P3.8

%DB6.DBX36.3 "抛光色选".D3
%DB6.DBX25.0 "抛光色选"."I3.8"
%DB1.DBX4.1 "输入缓冲".M34

%DB1.DBX1.0 "输入缓冲".P3.8
%DB6.DBX25.0 "抛光色选"."I3.8"
%DB6.DBX13.0 "抛光色选"."T3.8"

%DB6.DBX12.7 "抛光色选"."T3.7"
%DB6.DBX1.0 "抛光色选"."P3.8"
%DB6.DBX1.0 "抛光色选"."P3.8"

程序段10：T3.9 P3.9

%DB1.DBX11.0 "输入缓冲".M89
%DB6.DBX36.2 "抛光色选".D2
%DB6.DBX25.1 "抛光色选"."I3.9"

%DB6.DBX1.0 "抛光色选"."P3.8"
%DB6.DBX1.3 "抛光色选"."P3.11"
%DB6.DBX25.1 "抛光色选"."I3.9"
%DB6.DBX13.1 "抛光色选"."T3.9"

%DB6.DBX13.0 "抛光色选"."T3.8"
%DB6.DBX1.1 "抛光色选"."P3.9"
%DB6.DBX1.1 "抛光色选"."P3.9"

图5－11　白米色选抛光自动控制部分程序

四、稻壳粉碎自动控制

稻壳粉碎段自动控制策略包含自动开机和自动停车，其流程图如图 3 – 12 和图 3 – 13 所示。为了将 Petri 网模型转换为 PLC 梯形图，首先需列出稻壳粉碎段 Petri 网模型的逻辑表达式，图 3 – 14 所示的 Petri 网模型逻辑表达式如下所示。

$T_{4.0}=P_{4.0}\cdot P_{4.2}\cdot I_{4.0}$，$P_{4.0}=P_{4.0}\cdot\overline{T_{4.0}}$，$P_{4.2}=P_{4.2}\cdot\overline{T_{4.0}}$，$P_{4.1}=P_{4.1}+T_{4.0}$

$T_{4.1}=P_{4.1}\cdot I_{4.1}$，$P_{4.1}=P_{4.1}\cdot\overline{T_{4.1}}$，$P_{4.2}=P_{4.2}+T_{4.1}$

$T_{4.2}=P_{4.1}\cdot P_{4.4}\cdot I_{4.2}$，$P_{4.1}=P_{4.1}\cdot\overline{T_{4.2}}$，$P_{4.4}=P_{4.4}\cdot\overline{T_{4.2}}$，$P_{4.3}=P_{4.3}+T_{4.2}$

$T_{4.3}=P_{4.3}\cdot I_{4.3}$，$P_{4.3}=P_{4.3}\cdot\overline{T_{4.3}}$，$P_{4.4}=P_{4.4}+T_{4.3}$

$T_{4.4}=P_{4.3}\cdot P_{4.6}\cdot I_{4.4}$，$P_{4.3}=P_{4.3}\cdot\overline{T_{4.4}}$，$P_{4.6}=P_{4.6}\cdot\overline{T_{4.4}}$，$P_{4.5}=P_{4.5}+T_{4.4}$

$T_{4.5}=P_{4.5}\cdot I_{4.5}$，$P_{4.5}=P_{4.5}\cdot\overline{T_{4.5}}$，$P_{4.6}=P_{4.6}+T_{4.5}$

$T_{4.6}=P_{4.5}\cdot P_{4.8}\cdot I_{4.6}$，$P_{4.5}=P_{4.5}\cdot\overline{T_{4.6}}$，$P_{4.8}=P_{4.8}\cdot\overline{T_{4.6}}$，$P_{4.7}=P_{4.7}+T_{4.6}$

$T_{4.7}=P_{4.7}\cdot I_{4.7}$，$P_{4.7}=P_{4.7}\cdot\overline{T_{4.7}}$，$P_{4.8}=P_{4.8}+T_{4.7}$

$T_{4.8}=P_{4.7}\cdot P_{4.10}\cdot I_{4.8}$，$P_{4.7}=P_{4.7}\cdot\overline{T_{4.8}}$，$P_{4.10}=P_{4.10}\cdot\overline{T_{4.8}}$，$P_{4.9}=P_{4.9}+T_{4.8}$

$T_{4.9}=P_{4.9}\cdot I_{4.9}$，$P_{4.9}=P_{4.9}\cdot\overline{T_{4.9}}$，$P_{4.10}=P_{4.10}+T_{4.9}$

$T_{4.10}=P_{4.9}\cdot P_{4.12}\cdot I_{4.10}$，$P_{4.9}=P_{4.9}\cdot\overline{T_{4.10}}$，$P_{4.12}=P_{4.12}\cdot\overline{T_{4.10}}$，$P_{4.11}=P_{4.11}+T_{4.10}$

$T_{4.11}=P_{4.11}\cdot I_{4.11}$，$P_{4.11}=P_{4.11}\cdot\overline{T_{4.11}}$，$P_{4.12}=P_{4.12}+T_{4.11}$

$T_{4.12}=P_{4.11}\cdot P_{4.14}\cdot I_{4.12}$，$P_{4.11}=P_{4.11}\cdot\overline{T_{4.12}}$，$P_{4.14}=P_{4.14}\cdot\overline{T_{4.12}}$，$P_{4.13}=P_{4.13}+T_{4.12}$

$T_{4.13}=P_{4.13}\cdot I_{4.13}$，$P_{4.13}=P_{4.13}\cdot\overline{T_{4.13}}$，$P_{4.14}=P_{4.14}+T_{4.13}$

$T_{4.14}=P_{4.11}\cdot P_{4.16}\cdot I_{4.14}$，$P_{4.11}=P_{4.11}\cdot\overline{T_{4.14}}$，$P_{4.16}=P_{4.16}\cdot\overline{T_{4.14}}$，$P_{4.15}=P_{4.15}+T_{4.14}$

$T_{4.15}=P_{4.15}\cdot I_{4.15}$，$P_{4.15}=P_{4.15}\cdot\overline{T_{4.15}}$，$P_{4.16}=P_{4.16}+T_{4.15}$

$T_{4.16}=P_{4.13}\cdot P_{4.15}\cdot P_{4.18}\cdot I_{4.16}$，$P_{4.13}=P_{4.13}\cdot\overline{T_{4.16}}$，$P_{4.15}=P_{4.15}\cdot\overline{T_{4.16}}$，$P_{4.18}=P_{4.18}\cdot\overline{T_{4.16}}$，$P_{4.17}=P_{4.17}+T_{4.16}$

$T_{4.17}=P_{4.17}\cdot I_{4.17}$，$P_{4.17}=P_{4.17}\cdot\overline{T_{4.17}}$，$P_{4.18}=P_{4.18}+T_{4.17}$

$T_{4.18}=P_{4.17}\cdot P_{4.20}\cdot I_{4.18}$，$P_{4.17}=P_{4.17}\cdot\overline{T_{4.18}}$，$P_{4.20}=P_{4.20}\cdot\overline{T_{4.18}}$，$P_{4.19}=P_{4.19}+T_{4.18}$

$T_{4.19}=P_{4.19}\cdot I_{4.19}$，$P_{4.19}=P_{4.19}\cdot\overline{T_{4.19}}$，$P_{4.20}=P_{4.20}+T_{4.19}$

$T_{4.20}=P_{4.19}\cdot P_{4.22}\cdot I_{4.20}$，$P_{4.19}=P_{4.19}\cdot\overline{T_{4.20}}$，$P_{4.22}=P_{4.22}\cdot\overline{T_{4.20}}$，$P_{4.21}=P_{4.21}+T_{4.20}$

$T_{4.21}=P_{4.21}\cdot I_{4.21}$，$P_{4.21}=P_{4.21}\cdot\overline{T_{4.21}}$，$P_{4.22}=P_{4.22}+T_{4.21}$

$T_{4.22}=P_{4.21}\cdot P_{4.24}\cdot I_{4.22}$，$P_{4.21}=P_{4.21}\cdot\overline{T_{4.22}}$，$P_{4.24}=P_{4.24}\cdot\overline{T_{4.22}}$，$P_{4.23}=P_{4.23}+T_{4.22}$

$T_{4.23}=P_{4.23}\cdot I_{4.23}$，$P_{4.23}=P_{4.23}\cdot\overline{T_{4.23}}$，$P_{4.24}=P_{4.24}+T_{4.23}$

$T_{4.24}=P_{4.21}\cdot P_{4.26}\cdot I_{4.24}$，$P_{4.21}=P_{4.21}\cdot\overline{T_{4.24}}$，$P_{4.26}=P_{4.26}\cdot\overline{T_{4.24}}$，$P_{4.25}=P_{4.25}+T_{4.24}$

$T_{4.25}=P_{4.25}\cdot I_{4.25}$，$P_{4.25}=P_{4.25}\cdot\overline{T_{4.25}}$，$P_{4.26}=P_{4.26}+T_{4.25}$

$T_{4.26}=P_{4.23}\cdot P_{4.25}\cdot P_{4.28}\cdot I_{4.26}$，$P_{4.23}=P_{4.23}\cdot\overline{T_{4.26}}$，$P_{4.25}=P_{4.25}\cdot\overline{T_{4.26}}$，$P_{4.28}=P_{4.28}\cdot\overline{T_{4.26}}$，$P_{4.27}=P_{4.27}+T_{4.26}$

$T_{4.27}=P_{4.27}\cdot I_{4.27}$，$P_{4.27}=P_{4.27}\cdot\overline{T_{4.27}}$，$P_{4.28}=P_{4.28}+T_{4.27}$

$T_{4.28}=P_{4.27}\cdot P_{4.30}\cdot I_{4.28}$，$P_{4.27}=P_{4.27}\cdot\overline{T_{4.28}}$，$P_{4.30}=P_{4.30}\cdot\overline{T_{4.28}}$，$P_{4.29}=P_{4.29}+T_{4.28}$

$T_{4.29}=P_{4.29}\cdot I_{4.29}$，$P_{4.29}=P_{4.29}\cdot\overline{T_{4.29}}$，$P_{4.30}=P_{4.30}+T_{4.29}$

$T_{4.30}=P_{4.29}\cdot P_{4.32}\cdot I_{4.30}$，$P_{4.29}=P_{4.29}\cdot\overline{T_{4.30}}$，$P_{4.32}=P_{4.32}\cdot\overline{T_{4.30}}$，$P_{4.31}=P_{4.31}+T_{4.30}$

$T_{4.31}=P_{4.31}\cdot I_{4.31}$，$P_{4.31}=P_{4.31}\cdot\overline{T_{4.31}}$，$P_{4.32}=P_{4.32}+T_{4.31}$

$T_{4.32}=P_{4.29}\cdot P_{4.34}\cdot I_{4.32}$，$P_{4.29}=P_{4.29}\cdot\overline{T_{4.32}}$，$P_{4.34}=P_{4.34}\cdot\overline{T_{4.32}}$，$P_{4.33}=P_{4.33}+T_{4.32}$

$T_{4.33}=P_{4.33}\cdot I_{4.33}$，$P_{4.33}=P_{4.33}\cdot\overline{T_{4.33}}$，$P_{4.34}=P_{4.34}+T_{4.33}$

$T_{4.34}=P_{4.31}\cdot P_{4.33}\cdot P_{4.36}\cdot I_{4.34}$，$P_{4.31}=P_{4.31}\cdot\overline{T_{4.34}}$，$P_{4.33}=P_{4.33}\cdot\overline{T_{4.34}}$，$P_{4.36}=P_{4.36}\cdot\overline{T_{4.34}}$，$P_{4.35}=P_{4.35}+T_{4.34}$

$T_{4.35}=P_{4.35}\cdot I_{4.35}$，$P_{4.35}=P_{4.35}\cdot\overline{T_{4.35}}$，$P_{4.36}=P_{4.36}+T_{4.35}$

$T_{4.36}=P_{4.35}\cdot P_{4.38}\cdot I_{4.36}$，$P_{4.35}=P_{4.35}\cdot\overline{T_{4.36}}$，$P_{4.38}=P_{4.38}\cdot\overline{T_{4.36}}$，$P_{4.37}=P_{4.37}+T_{4.36}$

$T_{4.37}=P_{4.37}\cdot I_{4.37}$，$P_{4.37}=P_{4.37}\cdot\overline{T_{4.37}}$，$P_{4.38}=P_{4.38}+T_{4.37}$

$T_{4.38}=P_{4.35}\cdot P_{4.40}\cdot I_{4.38}$，$P_{4.35}=P_{4.35}\cdot\overline{T_{4.38}}$，$P_{4.40}=P_{4.40}\cdot\overline{T_{4.38}}$，$P_{4.39}=P_{4.39}+T_{4.38}$

$T_{4.39}=P_{4.39}\cdot I_{4.39}$，$P_{4.39}=P_{4.39}\cdot\overline{T_{4.39}}$，$P_{4.40}=P_{4.40}+T_{4.39}$

$T_{4.40}=P_{4.37}\cdot P_{4.39}\cdot P_{4.42}\cdot I_{4.40}$，$P_{4.37}=P_{4.37}\cdot\overline{T_{4.40}}$，$P_{4.39}=P_{4.39}\cdot\overline{T_{4.40}}$，$P_{4.42}=P_{4.42}\cdot\overline{T_{4.40}}$，$P_{4.41}=P_{4.41}+T_{4.40}$

$T_{4.41}=P_{4.41}\cdot I_{4.41}$，$P_{4.41}=P_{4.41}\cdot\overline{T_{4.41}}$，$P_{4.42}=P_{4.42}+T_{4.41}$

$T_{4.42}=P_{4.41}\cdot P_{4.44}\cdot I_{4.42}$，$P_{4.41}=P_{4.41}\cdot\overline{T_{4.42}}$，$P_{4.44}=P_{4.44}\cdot\overline{T_{4.42}}$，$P_{4.43}=P_{4.43}+T_{4.42}$

$T_{4.43}=P_{4.43}\cdot I_{4.43}$，$P_{4.43}=P_{4.43}\cdot\overline{T_{4.43}}$，$P_{4.44}=P_{4.44}+T_{4.43}$

$T_{4.44}=P_{4.43}\cdot P_{4.46}\cdot I_{4.44}$，$P_{4.43}=P_{4.43}\cdot\overline{T_{4.44}}$，$P_{4.46}=P_{4.46}\cdot\overline{T_{4.44}}$，$P_{4.45}=P_{4.45}+T_{4.44}$

$T_{4.45}=P_{4.45}\cdot I_{4.45}$，$P_{4.45}=P_{4.45}\cdot\overline{T_{4.45}}$，$P_{4.46}=P_{4.46}+T_{4.45}$

$T_{4.46}=P_{4.45}\cdot P_{4.48}\cdot I_{4.46}$，$P_{4.45}=P_{4.45}\cdot\overline{T_{4.46}}$，$P_{4.48}=P_{4.48}\cdot\overline{T_{4.46}}$，$P_{4.47}=P_{4.47}+T_{4.46}$

$T_{4.47}=P_{4.47}\cdot I_{4.47}$，$P_{4.47}=P_{4.47}\cdot\overline{T_{4.47}}$，$P_{4.48}=P_{4.48}+T_{4.47}$

$T_{4.48}=P_{4.45}\cdot P_{4.50}\cdot I_{4.48}$，$P_{4.45}=P_{4.45}\cdot\overline{T_{4.48}}$，$P_{4.50}=P_{4.50}\cdot\overline{T_{4.48}}$，$P_{4.49}=P_{4.49}+T_{4.48}$

$T_{4.49}=P_{4.49}\cdot I_{4.49}$，$P_{4.49}=P_{4.49}\cdot\overline{T_{4.49}}$，$P_{4.50}=P_{4.50}+T_{4.49}$

$T_{4.50}=P_{4.5}\cdot P_{4.52}\cdot I_{4.50}$，$P_{4.5}=P_{4.5}\cdot\overline{T_{4.50}}$，$P_{4.52}=P_{4.52}\cdot\overline{T_{4.50}}$，$P_{4.51}=P_{4.51}+T_{4.50}$

$T_{4.51}=P_{4.51}\cdot I_{4.51}$，$P_{4.51}=P_{4.51}\cdot\overline{T_{4.51}}$，$P_{4.52}=P_{4.52}+T_{4.51}$

$T_{4.52}=P_{4.51}\cdot P_{4.54}\cdot I_{4.52}$，$P_{4.51}=P_{4.51}\cdot\overline{T_{4.52}}$，$P_{4.54}=P_{4.54}\cdot\overline{T_{4.52}}$，$P_{4.53}=P_{4.53}+T_{4.52}$

$T_{4.53}=P_{4.53}\cdot I_{4.53}$，$P_{4.53}=P_{4.53}\cdot\overline{T_{4.53}}$，$P_{4.54}=P_{4.54}+T_{4.53}$

$T_{4.54}=P_{4.53}\cdot P_{4.56}\cdot I_{4.54}$，$P_{4.53}=P_{4.53}\cdot\overline{T_{4.54}}$，$P_{4.56}=P_{4.56}\cdot\overline{T_{4.54}}$，$P_{4.55}=P_{4.55}+T_{4.54}$

$T_{4.55}=P_{4.55}\cdot I_{4.55}$，$P_{4.55}=P_{4.55}\cdot\overline{T_{4.55}}$，$P_{4.56}=P_{4.56}+T_{4.55}$

$T_{4.56}=P_{4.55}\cdot P_{4.58}\cdot I_{4.56}$，$P_{4.55}=P_{4.55}\cdot\overline{T_{4.56}}$，$P_{4.58}=P_{4.58}\cdot\overline{T_{4.56}}$，$P_{4.57}=P_{4.57}+T_{4.56}$

$T_{4.57}=P_{4.57}\cdot I_{4.57}$，$P_{4.57}=P_{4.57}\cdot\overline{T_{4.57}}$，$P_{4.58}=P_{4.58}+T_{4.57}$

$T_{4.58}=P_{4.55}\cdot P_{4.60}\cdot I_{4.58}$，$P_{4.55}=P_{4.55}\cdot\overline{T_{4.58}}$，$P_{4.60}=P_{4.60}\cdot\overline{T_{4.58}}$，$P_{4.59}=P_{4.59}+T_{4.58}$

$T_{4.59}=P_{4.59}\cdot I_{4.59}$，$P_{4.59}=P_{4.59}\cdot\overline{T_{4.59}}$，$P_{4.60}=P_{4.60}+T_{4.59}$

$T_{4.60}=P_{4.57}\cdot P_{4.59}\cdot P_{4.62}\cdot I_{4.60}$，$P_{4.57}=P_{4.57}\cdot\overline{T_{4.60}}$，$P_{4.59}=P_{4.59}\cdot\overline{T_{4.60}}$，$P_{4.62}=P_{4.62}\cdot\overline{T_{4.60}}$，$P_{4.61}=P_{4.61}+T_{4.60}$

$T_{4.61}=P_{4.61}\cdot I_{4.61}$，$P_{4.61}=P_{4.61}\cdot\overline{T_{4.61}}$，$P_{4.62}=P_{4.62}+T_{4.61}$

$T_{4.62}=P_{4.61}\cdot P_{4.64}\cdot I_{4.62}$，$P_{4.61}=P_{4.61}\cdot\overline{T_{4.62}}$，$P_{4.64}=P_{4.64}\cdot\overline{T_{4.62}}$，$P_{4.63}=P_{4.63}+T_{4.62}$

$T_{4.63}=P_{4.63}\cdot I_{4.63}$，$P_{4.63}=P_{4.63}\cdot\overline{T_{4.63}}$，$P_{4.64}=P_{4.64}+T_{4.63}$

$T_{4.64}=P_{4.63}\cdot P_{4.66}\cdot I_{4.64}$，$P_{4.63}=P_{4.63}\cdot\overline{T_{4.64}}$，$P_{4.66}=P_{4.66}\cdot\overline{T_{4.64}}$，$P_{4.65}=P_{4.65}+T_{4.64}$

$T_{4.65}=P_{4.65}\cdot I_{4.65}$，$P_{4.65}=P_{4.65}\cdot\overline{T_{4.65}}$，$P_{4.66}=P_{4.66}+T_{4.65}$

$T_{4.66}=P_{4.65}\cdot P_{4.68}\cdot I_{4.66}$，$P_{4.65}=P_{4.65}\cdot\overline{T_{4.66}}$，$P_{4.68}=P_{4.68}\cdot\overline{T_{4.66}}$，$P_{4.67}=P_{4.67}+T_{4.66}$

$T_{4.67}=P_{4.67}\cdot I_{4.67}$，$P_{4.67}=P_{4.67}\cdot\overline{T_{4.67}}$，$P_{4.68}=P_{4.68}+T_{4.67}$

$T_{4.68}=P_{4.65}\cdot P_{4.70}\cdot I_{4.68}$，$P_{4.65}=P_{4.65}\cdot\overline{T_{4.68}}$，$P_{4.70}=P_{4.70}\cdot\overline{T_{4.68}}$，$P_{4.69}=P_{4.69}+T_{4.68}$

$T_{4.69}=P_{4.69}\cdot I_{4.69}$，$P_{4.69}=P_{4.69}\cdot\overline{T_{4.69}}$，$P_{4.70}=P_{4.70}+T_{4.69}$

$T_{4.70}=P_{4.67}\cdot P_{4.69}\cdot P_{4.72}\cdot I_{4.70}$，$P_{4.67}=P_{4.67}\cdot\overline{T_{4.70}}$，$P_{4.69}=P_{4.69}\cdot\overline{T_{4.70}}$，$P_{4.72}=P_{4.72}\cdot\overline{T_{4.70}}$，$P_{4.71}=P_{4.71}+T_{4.70}$

$T_{4.71}=P_{4.71}\cdot I_{4.71}$，$P_{4.71}=P_{4.71}\cdot\overline{T_{4.71}}$，$P_{4.72}=P_{4.72}+T_{4.71}$

$T_{4.72}=P_{4.71}\cdot P_{4.74}\cdot I_{4.72}$，$P_{4.71}=P_{4.71}\cdot\overline{T_{4.72}}$，$P_{4.74}=P_{4.74}\cdot\overline{T_{4.72}}$，$P_{4.73}=P_{4.73}+T_{4.72}$

$T_{4.73}=P_{4.73}\cdot I_{4.73}$，$P_{4.73}=P_{4.73}\cdot\overline{T_{4.73}}$，$P_{4.74}=P_{4.74}+T_{4.73}$

$T_{4.74}=P_{4.73}\cdot P_{4.76}\cdot I_{4.74}$，$P_{4.73}=P_{4.73}\cdot\overline{T_{4.74}}$，$P_{4.76}=P_{4.76}\cdot\overline{T_{4.74}}$，$P_{4.75}=P_{4.75}+T_{4.74}$

$T_{4.75}=P_{4.75}\cdot I_{4.75}$，$P_{4.75}=P_{4.75}\cdot\overline{T_{4.75}}$，$P_{4.76}=P_{4.76}+T_{4.75}$

$T_{4.76}=P_{4.73}\cdot P_{4.78}\cdot I_{4.76}$，$P_{4.73}=P_{4.73}\cdot\overline{T_{4.76}}$，$P_{4.78}=P_{4.78}\cdot\overline{T_{4.76}}$，$P_{4.77}=P_{4.77}+T_{4.76}$

$T_{4.77}=P_{4.77}\cdot I_{4.77}$，$P_{4.77}=P_{4.77}\cdot\overline{T_{4.77}}$，$P_{4.78}=P_{4.78}+T_{4.77}$

$T_{4.78}=P_{4.75}\cdot P_{4.77}\cdot P_{4.80}\cdot I_{4.78}$，$P_{4.75}=P_{4.75}\cdot\overline{T_{4.78}}$，$P_{4.77}=P_{4.77}\cdot\overline{T_{4.78}}$，$P_{4.36}=P_{4.36}\cdot\overline{T_{4.34}}$，$P_{4.79}=P_{4.79}+T_{4.78}$

$T_{4.79}=P_{4.79}\cdot I_{4.79}$，$P_{4.79}=P_{4.79}\cdot\overline{T_{4.79}}$，$P_{4.80}=P_{4.80}+T_{4.79}$

$T_{4.80}=P_{4.79}\cdot P_{4.82}\cdot I_{4.80}$，$P_{4.79}=P_{4.79}\cdot\overline{T_{4.80}}$，$P_{4.82}=P_{4.82}\cdot\overline{T_{4.80}}$，$P_{4.81}=P_{4.381}+T_{4.80}$

$T_{4.81}=P_{4.81}\cdot I_{4.81}$，$P_{4.81}=P_{4.81}\cdot\overline{T_{4.81}}$，$P_{4.82}=P_{4.82}+T_{4.81}$

$T_{4.82}=P_{4.79}\cdot P_{4.84}\cdot I_{4.82}$，$P_{4.79}=P_{4.79}\cdot\overline{T_{4.82}}$，$P_{4.84}=P_{4.84}\cdot\overline{T_{4.82}}$，$P_{4.83}=P_{4.83}+T_{4.82}$

$T_{4.83}=P_{4.83}\cdot I_{4.83}$，$P_{4.83}=P_{4.83}\cdot\overline{T_{4.83}}$，$P_{4.84}=P_{4.84}+T_{4.83}$

$T_{4.84}=P_{4.81}\cdot P_{4.83}\cdot P_{4.86}\cdot I_{4.84}$，$P_{4.81}=P_{4.81}\cdot\overline{T_{4.84}}$，$P_{4.83}=P_{4.83}\cdot\overline{T_{4.84}}$，$P_{4.86}=P_{4.86}\cdot\overline{T_{4.84}}$，$P_{4.85}=P_{4.85}+T_{4.84}$

$T_{4.85}=P_{4.85}\cdot I_{4.85}$，$P_{4.85}=P_{4.85}\cdot\overline{T_{4.85}}$，$P_{4.86}=P_{4.86}+T_{4.85}$

$T_{4.86}=P_{4.85}\cdot P_{4.88}\cdot I_{4.86}$，$P_{4.85}=P_{4.85}\cdot\overline{T_{4.86}}$，$P_{4.88}=P_{4.88}\cdot\overline{T_{4.86}}$，$P_{4.87}=P_{4.87}+T_{4.86}$

$T_{4.87}=P_{4.87}\cdot I_{4.87}$，$P_{4.87}=P_{4.87}\cdot\overline{T_{4.87}}$，$P_{4.88}=P_{4.88}+T_{4.87}$

$T_{4.88}=P_{4.87}\cdot P_{4.90}\cdot I_{4.88}$，$P_{4.87}=P_{4.87}\cdot\overline{T_{4.88}}$，$P_{4.90}=P_{4.90}\cdot\overline{T_{4.88}}$，$P_{4.89}=P_{4.89}+T_{4.88}$

$T_{4.89}=P_{4.89}\cdot I_{4.89}$，$P_{4.89}=P_{4.89}\cdot\overline{T_{4.89}}$，$P_{4.90}=P_{4.90}+T_{4.89}$

$T_{4.90}=P_{4.89}\cdot P_{4.92}\cdot I_{4.90}$，$P_{4.89}=P_{4.89}\cdot\overline{T_{4.90}}$，$P_{4.92}=P_{4.92}\cdot\overline{T_{4.90}}$，$P_{4.91}=P_{4.91}+T_{4.90}$

$T_{4.91}=P_{4.91}\cdot I_{4.91}$，$P_{4.91}=P_{4.91}\cdot\overline{T_{4.91}}$，$P_{4.92}=P_{4.92}+T_{4.91}$

$T_{4.92}=P_{4.89}\cdot P_{4.94}\cdot I_{4.92}$，$P_{4.89}=P_{4.89}\cdot\overline{T_{4.92}}$，$P_{4.94}=P_{4.94}\cdot\overline{T_{4.92}}$，$P_{4.93}=P_{4.93}+T_{4.92}$

$T_{4.93}=P_{4.93}\cdot I_{4.93}$，$P_{4.93}=P_{4.93}\cdot\overline{T_{4.93}}$，$P_{4.94}=P_{4.94}+T_{4.93}$

$T_{4.94}=P_{4.47}\cdot P_{4.49}\cdot P_{4.91}\cdot P_{4.93}\cdot I_{4.94}$，$P_{4.49}=P_{4.49}\cdot\overline{T_{4.94}}$，$P_{4.47}=P_{4.47}\cdot\overline{T_{4.94}}$，$P_{4.91}=P_{4.91}\cdot\overline{T_{4.94}}$，$P_{4.93}=P_{4.93}\cdot\overline{T_{4.94}}$，$P_{4.95}=P_{4.95}+T_{4.94}$

$T_{4.95}=P_{4.95}\cdot I_{4.95}$，$P_{4.95}=P_{4.95}\cdot\overline{T_{4.95}}$，$P_{4.96}=P_{4.96}+T_{4.95}$

$T_{4.96}=P_{4.96}\cdot I_{4.96}$，$P_{4.96}=P_{4.96}\cdot\overline{T_{4.96}}$，$P_{4.97}=P_{4.97}+T_{4.96}$

$T_{4.97}=P_{4.97}\cdot I_{4.97}$，$P_{4.97}=P_{4.97}\cdot\overline{T_{4.97}}$，$P_{4.98}=P_{4.98}+T_{4.97}$

$T_{4.98}=P_{4.98}\cdot I_{4.98}$，$P_{4.98}=P_{4.98}\cdot\overline{T_{4.98}}$，$P_{4.99}=P_{4.99}+T_{4.98}$

$T_{4.99}=P_{4.99}\cdot I_{4.99}$，$P_{4.99}=P_{4.99}\cdot\overline{T_{4.99}}$，$P_{4.100}=P_{4.100}+T_{4.99}$

$T_{4.100}=P_{4.100}\cdot I_{4.100}$，$P_{4.100}=P_{4.100}\cdot\overline{T_{4.100}}$，$P_{4.101}=P_{4.101}+T_{4.100}$

$T_{4.101}=P_{4.101}\cdot I_{4.101}$，$P_{4.101}=P_{4.101}\cdot\overline{T_{4.101}}$，$P_{4.0}=P_{4.0}+T_{4.101}$

接着将上述稻壳粉碎自动控制逻辑表达式进行化简，限于篇幅，这里以 $T_{4.0}$ ~ $T_{4.9}$和 $P_{4.0}$ ~ $P_{4.9}$输出为样例进行化简，根据逻辑代数化简法进行化简后的逻辑表达式为如下。

M100 启动条件 $T_{4.0}$和粉碎起始状态 $P_{4.0}$逻辑表达式为：

$$T_{4.0}=P_{4.0}\cdot P_{4.2}\cdot I_{4.0},\ P_{4.0}=P_{4.0}\cdot\ (1+\overline{T_{4.0}})\ +T_{4.101}=P_{4.0}+T_{4.101} \tag{5-33}$$

M100 停止条件 $T_{4.1}$和 M110 启动输出 $P_{4.1}$逻辑表达式为：

$$T_{4.1}=P_{4.1}\cdot I_{4.1},\ P_{4.1}=P_{4.1}\cdot\ (1+\overline{T_{4.2}}+\overline{T_{4.1}})\ +T_{4.0}=P_{4.1}+T_{4.0} \tag{5-34}$$

M125 启动条件 $T_{4.2}$和 M110 停止输出 $P_{4.2}$逻辑表达式为：

$$T_{4.2}=P_{4.1}\cdot P_{4.4}\cdot I_{4.2},\ P_{4.2}=P_{4.2}\cdot\ (1+\overline{T_{4.0}})\ +T_{4.1}=P_{4.2}+T_{4.1} \tag{5-35}$$

M125 停止条件 $T_{4.3}$和 M125 启动输出 $P_{4.3}$逻辑表达式为：

$$T_{4.3}=P_{4.3}\cdot I_{4.3},\ P_{4.3}=P_{4.3}\cdot\ (1+\overline{T_{4.4}}+\overline{T_{4.3}})\ +T_{4.2}=P_{4.3}+T_{4.2} \tag{5-36}$$

M126 启动条件 $T_{4.4}$和 M125 停止输出 $P_{4.4}$逻辑表达式为：

$$T_{4.4}=P_{4.3}\cdot P_{4.6}\cdot I_{4.4},\ P_{4.4}=P_{4.4}\cdot\ (1+\overline{T_{4.2}})\ +T_{4.3}=P_{4.4}+T_{4.3} \tag{5-37}$$

M126 停止条件 $T_{4.5}$和 M126 启动输出 $P_{4.5}$逻辑表达式为：

$$T_{4.5}=P_{4.5}\cdot I_{4.5},\ P_{4.5}=P_{4.5}\cdot\ (1+\overline{T_{4.6}}+\overline{T_{4.50}}+\overline{T_{4.5}})\ +T_{4.4}=P_{4.5}+T_{4.4} \tag{5-38}$$

M92 启动条件 $T_{4.6}$和 M126 停车输出 $P_{4.6}$逻辑表达式为：

$$T_{4.6}=P_{4.5}\cdot P_{4.8}\cdot I_{4.6},\ P_{4.6}=P_{4.6}\cdot\ (1+\overline{T_{4.4}})\ +T_{4.5}=P_{4.6}+T_{4.5} \tag{5-39}$$

M92 停止条件 $T_{4.7}$和 M92 启动输出 $P_{4.7}$逻辑表达式为：

$$T_{4.7}=P_{4.7}\cdot I_{4.7},\ P_{4.7}=P_{4.7}\cdot\ (1+\overline{T_{4.7}}+\overline{T_{4.8}})\ +T_{4.6}=P_{4.7}+T_{4.6} \tag{5-40}$$

M94 启动条件 $T_{4.8}$和 M92 停车输出 $P_{4.8}$逻辑表达式为：

$$T_{4.8}=P_{4.7}\cdot P_{4.10}\cdot I_{4.8},\ P_{4.8}=P_{4.8}\cdot\ (1+\overline{T_{4.6}})\ +T_{4.7}=P_{4.8}+T_{4.7} \tag{5-41}$$

M94 停止条件 $T_{4.9}$和 M94 启动输出 $P_{4.9}$逻辑表达式为：

$$T_{4.9}=P_{4.9}\cdot I_{4.9},\ P_{4.9}=P_{4.9}\cdot\ (\overline{T_{4.9}}+\overline{T_{4.10}}+1)\ +T_{4.8}=P_{4.9}+T_{4.8} \tag{5-42}$$

将式（5－33）～式（5－42）逻辑表达式的库所和变迁分配相应的 PLC 地址，并将逻辑表达式中的“·”“+”“—”关系分别与 PLC 的“与”“或”“非”逻辑指令相对应，并结合 PLC 的定时器、计数器等功能指令，转换后的稻壳粉碎段自动化控制部分控制的 PLC 梯形图程序如图 5－12 所示。

程序段1：T4.0 P4.0

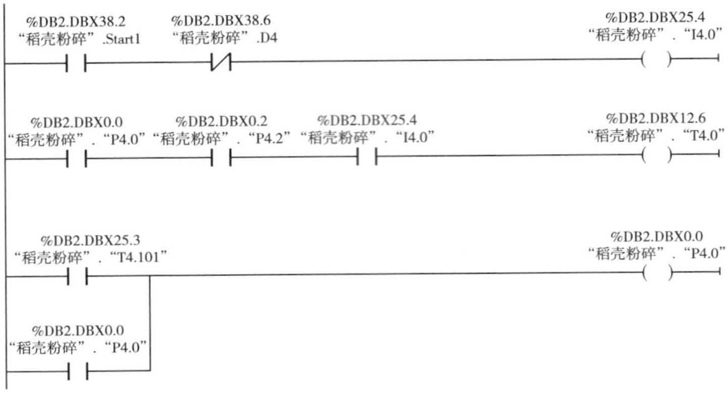

%DB2.DBX38.2
“稻壳粉碎”.Start1

%DB2.DBX38.6
“稻壳粉碎”.D4

%DB2.DBX25.4
“稻壳粉碎”.“I4.0”

%DB2.DBX0.0
“稻壳粉碎”.“P4.0”

%DB2.DBX0.2
“稻壳粉碎”.“P4.2”

%DB2.DBX25.4
“稻壳粉碎”.“I4.0”

%DB2.DBX12.6
“稻壳粉碎”.“T4.0”

%DB2.DBX25.3
“稻壳粉碎”.“T4.101”

%DB2.DBX0.0
“稻壳粉碎”.“P4.0”

%DB2.DBX0.0
“稻壳粉碎”.“P4.0”

程序段2：T4.1 P4.1

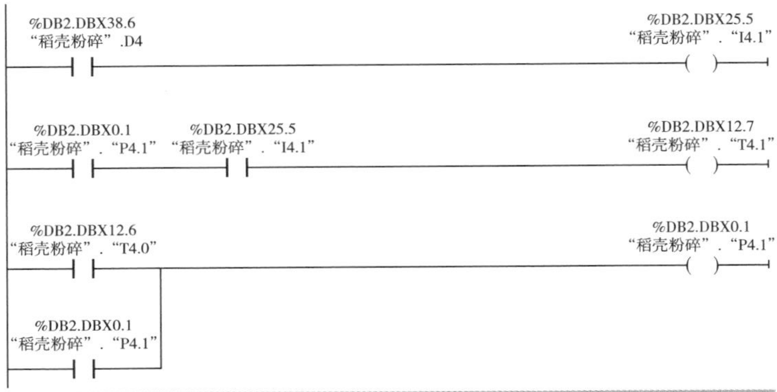

%DB2.DBX38.6
“稻壳粉碎”.D4

%DB2.DBX25.5
“稻壳粉碎”.“I4.1”

%DB2.DBX0.1
“稻壳粉碎”.“P4.1”

%DB2.DBX25.5
“稻壳粉碎”.“I4.1”

%DB2.DBX12.7
“稻壳粉碎”.“T4.1”

%DB2.DBX12.6
“稻壳粉碎”.“T4.0”

%DB2.DBX0.1
“稻壳粉碎”.“P4.1”

%DB2.DBX0.1
“稻壳粉碎”.“P4.1”

程序段3：T4.2 P4.2

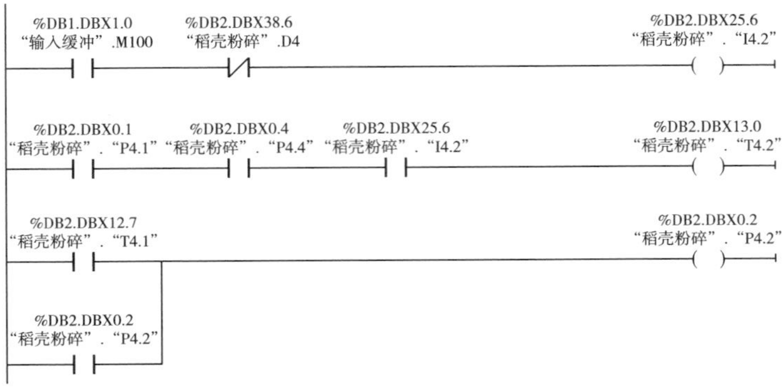

%DB1.DBX1.0
“输入缓冲”.M100

%DB2.DBX38.6
“稻壳粉碎”.D4

%DB2.DBX25.6
“稻壳粉碎”.“I4.2”

%DB2.DBX0.1
“稻壳粉碎”.“P4.1”

%DB2.DBX0.4
“稻壳粉碎”.“P4.4”

%DB2.DBX25.6
“稻壳粉碎”.“I4.2”

%DB2.DBX13.0
“稻壳粉碎”.“T4.2”

%DB2.DBX12.7
“稻壳粉碎”.“T4.1”

%DB2.DBX0.2
“稻壳粉碎”.“P4.2”

%DB2.DBX0.2
“稻壳粉碎”.“P4.2”

程序段4：T4.3 P4.3

%DB1.DBX1.0
“输入缓冲”.M100

%DB2.DBX25.7
“稻壳粉碎”.“I4.3”

%DB2.DBX38.6
“稻壳粉碎”.D4

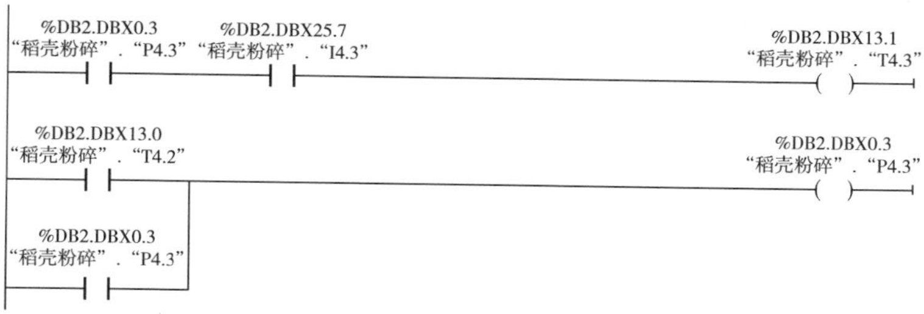

%DB2.DBX0.3 “稻壳粉碎”.“P4.3” %DB2.DBX25.7 “稻壳粉碎”.“I4.3” %DB2.DBX13.1 “稻壳粉碎”.“T4.3”

%DB2.DBX13.0 “稻壳粉碎”.“T4.2” %DB2.DBX0.3 “稻壳粉碎”.“P4.3”

%DB2.DBX0.3 “稻壳粉碎”.“P4.3”

程序段5：T4.4 P4.4

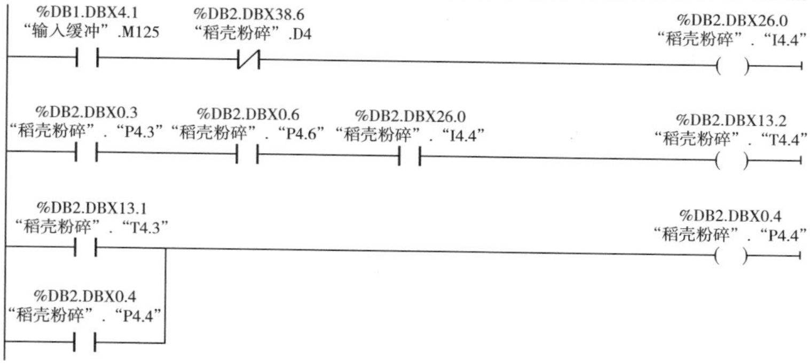

%DB1.DBX4.1 “输入缓冲”.M125 %DB2.DBX38.6 “稻壳粉碎”.D4 %DB2.DBX26.0 “稻壳粉碎”.“I4.4”

%DB2.DBX0.3 “稻壳粉碎”.“P4.3” %DB2.DBX0.6 “稻壳粉碎”.“P4.6” %DB2.DBX26.0 “稻壳粉碎”.“I4.4” %DB2.DBX13.2 “稻壳粉碎”.“T4.4”

%DB2.DBX13.1 “稻壳粉碎”.“T4.3” %DB2.DBX0.4 “稻壳粉碎”.“P4.4”

%DB2.DBX0.4 “稻壳粉碎”.“P4.4”

程序段6：T4.5 P4.5

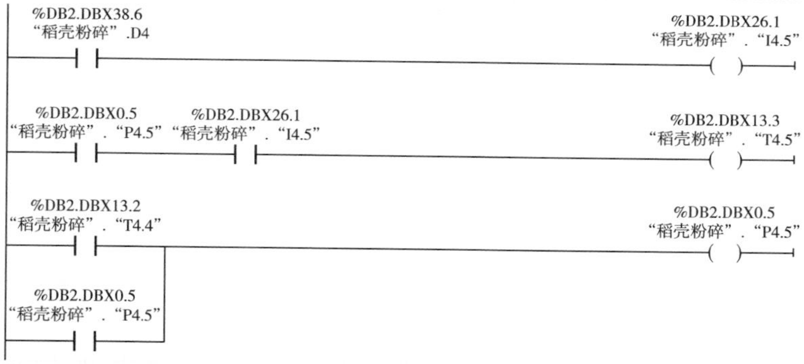

%DB2.DBX38.6 “稻壳粉碎”.D4 %DB2.DBX26.1 “稻壳粉碎”.“I4.5”

%DB2.DBX0.5 “稻壳粉碎”.“P4.5” %DB2.DBX26.1 “稻壳粉碎”.“I4.5” %DB2.DBX13.3 “稻壳粉碎”.“T4.5”

%DB2.DBX13.2 “稻壳粉碎”.“T4.4” %DB2.DBX0.5 “稻壳粉碎”.“P4.5”

%DB2.DBX0.5 “稻壳粉碎”.“P4.5”

程序段7：T4.6 P4.6

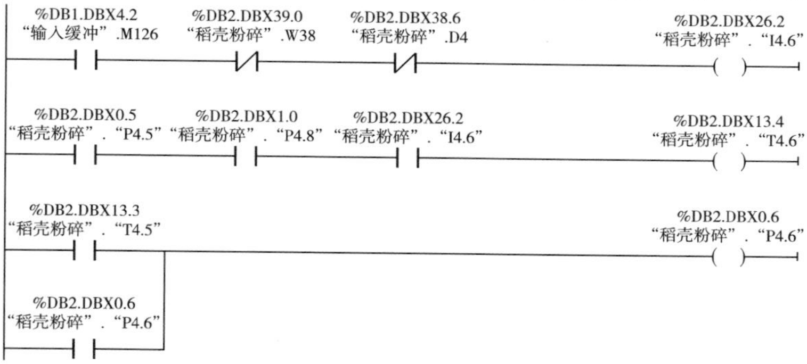

%DB1.DBX4.2 “输入缓冲”.M126 %DB2.DBX39.0 “稻壳粉碎”.W38 %DB2.DBX38.6 “稻壳粉碎”.D4 %DB2.DBX26.2 “稻壳粉碎”.“I4.6”

%DB2.DBX0.5 “稻壳粉碎”.“P4.5” %DB2.DBX1.0 “稻壳粉碎”.“P4.8” %DB2.DBX26.2 “稻壳粉碎”.“I4.6” %DB2.DBX13.4 “稻壳粉碎”.“T4.6”

%DB2.DBX13.3 “稻壳粉碎”.“T4.5” %DB2.DBX0.6 “稻壳粉碎”.“P4.6”

%DB2.DBX0.6 “稻壳粉碎”.“P4.6”

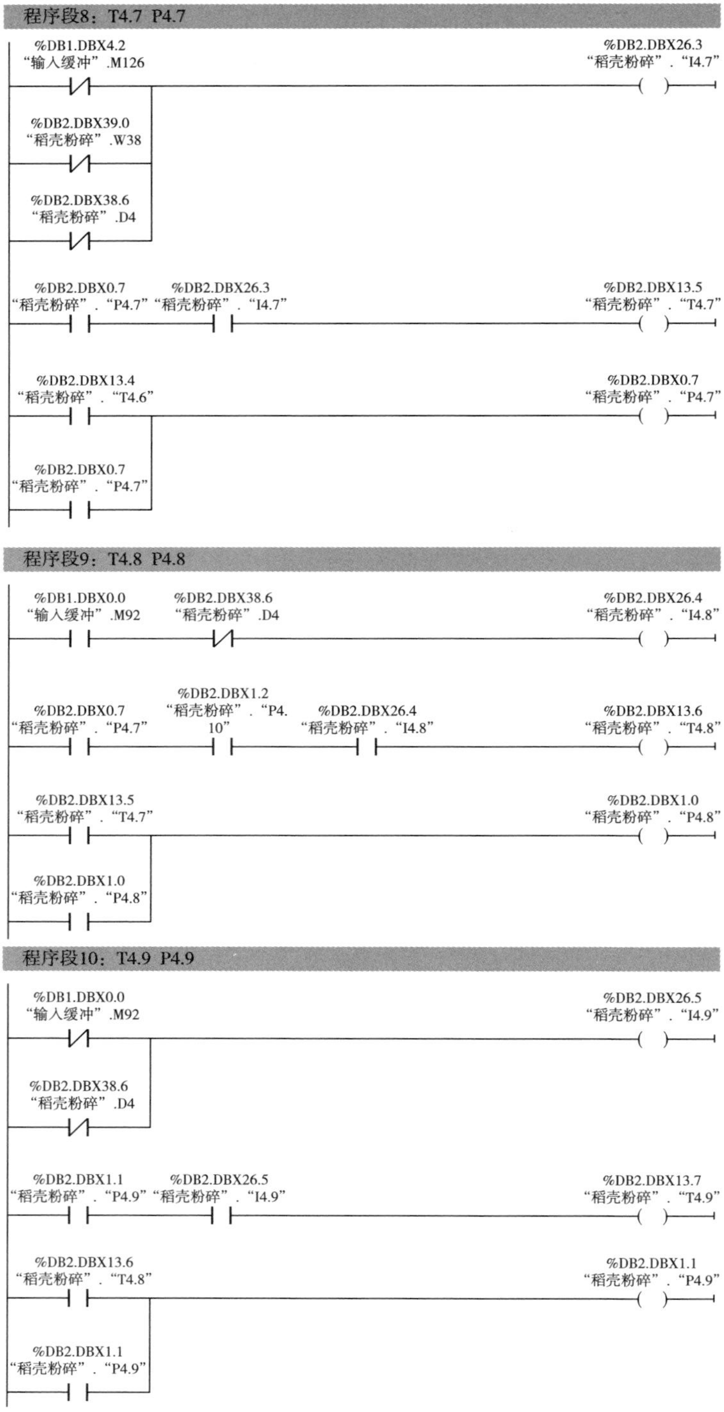

程序段8：T4.7 P4.7

%DB1.DBX4.2 "输入缓冲".M126
%DB2.DBX39.0 "稻壳粉碎".W38
%DB2.DBX38.6 "稻壳粉碎".D4
%DB2.DBX26.3 "稻壳粉碎"."I4.7"

%DB2.DBX0.7 "稻壳粉碎"."P4.7"
%DB2.DBX26.3 "稻壳粉碎"."I4.7"
%DB2.DBX13.5 "稻壳粉碎"."T4.7"

%DB2.DBX13.4 "稻壳粉碎"."T4.6"
%DB2.DBX0.7 "稻壳粉碎"."P4.7"
%DB2.DBX0.7 "稻壳粉碎"."P4.7"

程序段9：T4.8 P4.8

%DB1.DBX0.0 "输入缓冲".M92
%DB2.DBX38.6 "稻壳粉碎".D4
%DB2.DBX26.4 "稻壳粉碎"."I4.8"

%DB2.DBX0.7 "稻壳粉碎"."P4.7"
%DB2.DBX1.2 "稻壳粉碎"."P4.10"
%DB2.DBX26.4 "稻壳粉碎"."I4.8"
%DB2.DBX13.6 "稻壳粉碎"."T4.8"

%DB2.DBX13.5 "稻壳粉碎"."T4.7"
%DB2.DBX1.0 "稻壳粉碎"."P4.8"
%DB2.DBX1.0 "稻壳粉碎"."P4.8"

程序段10：T4.9 P4.9

%DB1.DBX0.0 "输入缓冲".M92
%DB2.DBX38.6 "稻壳粉碎".D4
%DB2.DBX26.5 "稻壳粉碎"."I4.9"

%DB2.DBX1.1 "稻壳粉碎"."P4.9"
%DB2.DBX26.5 "稻壳粉碎"."I4.9"
%DB2.DBX13.7 "稻壳粉碎"."T4.9"

%DB2.DBX13.6 "稻壳粉碎"."T4.8"
%DB2.DBX1.1 "稻壳粉碎"."P4.9"
%DB2.DBX1.1 "稻壳粉碎"."P4.9"

图5-12 稻壳粉碎自动控制部分程序

第四节　故障软件设计

稻米加工控制系统中的设备和闸门在控制运行过程中，需要显示其运行状态，包含正常运行状态指示和故障提示。故障指示主要显示设备非正常运行状态，包含不同原因引起的任何故障，采用声光输出警告。

一、设备故障处理程序

设备故障包含断路器故障、接触器故障和提升机运行故障，前两种故障其中一个发生时该设备将显示故障，也可以独立显示具体哪个故障产生。

设备主电路断路器故障判断主要是设备控制信号输出后，判断断路器常闭触点是否闭合，如果其闭合则可认为设备断路器故障。

设备接触器故障判断主要是当设备控制信号输出后，判断接触器的常开触点是否闭合，如果其断开则可认为设备接触器故障。

图 5 – 13 所示为系统设备故障处理程序，以 1#提升机 M12 设备故障与运行故障判断的工作过程为例进行叙述。M12 控制输出点为 Q12. 3，接触器检测传感器输入点为 I13. 7，断路器常闭触点输入点为 I13. 6，提升机失速检测接近传感器输入信号为 I14. 0，设备故障延时判断定时器为“延时时间 . M12 故障”，M12 故障指示分配了 DB2. DBX5. 5，断路器故障指示分配了 DB2. DBX5. 0，接触器故障运行指示分配了 DB2. DBX4. 7，失速故障判断定时器为“延时时间 . M12 失速”，失速故障运行指示分配了 DB2. DBX5. 1。

当 M12 控制输出时 Q12. 3 为“ON”，设备输出正常，如果在 10s 内故障判断延时条件为 OFF，“延时时间 . M1 故障”定时将不会成功，表明设备正常，如果定时器定时成功则表明设备没有运行。

设备机械故障主要表现为，PLC 控制设备信号存在、接触器正常吸合，但电机没有工作或者电机正常工作而设备不旋转等。这里在控制信号输出后，通过传感器检测设备旋转情况，设备旋转一圈产生一个脉冲信号，如果在 3s 内无脉冲产生则认为设备机械故障。

二、闸门故障处理程序

本系统中所用闸门均为气动闸门，闸门的控制信号有 1 路输出，闸门开到位信号反馈输入 PLC，因此闸门故障判断主要完成闸门开到位判断。

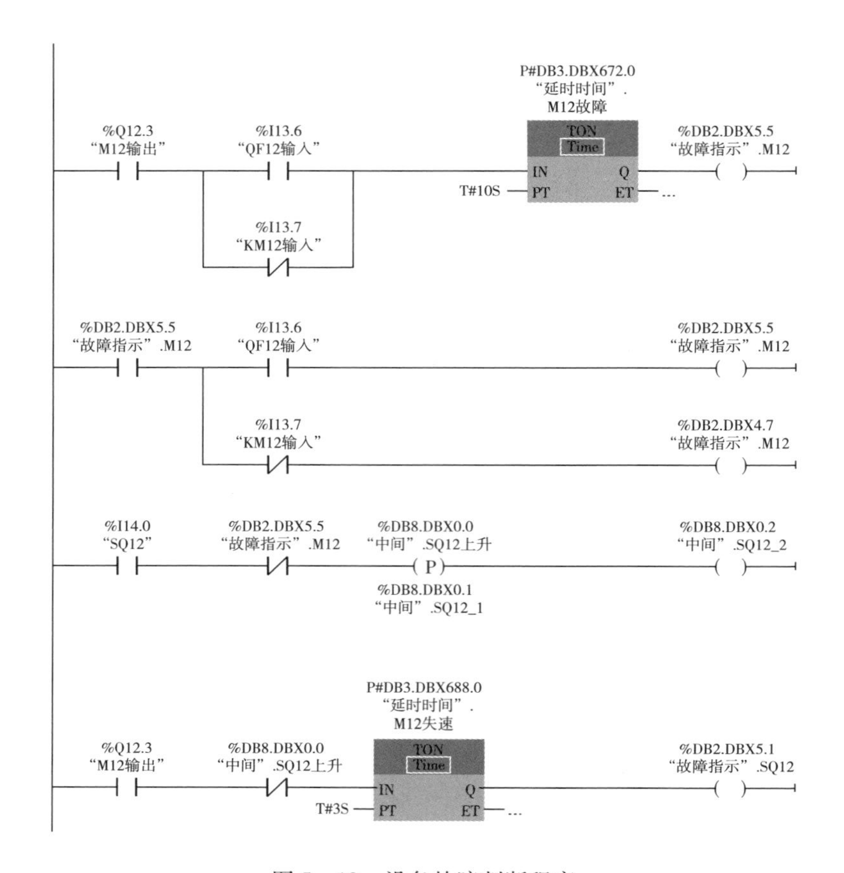

图 5－13　设备故障判断程序

根据系统工艺需求，当闸门驱动动作输出后，在一定时间内判断开到位反馈触点是否闭合，如果没有闭合则可认为闸门故障。

图 5－14 所示为系统闸门故障处理程序，以原粮进粮闸门故障的工作过程为例进行描述。W1 控制输出点为 Q22. 3，LW1 开到位检测传感器输入点为 I11. 3，闸门故障延时判断定时器为“延时时间．W1 故障”，W1 故障指示分配了 DB2. DBX5. 7。

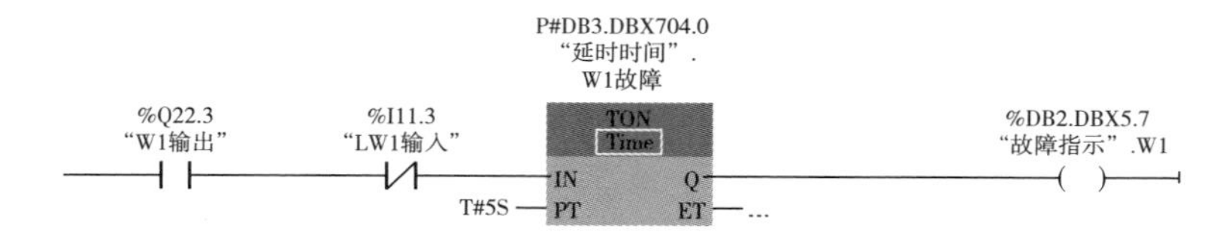

图 5－14　闸门故障判断程序

当 W1 控制输出时 Q22.3 为"ON"，如果闸门正常运行，在 5s 内如果 W1 开到位，"延时时间 . W1 故障"定时将不会成功，表明闸门正常，如果定时器定时成功则表明闸门没有打开。

三、故障报警程序

该系统中料位满故障、设备运行故障和闸门打开故障发生时，均需要通过警号报警，并在上位机上显示，上位机界面报警显示可以一直存在直到故障解除，而警号长时间工作既影响警号寿命，又使现场噪声增加。这里当任何设备故障时均触发警号报警，警号关闭有两种方式，一是人为在上位机上解除报警，另一种是任何故障产生后，延时 10s 后自动关闭警号，系统故障报警流程如图 5－15 所示。

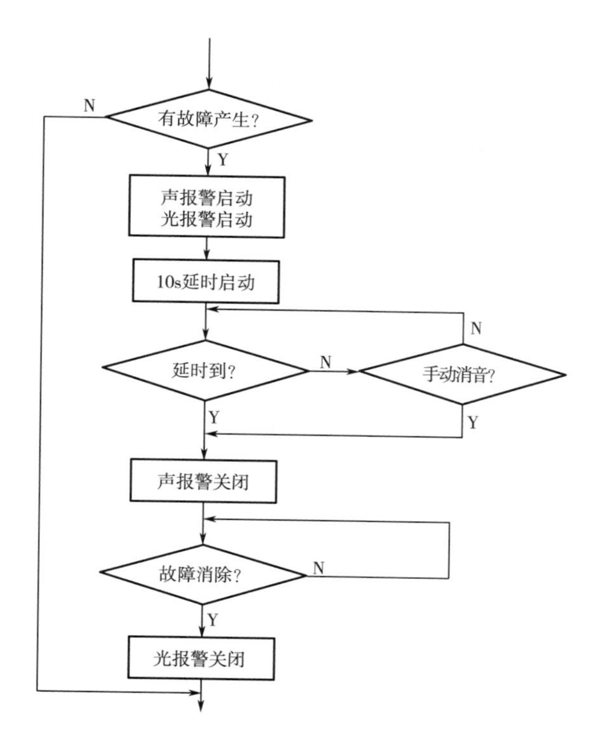

图 5－15　系统故障报警程序

第六章　稻米加工人机界面技术

人机界面主要实现操作人员与控制系统之间进行对话和信息交换。本控制系统以安装在中控室里的监控计算机为人机交流主机，完成加工工艺流程中作业设备的控制、系统操作、流程画面及图形显示、监控等工作。

第一节　稻米加工控制系统人机软件概述

在稻米加工人机界面软件开发平台选择时，可以使用 Visual Basic、Visual C++、C#等软件平台，但所有功能均需要用户编写代码来实现，语言灵活，功能多样性，然而开发周期较长；而在组态软件里，集成了大部分通用底层协议，开发环境里的元件简单设置就可以通过变量呈现相应效果，人机交流界面可以快速设计完成，整个项目开发周期短。目前主流的组态软件有 InTouch、IFix、Citech、WinCC、组态王（KingView）、三维力控、MCGS 等，它们各具特色，由于组态王在国内的应用广泛，其功能完全能胜任稻米加工控制系统对人机的需求，因此选用组态王作为本系统人机界面软件开发平台。

一、组态软件主要功能特性

1. 组态王软件特点

组态王是专用于过程控制、监视、数据采集的软件开发平台。它可以看作是一系列的功能子系统集合，数据库组态子系统是系统的核心，画面图形组态子系统通过更新产生数据采集需求，以实时和历史两种方式调用通信组态子系统与下位机主控器通信，完成数据采集，并最终在图形画面显示，平台对 I/O 设备具有广泛的支持性，一般提供通用通信协议的设备驱动、标准 DDE、OPC 接口等方式与设备进行数据交换。在进行软件设计的时候，分解的各功能子系统又可以是单独的软件组件。各子系统又提供了大量的如图表、数据处理、曲线等一系列的控件，通过整合数据词典变量、控件和命令语言即可实现工程上自定义的需求。如图 6-1 所示为组态王软件模块图。

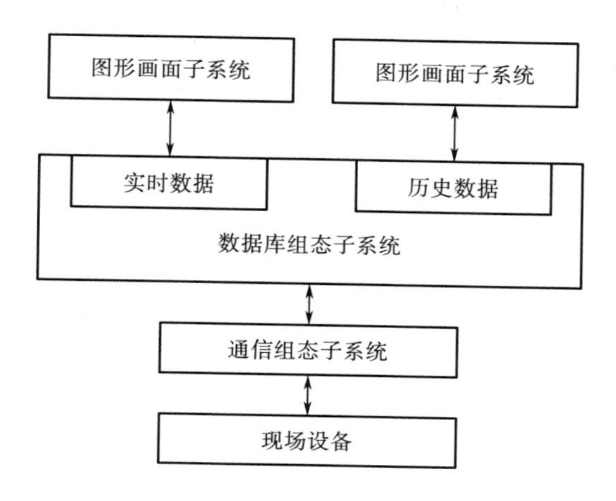

图 6-1　组态王软件模块图

组态王主要具备以下优势：

①节省开发费用，无论是初次开发或是二次开发，已有的功能组件都能大大减少开发的难度以及成本。

②灵活性、可拓展性强，当需要根据使用需要改变部分功能时，只需要增加、删除或修改当前功能模块，不需要系统的改变软件，且易于维护。

③可集成性好，由于实时、多任务的特性，可在同一台监控计算机软件上同时监控多个不同现场设备。且平台提供大量通用设备的 I/O 驱动，一般无需重新开发。

④良好的人机体验，图形画面丰富，功能齐全、方便操作。

组态王提供了全新的图形库，包含了大量预先建立好的组合图形对象，例如，控制按钮、指示表、阀门、电机、泵、管路和其他标准工业元件。图库中的元素称为“图库精灵”，使用“图库精灵”将极大地加快应用系统的构造。为满足稻米加工行业用户的需要，图库被设计成可扩充的。设计者可以创建图库精灵，把稻米加工设备加入到图库中去，或者把不再需要的精灵从图库中删除，设计者还可以创建新的图库。

组态王提供一套全新的、集成的报表系统，内部提供丰富的报表函数，例如，日期和时间函数、逻辑函数、统计函数等，用户可创建多样的报表。用户可以根据工程的需要任意改变报表的外观。报表能够进行组态，例如，有日报表、月报表、年报表、实时报表的组态，操作简单，功能齐全。例如，日报表的组态只需用户选择需要的变量和每个变量的收集间隔时间。另外，提供报表模板，方便用户调入其他表格。

Excel 是 Windows 系统中最为流行的电子表格程序，功能非常强大。利用组态王提供的历史数据库编程接口和 DDE 进行数据交换，应用系统中的数据可以方便地在 Excel 中形成报表及产品报告。操作者可以充分利用 Excel 的功能以不同方式对历史数据进行分析，绘制图表并打印输出。分析后的结果还可以通过 DDE 传回来。

组态王对通信程序做了多种优化处理，尽量使通信瓶颈对系统的影响最小，同时保证数据传递的及时和准确。组态王采取的优化措施之一为以每 55ms 为一个级别，优先级越高的变量采集的次数越多，保证关键变量的采集，定义一个采集频率为 110ms 的变量和定义为 220ms 的变量相比，在后一个变量采集一次的情况下，前一个变量必须保证两次采集。对于变量要求同时采集的情况，组态王中对于属于同一结构成员的，且连接在同一设备上的结构变量以成员变量的最小采集频率对所有成员进行同时采集。

组态王对全部通信过程采取动态管理的方法，如果变量没有定义历史记录或报警，则只有在数据被上位机需要时才进行采集；对于那些暂时不需要更新的数据则尽可能减少通信。这种方式可以大大缓解串口通信速率慢的矛盾，提高系统的效率。

组态王把对一个设备的多种通信请求（动画显示、历史数据记录、报表生成等）尽可能地合并，一次采集的数据将满足多个功能模块的需要。大多数的下位机都支持多个数据一次采集完成。组态王将尽可能地把需要采集的变量进行优化组合，在一次采集过程中得到大量有效数据。这种优化方式也有效地减少了通信的次数。

2. 组态王软件开发过程

KingView 平台的软件开发一般性流程如图 6－2 所示，在创建新的工程后，根据下位机主控器设备信息选择合适的设备驱动、电气接口、设备地址等，在

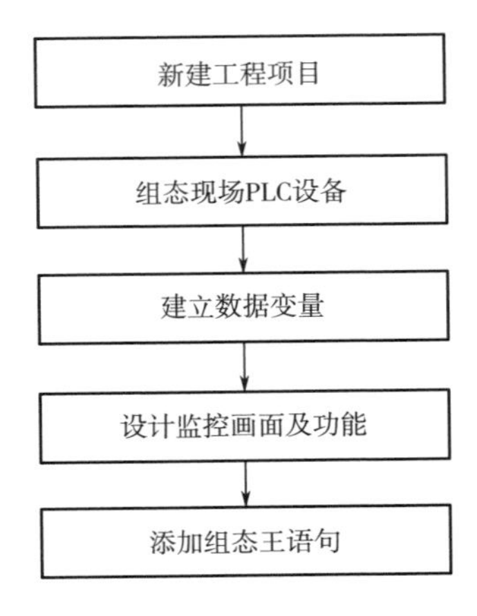

图 6－2　组态王软件开发流程

创建数据库过程中，利用设备的参数在软件中建立唯一对应的数据词典变量，并定义好相关的寄存器信息、数据类型、采集时间、历史记录方式、报警定义等相关信息。最后通过平台提供的模块化的功能组件创建画面，并在功能组件中定义需要引用的数据词典变量。一些特殊的功能可以通过平台提供的命令语言系统完成。

二、上位机需求

稻米加工自动控制系统通过监控计算机实时地、动态地显示工艺流程的作业情况，主要显示以下内容：

①工艺系统全貌显示；

②提升机、米机、色选机等设备的运行状态和故障显示；

③流程状态显示（选中、运行中、已运行等）；

④辅助设备（如风机、除尘器等）的状态显示（如运行和故障）；

⑤阀门的状态显示（开到位、故障等）；

⑥单台设备操作功能。

操作人员可根据上述的各类显示画面，按照工艺操作的需要选择流程，并经流程确认后，按逆料流方向启动流程设备，完成流程启动。当流程运行完成后，操作人员可以停止流程，流程设备按顺料流方向停止流程设备。

根据系统接收和显示的故障信息，指示故障所在流程、区域、故障设备名称、故障时间和故障原因，并有声光报警信号输出。所有监控画面显示和打印输出的文字为中文。

在显示画面中，能通过鼠标和下拉菜单操作选择需要的某个菜单画面、系统概貌图画面，如某个流程的具体画面、菜单画面、流程图画面、控制分组画面、报警画面、系统状态画面，画面中能够显示图形、符号、文本等多种组合。

在设计控制系统流程画面时，除在功能和内容上满足技术规格书的要求外，对画面的整体布局、视觉效果、配色等诸多方面均给予充分的考虑。

三、上位机软件结构

通过分析稻米加工控制系统上位机需求可知，上位机软件需要采集加工过程中物料流量和电能数据，同时实现与主控 PLC 的信息交流。因此上位机软件平台底层驱动程序存在两种情况，一方面由于现场安装的电能表和流量秤为厂家自定义的通信协议，在组态王中没有相应驱动，数据无法直接接入组态王平台，需要自主设计其通信驱动。另一方面系统下位机主控器选用了西门子 S7－1200 PLC，其在组态王中有其驱动可供组态。该系统软件以组态软件 KingView 为主，Visual Studio 6.0 为辅助工具完善软件功能，系统上位机软件结构框架如图 6－3 所示。电能表和流量秤通信驱动在 Visual Studio 6.0 中开发完成，经编译后形成一个可执行文件，通过 KingView 中 DDE 与组态王数据词典中变量交换数据，作为中间件在组态网络中实现软件与硬件设备的耦合。软件运行过程中人机界面的动画、报表、趋势曲线等功能画面的产生会更新数据词典的需求，根据更新数据词典的需求，上位机软件通过调用 DDE 对电能表和流量秤进行实时读写，完成数据的更新，从而使软件设计从面向硬件的形式转移到面向软件的形式。

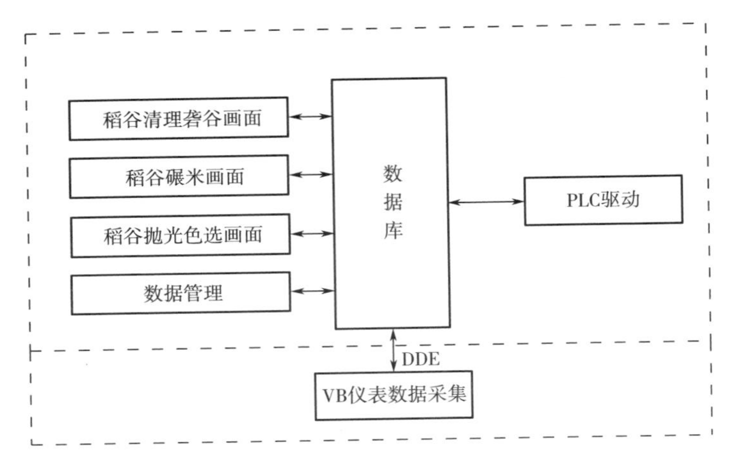

图 6－3　系统上位机软件结构框架

第二节　稻米加工人机工程建立

1. 组态王新工程建立

在建立新的组态王工程时，首先为工程指定工作目录。组态王用工作目录标识工程，不同的工程应置于不同的目录，工作目录下的文件由组态王自动管理。启动组态王工程管理器（ProjManager），选择菜单“文件→新建工程”或单击“新建”按钮，弹出如图 6－4 所示工程向导一。

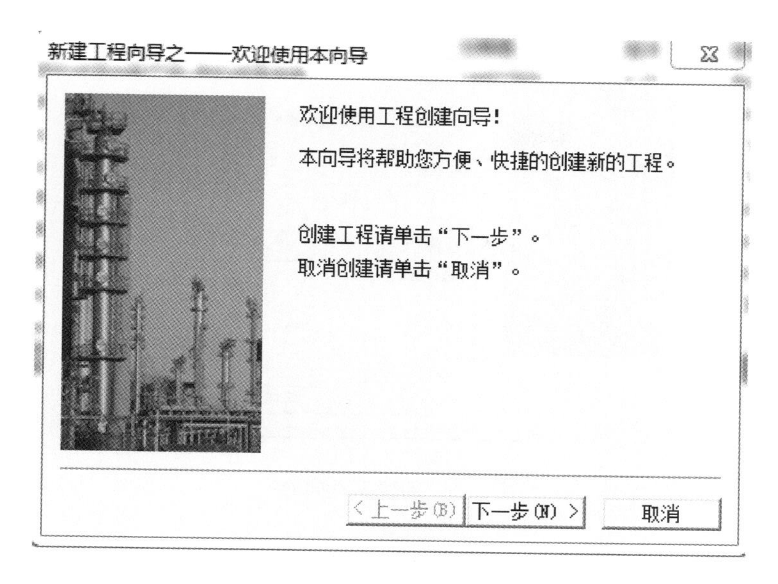

图 6－4　新建工程向导一

单击“下一步”继续。弹出“新建工程向导之二对话框”，如图 6－5 所示。

图 6－5　新建工程向导二

在工程路径文本框中输入一个有效的工程路径，或单击“浏览…”按钮，在弹出的路径选择对话框中选择一个有效的路径。单击“下一步”继续，弹出“新建工程向导之三对话框”，如图 6－6 所示。

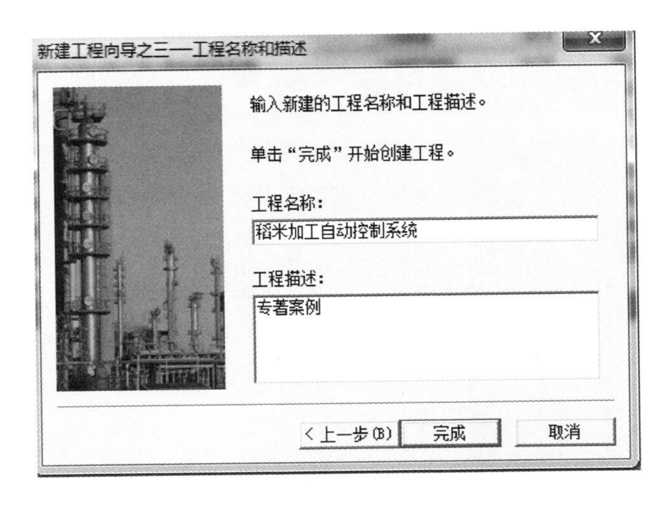

图 6－6　新建工程向导三

在工程名称文本框中输入工程的名称，该工程名称同时将被作为当前工程的路径名称。在工程描述文本框中输入对该工程的描述文字。工程名称长度应小于32个字符，工程描述长度应小于40个字符。单击“完成”完成工程的新建。系统会弹出对话框，询问用户是否将新建工程设为当前工程，如图6－7所示。

图 6－7　是否设为当前工程对话框

单击“否”按钮，则新建工程不是工程管理器的当前工程，如果要将该工程设为新建工程，还要执行“文件→设为当前工程”命令；单击“是”按钮，则将新建的工程设为组态王的当前工程。定义的工程信息会出现在工程管理器的信息表格中。双击该信息条或单击“开发”按钮或选择菜单“工具→切换到开发系统”，进入组态王的开发系统。

2. 定义 I/O 设备

组态王把那些需要与之交换数据的设备或程序都作为外部设备。外部设备包括 PLC、仪表、模块、板卡、变频器等，它们一般通过串行口和上位机交换数据；其他 Windows 应用程序，它们之间一般通过 DDE、OPC 交换数据；外部设备还包括网络上的其他计算机。

只有在定义了外部设备之后，组态王才能通过 I/O 变量和它们交换数据。为方便定义外部设备，组态王设计了“设备配置向导”引导用户一步步完成设备的连接。

根据图 6－3 系统上位机软件结构框架图可知，本系统中组态王的外部设备是西门子 S7－1200 PLC 和 VB 执行程序，分别通过 TCP 协议和 DDE 方式与组态王通信。

选择工程浏览器左侧大纲项“设备→COM1”，在工程浏览器右侧用鼠标左键双击“新建”图标，运行“设备配置向导”，如图 6－8 所示。

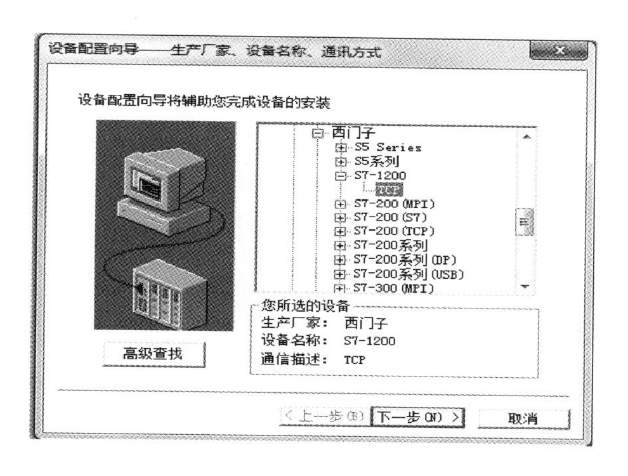

图 6－8　设备配置向导一

选择“西门子→S7－1200”的“TCP”项，单击“下一步”，弹出“逻辑名称”，设置名称为“S71200_1”，再单击“下一步”，为设备选择连接串口，假设为 COM1，单击“下一步”，弹出“设备地址设置指南”，如图 6－9 所示。

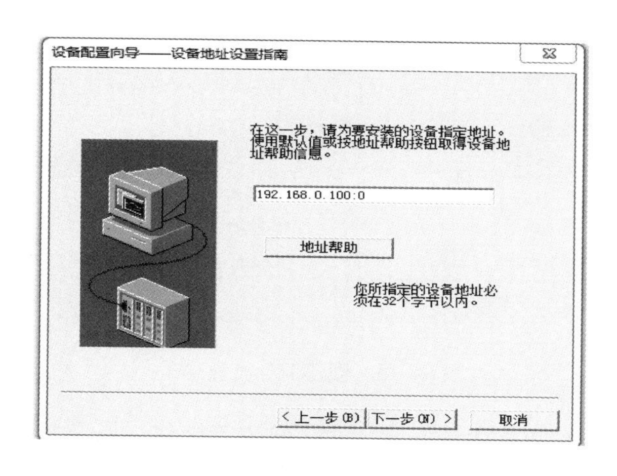

图 6－9　设备配置向导四

设备地址格式 PLC IP：CPU 槽号，假设为 192.168.0.100：0，依次单击“下一步”，请检查各项设置是否正确，确认无误后，单击“完成”。

设备定义完成后，可以在工程浏览器的右侧看到新建的外部设备“S71200_1”。在定义数据库变量时，只要把 I/O 变量连结到这台设备上，它就可以和组态王交换数据，数据采集程序与组态王通过 DDE 交换数据设置在第七章将详细描述。

第三节　稻米加工人机变量建立

数据库是稻米加工自动控制系统软件的核心部分，稻米加工现场的生产状况以动画的形式反映在屏幕上，操作者在计算机前发布的指令也要迅速送达生产现场，所有这一切都是以实时数据库为中介环节，所以说数据库是联系上位机和下位机的桥梁。在 TouchVew 运行时，它含有全部数据变量的当前值。变量在画面制作系统组态王画面开发系统中定义，定义时要指定变量名和变量类型，某些类型的变量还需要一些附加信息。数据库中变量的集合形象地称为“数据词典”，数据词典记录了所有用户可使用的数据变量的详细信息。

选择工程浏览器左侧大纲项“数据库→数据词典”，在工程浏览器右侧用鼠标左键双击“新建”图标，弹出“变量属性”对话框如图 6－10 所示。

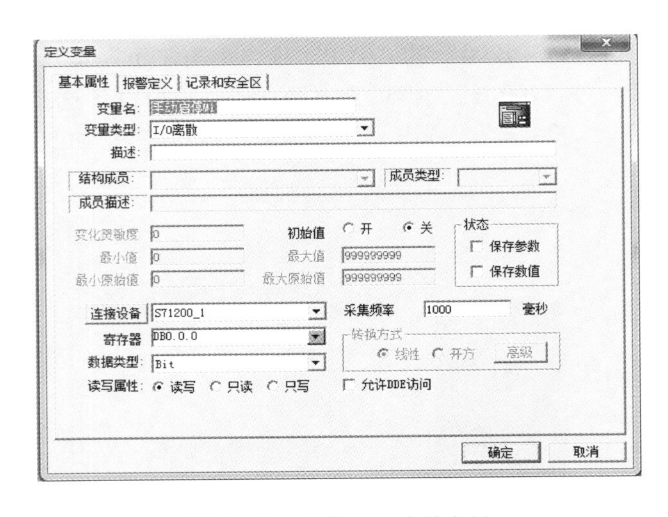

图 6－10　创建 I/O 离散变量

此对话框可以对数据变量完成定义、修改等操作，以及数据库的管理工作。在“变量名”处输入变量名，如：手动启停 M1；在“变量类型”处选择变量类型，如：I/O 离散，其寄存器为 DB0.0.0，数据类型 Bit，单击“确定”即可，主要 I/O 变量定义如表 6－1 所示。

表 6－1　人机 I/O 变量定义

变量名	变量类型	寄存器	功能	变量名	变量类型	寄存器	功能
手动 M1	I/O 离散	DB0.0.0	M1 手动启/停	指示 M1	I/O 离散	DB1.0.0	M1 运行指示
手动 M2	I/O 离散	DB0.0.1	M2 手动启/停	指示 M2	I/O 离散	DB1.0.1	M2 运行指示
手动 M3	I/O 离散	DB0.0.2	M3 手动启/停	指示 M3	I/O 离散	DB1.0.2	M3 运行指示
手动 M4	I/O 离散	DB0.0.3	M4 手动启/停	指示 M4	I/O 离散	DB1.0.3	M4 运行指示
手动 M5	I/O 离散	DB0.0.4	M5 手动启/停	指示 M5	I/O 离散	DB1.0.4	M5 运行指示
手动 M6	I/O 离散	DB0.0.5	M6 手动启/停	指示 M6	I/O 离散	DB1.0.5	M6 运行指示
手动 M7	I/O 离散	DB0.0.6	M7 手动启/停	指示 M7	I/O 离散	DB1.0.6	M7 运行指示
手动 M8	I/O 离散	DB0.0.7	M8 手动启/停	指示 M8	I/O 离散	DB1.0.7	M8 运行指示
手动 M9	I/O 离散	DB0.1.0	M9 手动启/停	指示 M9	I/O 离散	DB1.1.0	M9 运行指示
手动 M10	I/O 离散	DB0.1.1	M10 手动启/停	指示 M10	I/O 离散	DB1.1.1	M10 运行指示
手动 M11	I/O 离散	DB0.1.2	M11 手动启/停	指示 M11	I/O 离散	DB1.1.2	M11 运行指示
手动 M12	I/O 离散	DB0.1.3	M12 手动启/停	指示 M12	I/O 离散	DB1.1.3	M12 运行指示
手动 M13	I/O 离散	DB0.1.4	M13 手动启/停	指示 M13	I/O 离散	DB1.1.4	M13 运行指示
手动 M14	I/O 离散	DB0.1.5	M14 手动启/停	指示 M14	I/O 离散	DB1.1.5	M14 运行指示
手动 M15	I/O 离散	DB0.1.6	M15 手动启/停	指示 M15	I/O 离散	DB1.1.6	M15 运行指示
手动 M16	I/O 离散	DB0.1.7	M16 手动启/停	指示 M16	I/O 离散	DB1.1.7	M16 运行指示
手动 M17	I/O 离散	DB0.2.0	M17 手动启/停	指示 M17	I/O 离散	DB1.2.0	M17 运行指示
手动 M18	I/O 离散	DB0.2.1	M18 手动启/停	指示 M18	I/O 离散	DB1.2.1	M18 运行指示
手动 M19	I/O 离散	DB0.2.2	M19 手动启/停	指示 M19	I/O 离散	DB1.2.2	M19 运行指示
手动 M20	I/O 离散	DB0.2.3	M20 手动启/停	指示 M20	I/O 离散	DB1.2.3	M20 运行指示
手动 M21	I/O 离散	DB0.2.4	M21 手动启/停	指示 M21	I/O 离散	DB1.2.4	M21 运行指示
手动 M22	I/O 离散	DB0.2.5	M22 手动启/停	指示 M22	I/O 离散	DB1.2.5	M22 运行指示
手动 M23	I/O 离散	DB0.2.6	M23 手动启/停	指示 M23	I/O 离散	DB1.2.6	M23 运行指示
手动 M24	I/O 离散	DB0.2.7	M24 手动启/停	指示 M24	I/O 离散	DB1.2.7	M24 运行指示
手动 M25	I/O 离散	DB0.3.0	M25 手动启/停	指示 M25	I/O 离散	DB1.3.0	M25 运行指示
手动 M26	I/O 离散	DB0.3.1	M26 手动启/停	指示 M26	I/O 离散	DB1.3.1	M26 运行指示
手动 M27	I/O 离散	DB0.3.2	M27 手动启/停	指示 M27	I/O 离散	DB1.3.2	M27 运行指示
手动 M28	I/O 离散	DB0.3.3	M28 手动启/停	指示 M28	I/O 离散	DB1.3.3	M28 运行指示
手动 M29	I/O 离散	DB0.3.4	M29 手动启/停	指示 M29	I/O 离散	DB1.3.4	M29 运行指示

续表

变量名	变量类型	寄存器	功能	变量名	变量类型	寄存器	功能
手动 M30	I/O 离散	DB0. 3. 5	M30 手动启/停	指示 M30	I/O 离散	DB1. 3. 5	M30 运行指示
手动 M31	I/O 离散	DB0. 3. 6	M31 手动启/停	指示 M31	I/O 离散	DB1. 3. 6	M31 运行指示
手动 M32	I/O 离散	DB0. 3. 7	M32 手动启/停	指示 M32	I/O 离散	DB1. 3. 7	M32 运行指示
手动 M33	I/O 离散	DB0. 4. 0	M33 手动启/停	指示 M33	I/O 离散	DB1. 4. 0	M33 运行指示
手动 M34	I/O 离散	DB0. 4. 1	M34 手动启/停	指示 M34	I/O 离散	DB1. 4. 1	M34 运行指示
手动 M35	I/O 离散	DB0. 4. 2	M35 手动启/停	指示 M35	I/O 离散	DB1. 4. 2	M35 运行指示
手动 M36	I/O 离散	DB0. 4. 3	M36 手动启/停	指示 M36	I/O 离散	DB1. 4. 3	M36 运行指示
手动 M37	I/O 离散	DB0. 4. 4	M37 手动启/停	指示 M37	I/O 离散	DB1. 4. 4	M37 运行指示
手动 M38	I/O 离散	DB0. 4. 5	M38 手动启/停	指示 M38	I/O 离散	DB1. 4. 5	M38 运行指示
手动 M39	I/O 离散	DB0. 4. 6	M39 手动启/停	指示 M39	I/O 离散	DB1. 4. 6	M39 运行指示
手动 M40	I/O 离散	DB0. 4. 7	M40 手动启/停	指示 M40	I/O 离散	DB1. 4. 7	M40 运行指示
手动 M41	I/O 离散	DB0. 5. 0	M41 手动启/停	指示 M41	I/O 离散	DB1. 5. 0	M41 运行指示
手动 M42	I/O 离散	DB0. 5. 1	M42 手动启/停	指示 M42	I/O 离散	DB1. 5. 1	M42 运行指示
手动 M43	I/O 离散	DB0. 5. 2	M43 手动启/停	指示 M43	I/O 离散	DB1. 5. 2	M43 运行指示
手动 M44	I/O 离散	DB0. 5. 3	M44 手动启/停	指示 M44	I/O 离散	DB1. 5. 3	M44 运行指示
手动 M45	I/O 离散	DB0. 5. 4	M45 手动启/停	指示 M45	I/O 离散	DB1. 5. 4	M45 运行指示
手动 M46	I/O 离散	DB0. 5. 5	M46 手动启/停	指示 M46	I/O 离散	DB1. 5. 5	M46 运行指示
手动 M47	I/O 离散	DB0. 5. 6	M47 手动启/停	指示 M47	I/O 离散	DB1. 5. 6	M47 运行指示
手动 M48	I/O 离散	DB0. 5. 7	M48 手动启/停	指示 M48	I/O 离散	DB1. 5. 7	M48 运行指示
手动 M49	I/O 离散	DB0. 6. 0	M49 手动启/停	指示 M49	I/O 离散	DB1. 6. 0	M49 运行指示
手动 M50	I/O 离散	DB0. 6. 1	M50 手动启/停	指示 M50	I/O 离散	DB1. 6. 1	M50 运行指示
手动 M51	I/O 离散	DB0. 6. 2	M51 手动启/停	指示 M51	I/O 离散	DB1. 6. 2	M51 运行指示
手动 M52	I/O 离散	DB0. 6. 3	M52 手动启/停	指示 M52	I/O 离散	DB1. 6. 3	M52 运行指示
手动 M53	I/O 离散	DB0. 6. 4	M53 手动启/停	指示 M53	I/O 离散	DB1. 6. 4	M53 运行指示
手动 M54	I/O 离散	DB0. 6. 5	M54 手动启/停	指示 M54	I/O 离散	DB1. 6. 5	M54 运行指示
手动 M55	I/O 离散	DB0. 6. 6	M55 手动启/停	指示 M55	I/O 离散	DB1. 6. 6	M55 运行指示
手动 M56	I/O 离散	DB0. 6. 7	M56 手动启/停	指示 M56	I/O 离散	DB1. 6. 7	M56 运行指示
手动 M57	I/O 离散	DB0. 7. 0	M57 手动启/停	指示 M57	I/O 离散	DB1. 7. 0	M57 运行指示
手动 M58	I/O 离散	DB0. 7. 1	M58 手动启/停	指示 M58	I/O 离散	DB1. 7. 1	M58 运行指示
手动 M59	I/O 离散	DB0. 7. 2	M59 手动启/停	指示 M59	I/O 离散	DB1. 7. 2	M59 运行指示
手动 M60	I/O 离散	DB0. 7. 3	M60 手动启/停	指示 M60	I/O 离散	DB1. 7. 3	M60 运行指示

续表

变量名	变量类型	寄存器	功能	变量名	变量类型	寄存器	功能
手动 M61	I/O 离散	DB0. 7. 4	M61 手动启/停	指示 M61	I/O 离散	DB1. 7. 4	M61 运行指示
手动 M62	I/O 离散	DB0. 7. 5	M62 手动启/停	指示 M62	I/O 离散	DB1. 7. 5	M62 运行指示
手动 M63	I/O 离散	DB0. 7. 6	M63 手动启/停	指示 M63	I/O 离散	DB1. 7. 6	M63 运行指示
手动 M64	I/O 离散	DB0. 7. 7	M64 手动启/停	指示 M64	I/O 离散	DB1. 7. 7	M64 运行指示
手动 M65	I/O 离散	DB0. 8. 0	M65 手动启/停	指示 M65	I/O 离散	DB1. 8. 0	M65 运行指示
手动 M66	I/O 离散	DB0. 8. 1	M66 手动启/停	指示 M66	I/O 离散	DB1. 8. 1	M66 运行指示
手动 M67	I/O 离散	DB0. 8. 2	M67 手动启/停	指示 M67	I/O 离散	DB1. 8. 2	M67 运行指示
手动 M68	I/O 离散	DB0. 8. 3	M68 手动启/停	指示 M68	I/O 离散	DB1. 8. 3	M68 运行指示
手动 M69	I/O 离散	DB0. 8. 4	M69 手动启/停	指示 M69	I/O 离散	DB1. 8. 4	M69 运行指示
手动 M70	I/O 离散	DB0. 8. 5	M70 手动启/停	指示 M70	I/O 离散	DB1. 8. 5	M70 运行指示
手动 M71	I/O 离散	DB0. 8. 6	M71 手动启/停	指示 M71	I/O 离散	DB1. 8. 6	M71 运行指示
手动 M72	I/O 离散	DB0. 8. 7	M72 手动启/停	指示 M72	I/O 离散	DB1. 8. 7	M72 运行指示
手动 M73	I/O 离散	DB0. 9. 0	M73 手动启/停	指示 M73	I/O 离散	DB1. 9. 0	M73 运行指示
手动 M74	I/O 离散	DB0. 9. 1	M74 手动启/停	指示 M74	I/O 离散	DB1. 9. 1	M74 运行指示
手动 M75	I/O 离散	DB0. 9. 2	M75 手动启/停	指示 M75	I/O 离散	DB1. 9. 2	M75 运行指示
手动 M76	I/O 离散	DB0. 9. 3	M76 手动启/停	指示 M76	I/O 离散	DB1. 9. 3	M76 运行指示
手动 M77	I/O 离散	DB0. 9. 4	M77 手动启/停	指示 M77	I/O 离散	DB1. 9. 4	M77 运行指示
手动 M78	I/O 离散	DB0. 9. 5	M78 手动启/停	指示 M78	I/O 离散	DB1. 9. 5	M78 运行指示
手动 M79	I/O 离散	DB0. 9. 6	M79 手动启/停	指示 M79	I/O 离散	DB1. 9. 6	M79 运行指示
手动 M80	I/O 离散	DB0. 9. 7	M80 手动启/停	指示 M80	I/O 离散	DB1. 9. 7	M80 运行指示
手动 M81	I/O 离散	DB0. 10. 0	M81 手动启/停	指示 M81	I/O 离散	DB1. 10. 0	M81 运行指示
手动 M82	I/O 离散	DB0. 10. 1	M82 手动启/停	指示 M82	I/O 离散	DB1. 10. 1	M82 运行指示
手动 M83	I/O 离散	DB0. 10. 2	M83 手动启/停	指示 M83	I/O 离散	DB1. 10. 2	M83 运行指示
手动 M84	I/O 离散	DB0. 10. 3	M84 手动启/停	指示 M84	I/O 离散	DB1. 10. 3	M84 运行指示
手动 M85	I/O 离散	DB0. 10. 4	M85 手动启/停	指示 M85	I/O 离散	DB1. 10. 4	M85 运行指示
手动 M86	I/O 离散	DB0. 10. 5	M86 手动启/停	指示 M86	I/O 离散	DB1. 10. 5	M86 运行指示
手动 M87	I/O 离散	DB0. 10. 6	M87 手动启/停	指示 M87	I/O 离散	DB1. 10. 6	M87 运行指示
手动 M88	I/O 离散	DB0. 10. 7	M88 手动启/停	指示 M88	I/O 离散	DB1. 10. 7	M88 运行指示
手动 M89	I/O 离散	DB0. 11. 0	M89 手动启/停	指示 M89	I/O 离散	DB1. 11. 0	M89 运行指示
手动 M90	I/O 离散	DB0. 11. 1	M90 手动启/停	指示 M90	I/O 离散	DB1. 11. 1	M90 运行指示
手动 M91	I/O 离散	DB0. 11. 2	M91 手动启/停	指示 M91	I/O 离散	DB1. 11. 2	M91 运行指示
手动 M92	I/O 离散	DB0. 11. 3	M92 手动启/停	指示 M92	I/O 离散	DB1. 11. 3	M92 运行指示

第四节　稻米加工人机界面设计

在完成上位机工程建立和变量定以后，根据本章第一节中描述的上位机软件人机界面设计，实施具体界面画面组态。本软件中包含的主控界面有清理砻谷画面、碾米系统画面和抛光色选画面。

一、稻米加工画面组态

1. 清理砻谷界面

清理砻谷主界面设计时，先创建画面“program1”建立一个清理砻谷主画面，画面类型为覆盖式、粗边框，接下来按照图 2－2 所示工艺放置画面中各种元素。为了使工艺流程更接近实际情况，可将现场设备图片经过处理后，使背景颜色与画面背景颜色保持一致。选择菜单“工具→点位图”，在主画面上放置点位图并拉伸。选中点位图右键弹出菜单选择“从文件中加载”，加载设备图片（bmp、gif、jpg 和 png），调整图片大小和放置位置，如图 6－11 所示。图 6－11 中设备初清筛 M15、振动筛 M17、去石机 M19、砻谷机 M22、谷糙筛 M26、厚度机 M28、毛谷流量秤和所有提升机均通过点位图加载处理后的图片得到。

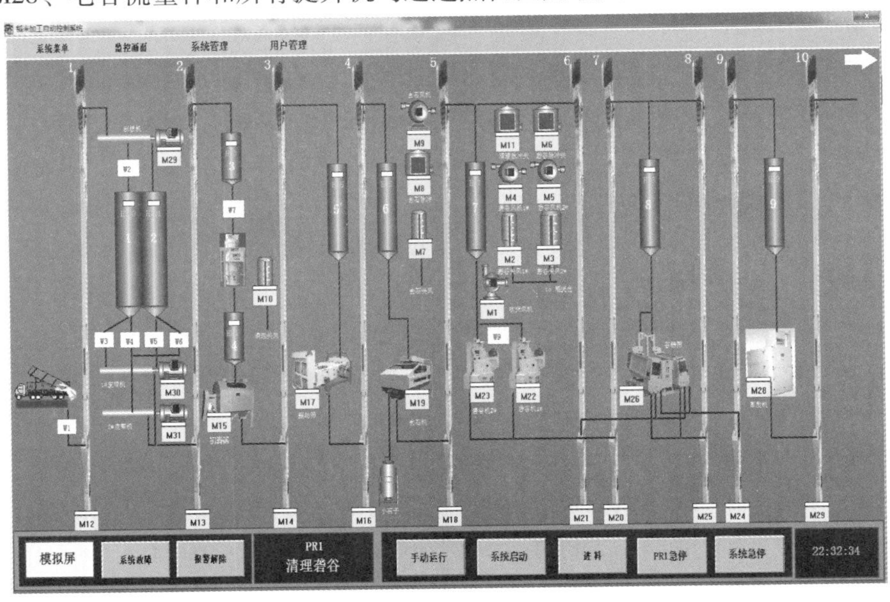

图 6－11　清理砻谷监控界面设计

2. 碾米系统界面

碾米系统主界面设计时，先创建画面“program2”建立一个碾米系统主画面，画面类型为覆盖式、粗边框，接下来按照图 2－3 所示工艺放置画面中各种元素。为了使工艺流程更接近实际情况，可将现场设备图片经过处理后，使背景颜色与画面背景颜色保持一致。选择菜单“工具→点位图”，在主画面上放置点位图并拉伸。选中点位图右键弹出菜单选择“从文件中加载”，加载设备图片（bmp、gif、jpg 和 png），调整图片大小和放置位置，如图 6－12 所示。图 6－12 中设备碾米机 M43～M46、白米筛 M41、糠粞筛 M33、白米流量秤和所有提升机均通过点位图加载处理后的图片得到。

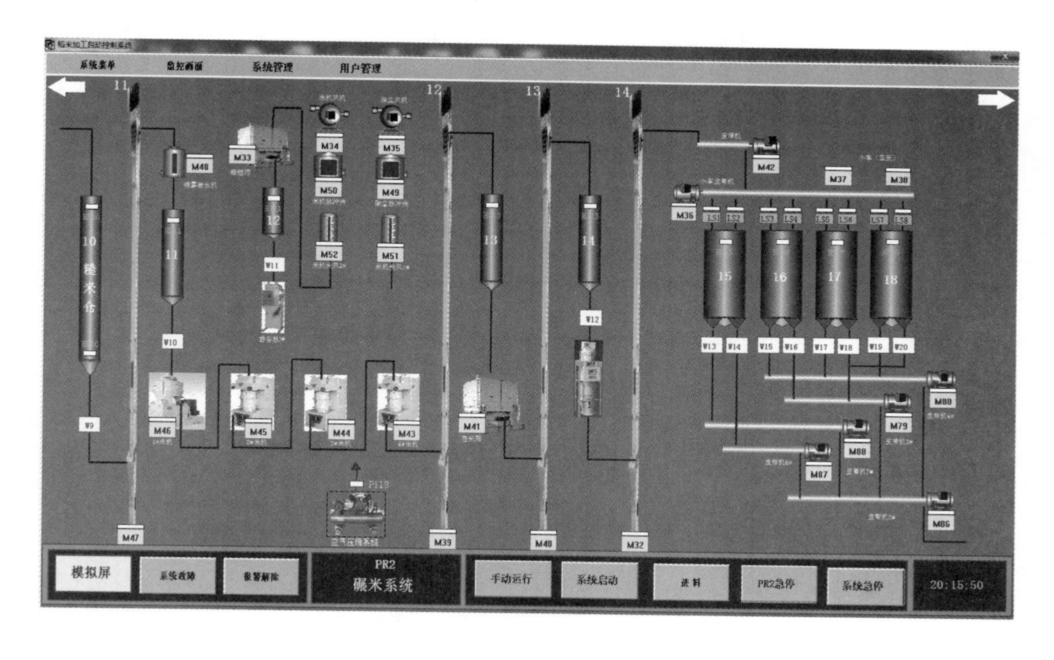

图 6－12　碾米系统主界面设计

3. 色选抛光画面组态

色选抛光主界面设计时，先创建画面“program3”建立一个色选抛光主画面，画面类型为覆盖式、粗边框，接下来按照图 2－4 所示工艺放置画面中各种元素。为了使工艺流程更接近实际情况，可将现场设备图片经过处理后，使背景颜色与画面背景颜色保持一致。选择菜单“工具→点位图”，在主画面上放置点位图并拉伸。选中点位图右键弹出菜单选择“从文件中加载”，加载设备图片（bmp、gif、jpg 和 png），调整图片大小和放置位置，如图 6－13 所示。图 6－13 中设备色选机 W21、抛光机 M67、白米分级筛 M61、精米流量秤和所有提升机均通过点位图加载处理后的图片得到。

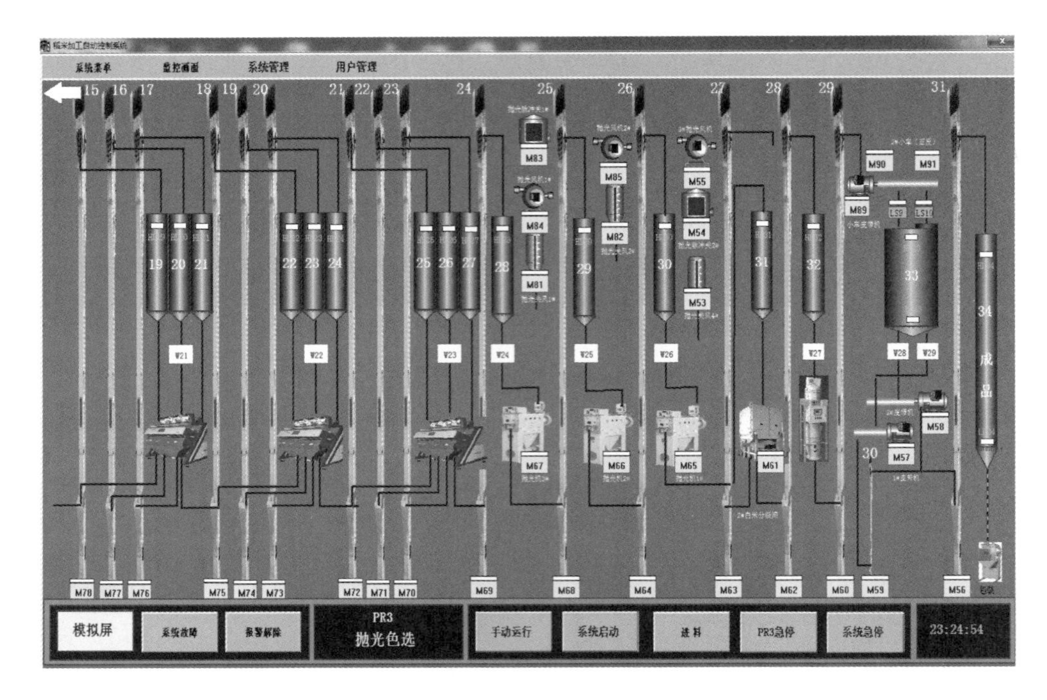

图 6－13　色选抛光主界面设计

二、稻米加工界面操作设计

1. 设备启/停操作

设备的启/停按钮操作是中控室集中手动操作方式时，实现单台设备操作功能。如果清理砻谷段处于“手动运行”状态时，单击此按钮可以改变设备的运行状态，当设备停止时单击按钮启动设备，同时按钮的颜色改变；当设备运行时单击此按钮，设备停止工作，按钮的颜色恢复。以 M1 为例，在清理砻谷界面里放置“工具→按钮”，在其“按下时”事件触发时执行命令语言：

```
if（PR1 为手动运行模式）
{
  手动 KM1 =！手动 KM1；
}
else
{
  手动 KM1 =0；
}
```

采用 if…else…语句可实现其功能，需要判断系统是否处于手动模式下，是则执行将“手动 M1”取反后赋值给“手动 M1”，否则“手动 M1”赋值为 0。

按钮可以改变设备运行状态，但其颜色不变。为了使按钮在起始状态下显示灰色，点击后显示绿色，操作步骤为：

①选择菜单“工具→圆角矩形”，将其放置在画面中合适的位置，改变其颜色为灰白色；再放置如灰白色大小相同的矩形框，其颜色为绿色；

②选择菜单“工具→按钮”，将其放置在画面中，大小与矩形相同；选中按钮，单击右键弹出对话框，选择“字符串替换”，在按钮属性对话框，如图 6 - 14 中“按钮文本”处修改文本为“M1”。选中 M1 按钮，单击右键弹出对话框，选择“按钮风格→透明”，运行时该按钮只有文本显示，按钮形状不显示。

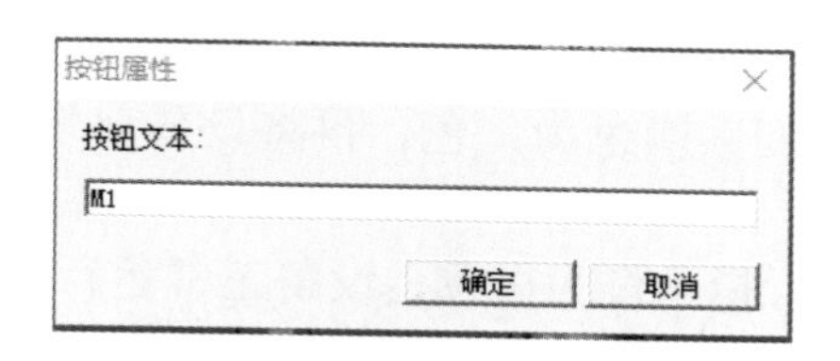

图 6 - 14　按钮文本属性

③放置好的三个元件，如图 6 - 15 所示，利用菜单“排列→对齐”功能得到如图 6 - 15 中右侧所示。

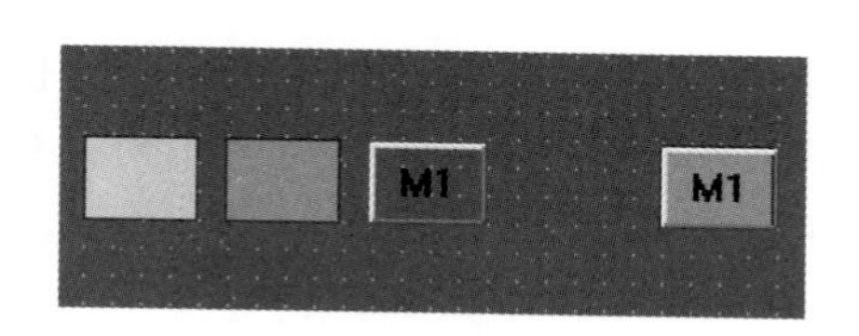

图 6 - 15　M1 设备按钮构造

当按钮没有点击时，按钮底色显示灰白色矩形框；当 M1 被点击后，按钮底色显示绿色矩形框，而按钮单击时的动作或事件操作由按钮“命令语言连接”中程序实现。其他按钮的构造同 M1 的构造过程，这里就不一一赘述。

2. 设备运行与故障指示

设备运行与故障的状态需要在主界面上显示出来，根据人机界面的颜色要求，运行用绿色，故障使用红色。在本系统中，以初清筛 M15 为例描述运行与故障指示的组态。

初清筛 M15 运行指示使用矩形框实现，选择菜单“工具→圆角矩形”，将其放置在画面 M15 上合适的位置，改变其颜色为白色；再放置如白色框大小相同的矩形框，其颜色为绿色，利用菜单“排列→对齐”功能得到图 6 - 16。

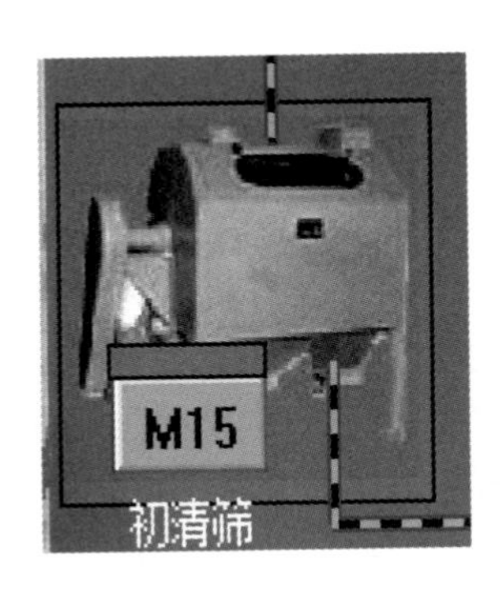

图 6－16　设备运行与故障指示构造

M15 故障指示使用矩形框实现，选择菜单“工具→圆角矩形”，将其放置在画面上合适的位置，改变其颜色为红色；再将设备剪切后置于红色矩形之上，如图 6－16 所示。

设备未工作时，运行指示灯为白色；设备正常运行时显示绿色，而当设备故障时，设备背景后的红色矩形会闪烁，提示该设备故障。其他设备也采用类似方法实现状态指示，这里就不一一赘述。

3. 工艺流向

设备、缓冲仓和闸门的位置按照工艺要求布置，为能更真实反映系统运行时的物料流向，使用立体管道的功能来实现。

选择菜单“工具→立体管道”，将其放置在画面中，使用鼠标从起始设备到另一设备划线；选中所画立体管道，单击右键弹出对话框，选择“管道属性”将其值修改如图 6－17 所示。

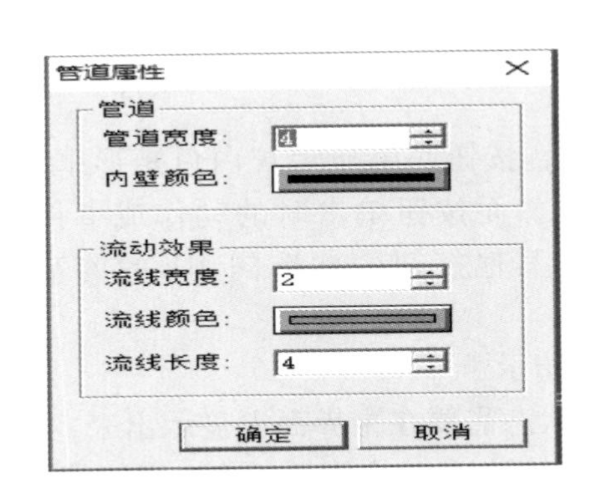

图 6－17　管道属性修改

物料流向使用管道流动功能，双击此段管道，弹出多边线流动动画连接，单击“特殊→流动”按钮，在流动条件中输入管道流动的条件。

4. 系统操作

在图 6－11 中主界面下方，依次是“连接中…”“系统故障”“报警解除”“自动/手动运行”“系统启动/系统停止”“进料”和“系统急停”，完成系统操作任务。

当系统与 PLC 通信不成功时，“连接中…”一直显示，直到通信成功此处显示“计算机”。系统故障时，“系统故障”闪烁，单击此按钮弹出故障报警界面。任何故障发生时，警号立即报警，系统延时停止警号，也可点击“报警解除”按钮立刻停止警号。

“自动/手动运行”按钮用于选择运行模式，当条件满足时点击此按钮切换运行模式。“系统启动/系统停止”按钮用于系统自动模式下，系统的启动与停止，在紧急时刻可以单击“系统急停”按钮停止所有设备。当系统自动运行启动后，所有设备启动后具备进料条件时，单击“进料”按钮，W1、W2 同时打开。

三、稻米加工故障报警

稻米加工控制系统故障界面设计，先建立一个“故障界面”，其画面属性如图 6－18 所示，接下来在此画面中设计各种元素。

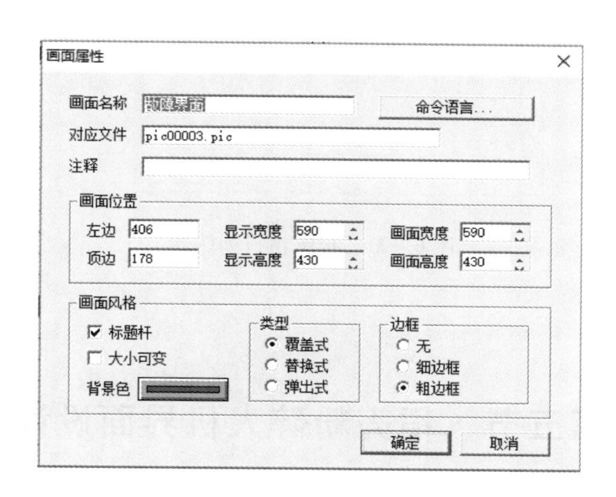

图 6－18　故障画面属性

选择菜单“工具→报警窗口”，将其放置在画面中使其铺满整个画面，其界面如图 6－19 所示。选中报警窗口并双击弹出报警窗口配置属性页界面，改变其通用属性和列属性参数如图 6－20 和 6－21 所示。

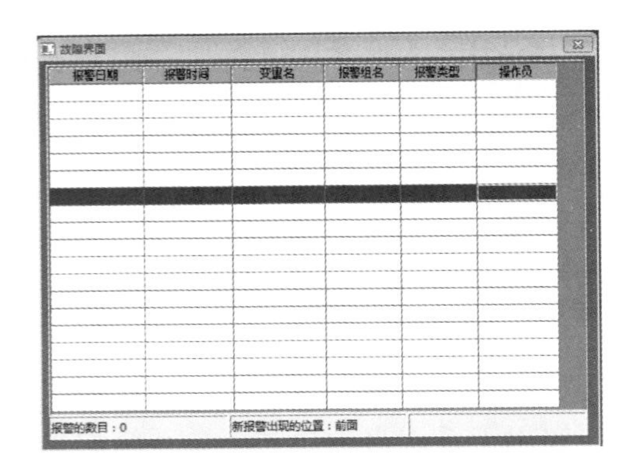

图 6－19　监控主界面设计

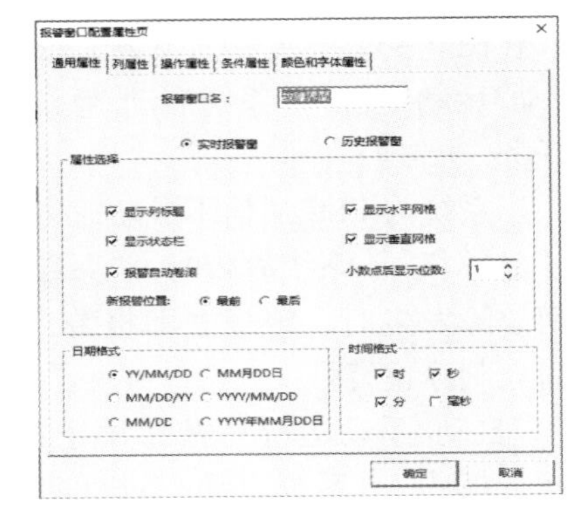

图 6－20　报警窗口通用属性

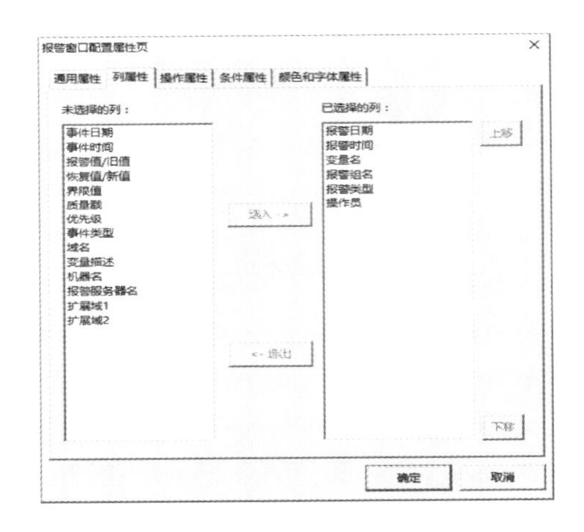

图 6－21　报警窗口列属性

第五节　稻壳粉碎人机界面设计

稻壳粉碎系统有独立的 PLC 主机，为了系统开发与维护方便人机界面软件也在组态王平台上开发。稻壳粉碎现场安装有带有触摸功能的工控机，操作系统采用 WIN 7 旗舰版。

稻壳粉碎控制系统人机交流软件开发过程与稻谷加工控制系统一致。设计时，先建立一个工程，在此工程里创建画面“program4”，建立一个稻壳粉碎主画面，画面类型也为覆盖式、粗边框，接下来按照图 2－5 所示工艺放置画面中各种元素。为了使工艺流程更接近实际情况，可将现场设备图片经过处理后，使背景颜色与画面背景颜色保持一致。选择菜单“工具→点位图”，在主画面上放置点位图并拉伸。选中点位图右键弹出菜单选择“从文件中加载”，加载设备图片（bmp、gif、jpg 和 png），调整图片大小和放置位置，如图 6 – 22 所示。图 6 – 22 中设备粉碎机、糠筛、关风器等均通过点位图加载处理后的图片得到。

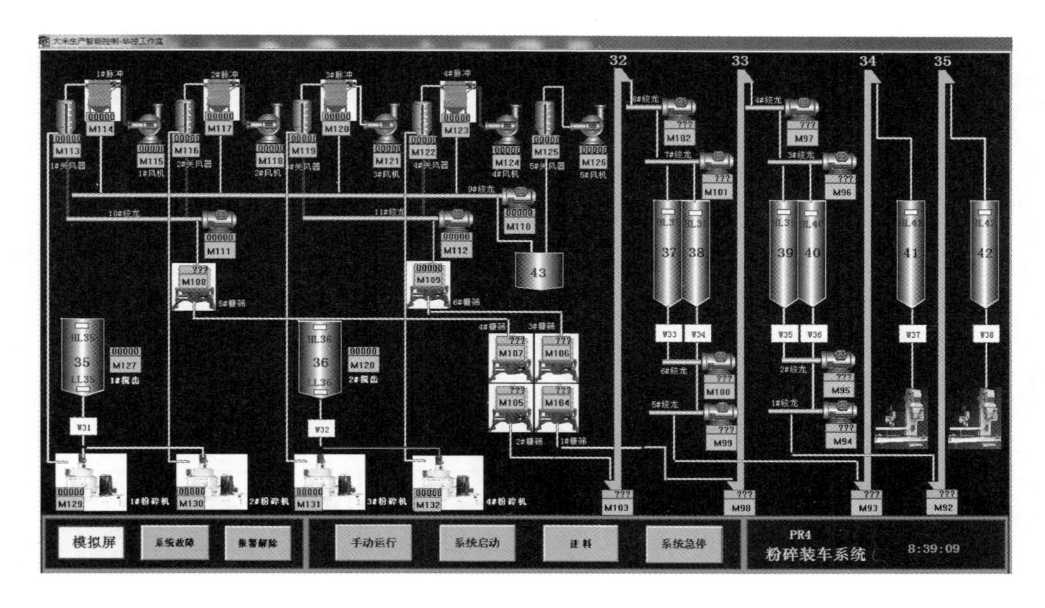

图 6 – 22　稻壳粉碎主界面设计

第七章　稻米加工数据采集与管理

稻米加工过程中数据采集与管理功能，是将电能、流量等计量设备作为信息节点融入生产线信息化的管理中，实时、准确地为整个生产系统提供加工过程数据，以便为管理层与市场统筹部门进行市场决策提供数据支持。

本系统中，需要采集的数据有电能表2台、毛谷秤1台、白米秤1台、精米秤1台、包装秤2台。稻米加工控制系统数据采集在Visual Basic 6.0平台上实现，完成不同计量设备通信协议解析与数据通信功能，同时平台上数据通过DDE与组态王进行信息交换，数据流向图如图7－1所示。

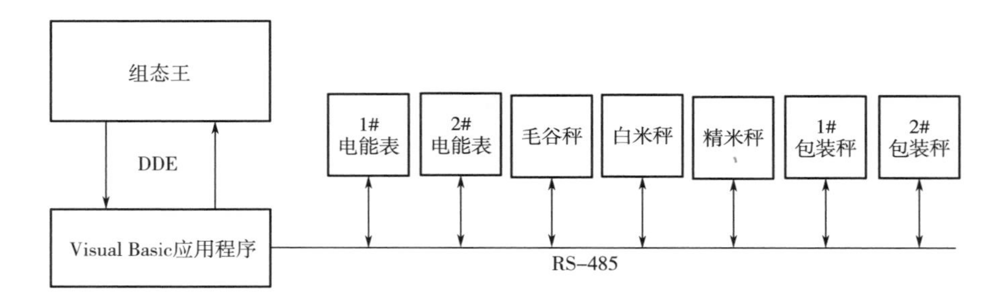

图7－1　稻米加工数据流向图

第一节　稻米加工数据采集

一、电能数据采集

1. 电能表通信协议解析

电力行业标准DL/T645多功能电能表通信规约是为统一和规范多功能电能表与数据采集终端设备进行数据交换时的通信协议，能使电能表制造厂商和用电信息采集终端厂商能够用统一的标准进行信息的交互，从而避免设备的重复投资，简化电力部门用电信息采集的工作流程，加快电力部门营销现代化和计量标准化建设。DL/T645 规约主要有两个版本，分别是 DL/T645－97 和 DL/T645－07，97 代表是 1997 年制定的协议，07 则是 2007 年修正后的协议，而且基本上 07 版出来时，是要替代 97 版的通信协议的，很多生产厂家的电能表同时支持这两种通信协议。该通信协议物理层连接采用美国电子工业协会（EIA）制定的平衡双绞线作传输线的多点通信标准，它利用差分信号进行传输；最大传输距离可以达到 1200m，最多可连接 32 个驱动器和收发器；最大传输速率可达 10Mbps。由此可见，协议是针对远距离、高灵敏度、多点通信制定的标准。

本协议为主从结构的半双工通信方式。上机计算机为主站，多功能电能表为从站，每个多功能电能表均有各自的地址编码。通信链路的建立与解除均由主站发出的信息帧来控制，每帧数据由起始符、从站地址域、控制码、数据域长度、数据域、帧信息校验码及帧结束符 8 个域组成。

（1）字节格式　每字节含 8 位二进制码，传输时加上一个起始位、一个偶校验位和一个停止位，共 11 位。其传输序列如图 7－2 所示。D_0 是字节的最低有效位，D_7 是字节的最高有效位。先传低位，后传高位。

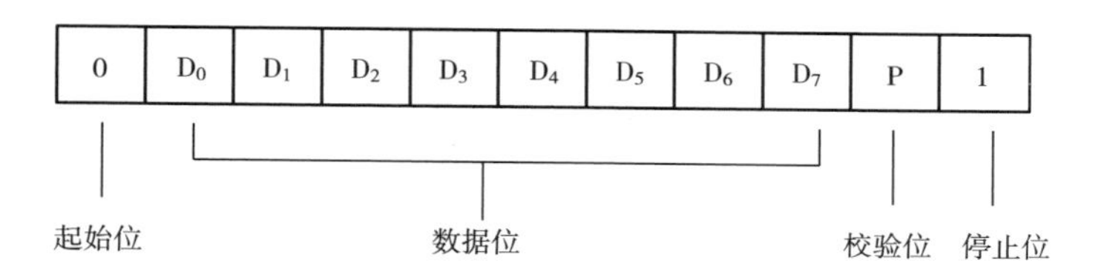

图 7－2　电能表字节传输序列

（2）帧格式　帧是传送信息的基本单元，DL/T645 多功能电能表通信规约中给定的通信协议数据帧格式如图 7－3 所示。

说明	帧起始符	地址域	帧起始符	控制码	数据长度	数据域	校验码	结束符
代码	68H	A0–A5	68H	C	L	DATA	CS	16H

图 7－3　帧格式

其中，

①帧起始符：标识一帧信息的开始，其值为 68H。

②地址域：地址域由 6 个字节构成，每字节 2 位 BCD 码。地址长度为 12 位十进制数，低地址位在前，高地址位在后。当地址为 999999999999H 时，为广播地址。

③控制码 C：当 C＝81H 时，表示无后续数据帧；而当 C＝A1H 时表示有后

续帧。

④数据长度 L：L 为数据域的字节数。读数据时 L≤200，写数据时 L≤50，L =0 表示无数据域。

⑤数据域 DATA：数据域包括数据标识和数据、密码等，其结构随控制码的功能而改变。传输时发送方按字节进行加 33H 处理，接收方按字节进行减 33H（十进制 51）处理。

⑥校验码 CS：从帧起始符开始到校验码之前的所有各字节的模 256 的和，即各字节二进制算术和，不计超过 256 的溢出值。

⑦结束符号 16H：标识一帧信息的结束，其值为 16H。

2. 电表数据采集实现

这里以 DL/T645 -97 协议为例，在主站发送帧信息之前，先发送 5 个前导唤醒字节数据（&HFE），以唤醒接收方，紧接着发送图 7 -3 所示的数据帧。

①在 Private Sub Form_Load( )里定义数值变量 Dim chf1，chf2 As Byte，并赋值如下：

```
ReDim chf1(18)
chf1(0) = &HFE   '前导唤醒字节
chf1(1) = &HFE
chf1(2) = &HFE
chf1(3) = &HFE
chf1(4) = &HFE
chf1(5) = &H68
chf1(6) = &H52   '1#电能表地址
chf1(7) = &H80
chf1(8) = &H60
chf1(9) = &H0
chf1(10) = &H0
chf1(11) = &H0
chf1(12) = &H68
chf1(13) = &H1
chf1(14) = &H2
chf1(15) = &H43
chf1(16) = &HC3
chf1(17) = &HB   'CS 校验码
chf1(18) = &H16
ReDim chf2(18)
chf2(0) = &HFE   '前导唤醒字节
```

```
chf2(1) =&HFE
chf2(2) =&HFE
chf2(3) =&HFE
chf2(4) =&HFE
chf2(5) =&H68
chf2(6) =&H53   '2#电能表地址
chf2(7) =&H80
chf2(8) =&H60
chf2(9) =&H0
chf2(10) =&H0
chf2(11) =&H0
chf2(12) =&H68
chf2(13) =&H1
chf2(14) =&H2
chf2(15) =&H43
chf2(16) =&HC3
chf2(17) =&HC   'CS
chf2(18) =&H16
```

数组 chf1 的数据长度 19 个字节，对应电能表的表号为 000000608052，chf2 的数据长度 19 个字节，对应电能表的表号为 000000608053，CS 为校验和。

②在上位机主站中，采用定时发送读电能数据命令。每个电能表独立设置一个定时器用于命令的定时发送。

```
Private Sub Timer1_Timer()
  If flag1 > =19 Then
    Flag1 =0
    Timer1. Enabled =False
    chen. Enabled =True
  Else
    ReDim OutByte(0)
    OutByte(0) =chf1(flag1)
    MSComm1. Settings ="1200,E,8,1"
    MSComm1. OutBufferCount =0
    MSComm1. Output =OutByte
    flag1 =flag1 + 1
  End If
End Sub
```

```
Private Sub Timer2_Timer( )
  If flag2 > =19 Then
    flag2 =0
    Timer2. Enabled =False
    chen. Enabled =True
  Else
    ReDim OutByte(0)
    OutByte(0) =chf2(flag2)
    MSComm1. Settings ="1200,E,8,1"
    MSComm1. OutBufferCount =0
    MSComm1. Output =OutByte
    flag2 =flag2 + 1
  End If
End Sub
```

③返回数据处理，使用 MSComm 控件的事件驱动方式，当串口接收缓冲区中有数据时，执行如下事件：

```
Private Sub MSComm1_OnComm( )
  '变量定义
  Select Case MSComm1. CommEvent
    Case comEvReceive
    On Error Resume Next   '发生错误时,继续执行下一句代码。
    If Not MSComm1. PortOpen Then
      MSComm1. PortOpen =True
    End If
    If ChenFlag =1 Then   '1#电能表数据处理
      MSComm1. InputMode =comInputModeBinary
      If MSComm1. InBufferCount > =21 Then
          inbyte =MSComm1. Input
          If InByte(0) =254 And InByte(1) =104 And InByte(18) =22 Then
            jiaoyan =0
            For i =3 To 18
              jiaoyan =jiaoyan + inbyte(i)
            Next i
            If CByte(jiaoyan Mod 256) =inbyte(19)And inbyte(20) =22 Then
              allsum =Hex(inbyte(18) - 51) + Hex(inbyte(17) - 51) +
              Hex(inbyte(16) - 51) + "." + Hex(inbyte(15) - 51)
```

```
                Text1. Text  = allsum
            End If
              End If
           End If
        End If
        If ChenFlag  =2 Then
          '2#电能表数据处理，与1#电能表方法一致
        End If
        If ChenFlag  =3 Then
          '毛谷秤数据处理程序
        End If
        If ChenFlag  =4 Then
          '白米秤数据处理程序
        End If
        If ChenFlag  =5 Then
          '精米秤数据处理程序
        End If
        If ChenFlag  =6 Then
          '1#包装秤数据处理程序
        End If
        If ChenFlag  =7 Then
          '2#包装秤数据处理程序
        End If
    End Select
End Sub
```

二、稻米加工流量数据采集

稻谷加工生产线中，需要统计毛谷、糙米、精米和包装各阶段物料的重量，电子流量秤能检测物料的瞬时流量和累计流量，这里以毛谷流量秤为例实现流量数据采集。

1. 流量秤通信协议

该流量秤具有 Modbus 通信协议，具体通信信息如下。

（1）仪表支持的功能码（表7-1）

表7-1　　流量秤 Modbus 功能码

功能码	名称	说明
03	读寄存器	单次最多读取30个寄存器
06	写单个寄存器	用来写地址列表中占用1个地址寄存器
16	写多个寄存器	用来写地址列表中占用2个地址寄存器
01	读线圈	注意本长度是以位为单位的
05	写线圈	

（2）仪表通信只读地址分配（表7-2）

表7-2　　流量秤地址分配

协议地址	含义	说明
0000	仪表当前状态1	0位=0：停止；0位=1：运行；1位：加料前；2位：大投；3位：中投；4位：小投；5位：定值；6位：超欠差；7位：报警；8位：夹袋；9位：拍袋；10位：卸料；11位：零区；12位：供料；13位：批次完成；14位：缺料；15位=0：毛重；15位=1：净重
0001	仪表当前状态2	0位=0：不稳；0位=1：稳定；1位=0：正常；1位=1：溢出；2位=0：当前显示为正号；2位=1：当前显示为负正号
0002 0003	当前重量（仪表显示数值）	
0004 0005	累计次数	
0006 0007	累计重量	
0008	报警信息	1：批次数完成；2：清零超出清零范围；3：清零时不稳；0：无报警

2. 流量秤数据采集实现

（1）在 Private Sub Form_Load()里定义一个数值变量 Dim chf3，chf4，chf5，chf6，chf7 As Byte，其中 chf1 赋值如下，其他几个秤的值区别主要在地址和校验和字节上。

```
ReDim chf3(7)
chf3(0) = &H1
chf3(1) = &H3
```

```
chf3(2) =&H0
chf3(3) =&H3
chf3(4) =&H0
chf3(5) =&H2
chf3(6) =&H34
chf3(7) =&HB
flag3 =0
```

（2）在上位机主站中，采用定时循环发送读取电能表、流量秤数据的命令，在窗体中放入一个 Timer 控件。

```
Private Sub chen_Timer ( )
  ChenFlag  =ChenFlag  +  1
    If ChenFlag  >7 Then
        ChenFlag  =ChenFlag Mod 7
    End If
    Select Case ChenFlag
      Case 1:
        chen. Enabled  =False
        Timer1. Enabled  =True      '1#电能表发送定时
      Case 2:
        chen. Enabled  =False
        Timer2. Enabled  =True      '2#电能表发送定时
      Case 3:    '毛谷秤累计量读命令
        MSComm1. Settings  =" 9600, E, 8, 1"
        MSComm1. OutBufferCount  =0
        MSComm1. Output  =chf3
      Case 4:     '白米秤累计量读命令
        MSComm1. Settings  =" 9600, E, 8, 1"
        MSComm1. OutBufferCount  =0
        MSComm1. Output  =chf4
      Case 5:     '精米秤累计量读命令
        MSComm1. Settings  =" 9600, E, 8, 1"
        MSComm1. OutBufferCount  =0
        MSComm1. Output  =chf5
      Case 6:     '1#包装秤累计量读命令
        MSComm1. Settings  =" 9600, E, 8, 1"
        MSComm1. OutBufferCount  =0
```

```
            MSComm1. Output  =chf6
          Case 7:       '2#包装秤累计量读命令
            MSComm1. Settings  =" 9600, E, 8, 1"
            MSComm1. OutBufferCount  =0
            MSComm1. Output  =chf7
        End Select
End Sub
```

(3) 流量秤返回数据处理。

```
Private Sub MSComm1_OnComm( )
  '变量定义
  Select Case MSComm1. CommEvent
    Case comEvReceive
      On Error Resume Next
        If Not MSComm1. PortOpen Then
          MSComm1. PortOpen  =True
        End If
        If ChenFlag  =1 Then
          '1#电能表数据处理
        End If
         If ChenFlag  =2 Then
         2#电能表数据处理
      End If
      If ChenFlag  =3 Then
        '毛谷秤数据处理程序
        MSComm1. InputMode  =comInputModeBinary
        If MSComm1. InBufferCount  > =9 Then
          InByte  =MSComm1. Input
          If InByte(0) =1 And InByte(1) =3 And InByte(2) =4 Then
            CRC16Hi  =&HFF
            CRC16Lo  =&HFF
            For k  =0 To 6
              '校验
            Next k
            If CRC16Hi  =InByte(8)And CRC16Lo  =InByte(7)Then
              aaa  =InByte(5) * 256 + InByte(6)
              bbb  =InByte(3) * 256 + InByte(4)
```

```
                Text3. Text = (65536 * bbb + aaa)/ 100
              End If
            End If
          End If
        End If
      If ChenFlag = 4 Then
      '白米秤数据处理程序，与毛谷秤数据处理程序相同
      End If
      If ChenFlag = 5 Then
      '精米秤数据处理程序，与毛谷秤数据处理程序相同
      End If
      If ChenFlag = 6 Then
      '1#包装秤数据处理程序，与毛谷秤数据处理程序相同
      End If
      If ChenFlag = 7 Then
      '2#包装秤数据处理程序，与毛谷秤数据处理程序相同
      End If
    End Select
End Sub
```

第二节　稻米加工数据动态交换

DDE（Dynamic Data Exchange，动态数据交换）是 WINDOWS 平台上的一个完整的通信协议，它使支持动态数据交换的两个或多个应用程序能彼此交换数据和发送指令。DDE 始终发生在客户应用程序和服务器应用程序之间。DDE 过程可以比喻为两个人的对话，一方向另一方提出问题，然后等待回答。提问的一方称为“顾客”（Client），回答的一方称为“服务器”(Server)。一个应用程序可以同时是“顾客”和“服务器”：当它向其他程序中请求数据时，它充当的是“顾客”；若有其他程序需要它提供数据，它又成了“服务器”。

DDE 与 Visual Basic 对话的内容是通过应用程序名、主题和项目三个标识名来约定的。应用程序名（application）是进行 DDE 对话的双方的名称，稻米加工控制系统数据采集应用程序的名称是 Visual Basic 可执行文件的名称；“组态王”运行系统的程序名是“hgchf”。主题（topic）是被讨论的数据域（domain），对

“组态王”来说主题规定为“xqmy”；Visual Basic 程序的主题由窗体（Form）的 LinkTopic 属性值指定。项目（item）是被讨论的特定数据对象，在“组态王”的数据词典里，工程人员定义 I/O 变量的同时，也定义项目名称；对稻米加工控制系统数据采集程序而言，项目是一个特定的文本框、标签或图片框的名称。

在本系统中，组态王访问 Visual Basic 的数据，组态王作为客户程序向 Visual Basic 请求数据，数据流向如图 7 - 1 所示。使 Visual Basic 成为“服务器”需要进行相应配置，需要在组态王中设置服务器程序的三个标识名，并把 Visual Basic 应用程序中提供数据的窗体的 LinkMode 属性设置为 1。

一、稻米加工数据采集界面设计

1. 启动 Visual Basic 并建立工程

择菜单“File \ New Project”，显示新窗体 Form1。设计 Form1，将窗体 Form1 的 LinkMode 属性设置为 1（source），如图 7 - 4 所示。

图 7 - 4　Visual Basic 中建立窗体和控件

窗体 Form1 属性页面中 LinkMode 属性设置为 1（source）；LinkTopic 属性设置为 xqmy，这个值将在组态王中引用。文本框 Text1 ~ Text7 各自的 Name 属性分别设置为 Text1 ~ Text7，这 7 个值也将在组态王中被引用。

2. 设置工程属性

可通过单击 Visual Basic 中菜单栏“工程”，然后再点击最下面的工程属性，最后单击生成如图 7 - 5 所示的工程属性。

把标题设置为 hgchf，该设置便于组态王获取 Visual Basic 数据。

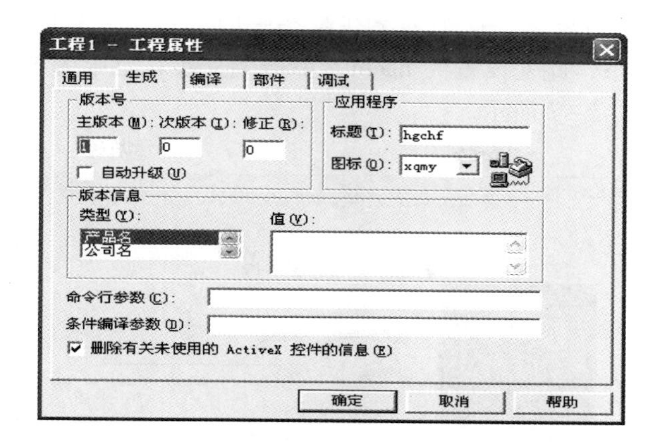

图 7－5　数据采集工程属性

3. Visual Basic 生成 . exe 文件

文件在 Visual Basic 菜单中选择“File \ Save Project”，为工程文件命名为 xqmy. vbp，这将使生成的可执行文件默认名是 xqmy. exe。选择菜单“File \ Make EXE File”，生成可执行文件 xqmy. exe。

二、组态王 DDE 数据动态交换设置

1. 在组态王中定义 DDE 设备

在工程浏览器中，从左边的工程目录显示区中选择“设备 \ DDE”，然后在右边的内容显示区中双击“新建”图标，则弹出“设备配置向导”如图 7－6 所示，定义 I/O 变量时要使用定义的连接对象名 hgchf。

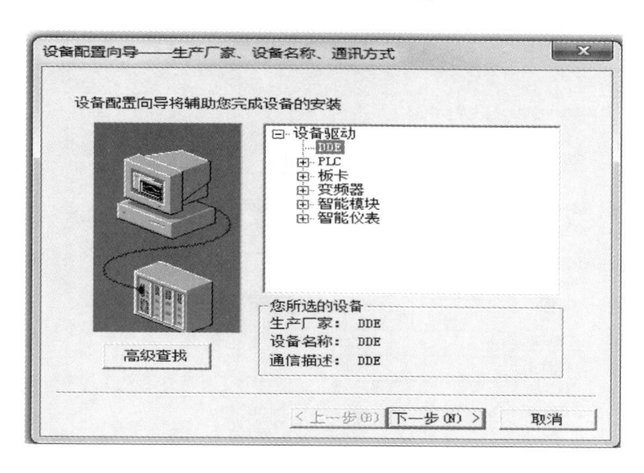

图 7－6　设备配置向导

要求输入连接对象名，这个名字在组态王内部定义变量时使用，与 Visual Basic 设置没有联系，此处设置为 hgchf，单击下一步，已配置的 DDE 设备的信息总结列表框如图 7－7 所示。

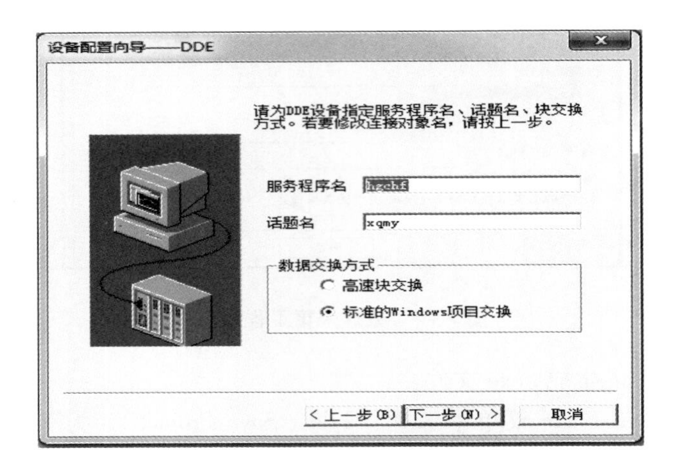

图 7－7　DDE 设备的信息总结

设置服务程序名，此处对应 Visual Basic 工程属性中的生成—应用程序—标题设置话题名，此处对应 Visual Basic 窗体的 LinkTopic 属性是 xqmy，设置数据交换方式为标准的 Windows 项目交换，完成 DDE 设备定义。

2. 组态王定义变量

单击数据库→数据词典→新建。设置七个变量分别是电能 1、电能 2、毛谷、白米、精米、包装 1 和包装 2，用于组态王获取 Visual Basic 数据的变量。以变量电能 1 定义为例，DDE 数据变量定义如图 7－8 所示。

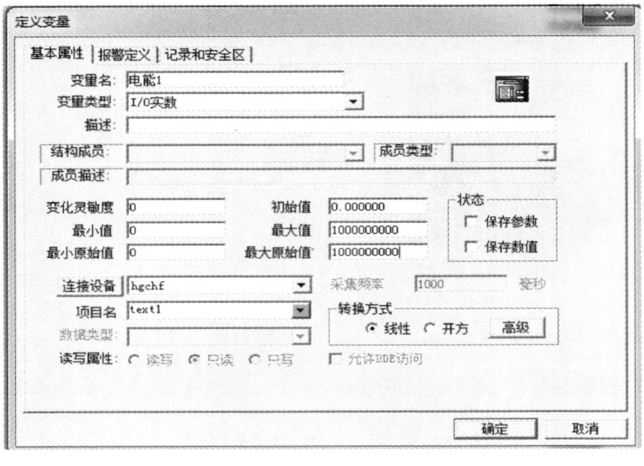

图 7－8　电能 1 变量定义

其他 6 个变量的定义方法与图 7 - 8 一致，项目名为 Text2 ~ Text7。点击系统配置→设置运行系统。

第三节　稻米加工系统数据管理

数据库在稻米加工控制系统中是很重要的一部分，记录着稻米加工过程中的生产数据，通过分析后为大米市场定价提供数据。它可实现对稻谷加工系统所有数据信息的查询等功能，同时可以将所需数据导入报表文件直接打印。数据信息存储于本地数据库服务器中，可保证数据的安全。

一、加工数据存储

组态王 SQL 访问管理器包括表格模板和记录体两部分功能。当组态王执行 SQLCreateTable( )指令时，使用的表格模板将定义创建的表格的结构；当执行 SQLInsert( )、SQLSelect( )或 SQLUpdate( )时，记录体中定义的连接将使组态王中的变量和数据库表格中的变量相关联。

1. 表格模板创建

选择工程浏览器左侧大纲项“SQL 访问管理器文件→表格模板”，在工程浏览器右侧用鼠标左键双击“新建”图标，弹出对话框如图 7 - 9 所示，建立表格模板。

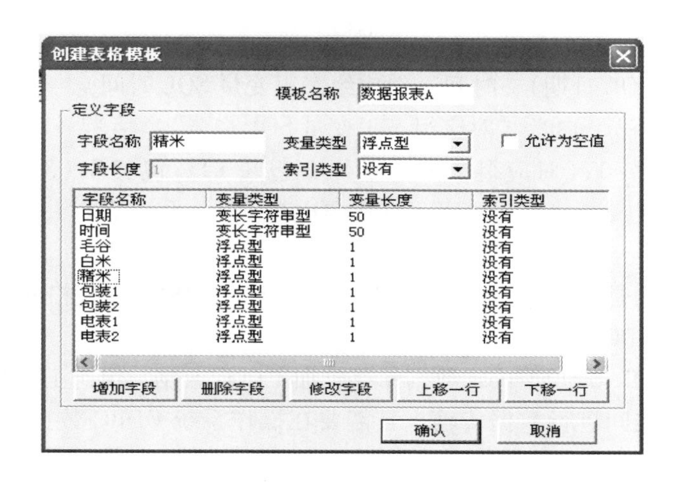

图 7 - 9　组态王表格模板定义

创建的表格模板名称为数据报表 A，包含 9 个字段分别为：日期（变长字符串型，字段长度：50）、时间（变长字符串型，字段长度：50）、毛谷（浮点型）、白米（浮点型）、精米（浮点型）、包装 1（浮点型）、包装 2（浮点型）、电表 1（浮点型）和电表 2（浮点型）。

2. 记录体创建

记录体用来连接表格的列和组态王数据词典中的变量。选择工程浏览器左侧大纲项“SQL 访问管理器文件\记录体”，在工程浏览器右侧用鼠标左键双击“新建”图标，弹出对话框如图 7－10 所示。该对话框用于建立新的记录体。

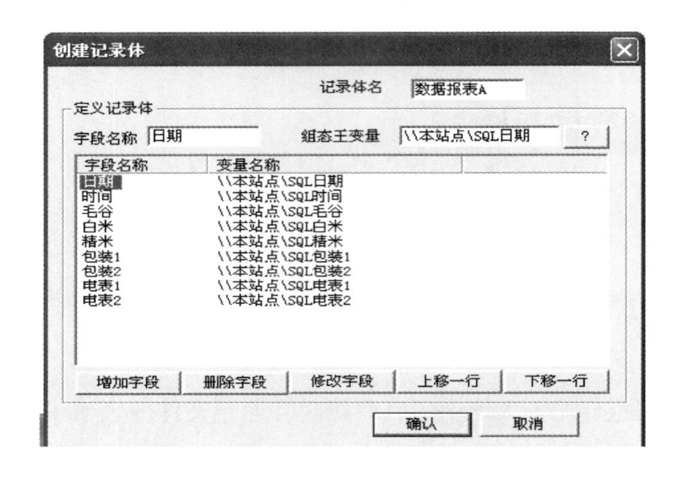

图 7－10　组态王记录体模板定义

创建一个记录体名称也为“数据报表 A”，包含 9 个字段分别为：日期（对应组态王变量 SQL 日期）、时间（对应组态王变量 SQL 时间）、毛谷（对应组态王变量 SQL 毛谷）、白米（对应组态王变量 SQL 白米）、精米（对应组态王变量 SQL 精米）、包装 1（对应组态王变量 SQL 包装 1）、包装 2（对应组态王变量 SQL 包装 2）、电表 1（对应组态王变量 SQL 电表 1）和电表 2（对应组态王变量 SQL 电表 2）。

需要注意的是，要保持记录体中字段的顺序和数据库中表格的顺序一致。

3. 定义 ODBC 数据源

系统选用 Microsoft Access 数据库存放加工过程数据，组态王 SQL 通过ODBC 接口与数据库之间进行数据传输，且需要在操作系统 ODBC 数据源中定义相应数据库。

在“控制面板”中的“管理工具”，用鼠标双击“数据源（ODBC）”选项，弹出“ODBC 数据源管理器”对话框，如图 7－11 所示。

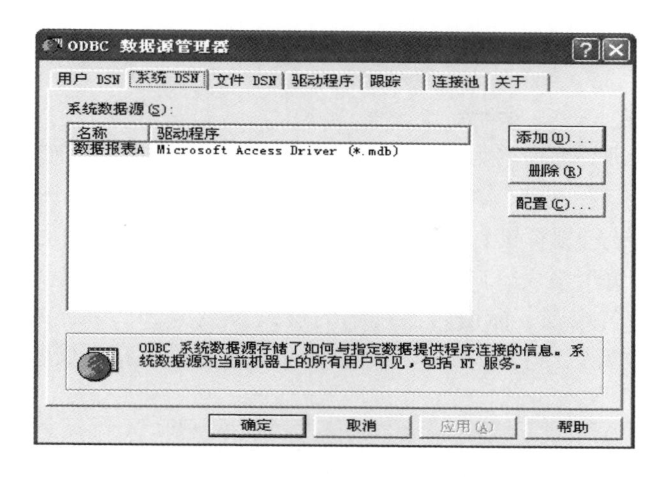

图 7－11　ODBC 数据源设置

“ODBC 数据源管理器”对话框中前两个属性页分别是“用户 DSN”和“系统 DSN”，二者共同点是在它们中定义的数据源都存储了如何与指定数据提供者连接的信息，但二者又有所区别。在“用户 DSN”中定义的数据源只对当前用户可见，而且只能用于当前机器上；在“系统 DSN”中定义的数据源对当前机器上所有用户可见，包括 NT 服务。

4. 数据保存操作

系统中稻米加工控制系统数据采集应用程序检测的数据通过 DDE 协议传送至组态王定义的变量中，7 个过程数据需要根据用户需要定时存储在数据库“数据报表 A. mdb”里，同时将系统实时日期和时间也存储起来，执行 SQLInsert() 函数完成数据存储。在组态王应用软件启动时需要建立与数据库的连接，命令语句 SQLConnect(DeviceID,"dsn = 数据报表 A;uid = ;pwd = ")。

通过定时时间到触发存储命令序列，具体程序如下：

\\本站点\SQL 日期 = \\本站点\ $日期;

\\本站点\SQL 时间 = \\本站点\ $时间;

\\本站点\SQL 毛谷 = \\本站点\毛谷;

\\本站点\SQL 白米 = \\本站点\白米;

\\本站点\SQL 精米 = \\本站点\精米;

\\本站点\SQL 包装 1 = \\本站点\包装 1;

\\本站点\SQL 包装 2 = \\本站点\包装 2;

\\本站点\SQL 电表 1 = \\本站点\电表 1;

\\本站点\SQL 电表 2 = \\本站点\电表 2;

SQLInsert(DeviceID,"数据报表 A","数据报表 A");

二、数据库报表显示

1. 报表创建

创建数据管理界面命名为“data manage”，在组态王工具箱按钮中，用鼠标左键单击“报表窗口”按钮，在画面上需要加入报表的位置按下鼠标左键，并拖动，画出一个矩形，松开鼠标键，报表窗口创建成功，改变其在画面上的位置。

在组态王中每个报表窗口都要定义一个唯一的标识名，该标识名的定义应该符合组态王的命名规则，标识名字符串的最大长度为31，系统中报表标识名为“Report0”，列数为9，行数为15，创建后的稻米加工数据报表如图7－12所示。

系统菜单　监控画面　系统管理　用户管理

日期	时间	毛谷(kg)	白米(kg)	精米(kg)	包装1(kg)	包装2(kg)	电表1(kW.h)	电表2(kW.h)
2018-04-20	05:22:30	784507.19	600713.25	861957.25	0.00	24686.93	7276217.50	6303368.00
2018-04-20	05:11:34	781699.06	600713.25	861957.25	0.00	24686.93	7276192.00	6303316.00
2018-04-20	05:00:38	778939.56	600713.25	861957.25	0.00	24686.93	7276109.00	6303262.00
2018-04-20	04:49:41	776166.31	600713.25	861957.25	0.00	24686.93	7276052.50	6303360.00
2018-04-20	04:38:45	773385.38	600713.25	861957.25	0.00	24686.93	7275997.00	6303176.00
2018-04-20	04:27:49	770587.19	600713.25	861957.25	0.00	24686.93	7275942.50	6303136.00
2018-04-20	04:05:30	765037.56	600713.25	861957.25	0.00	24686.93	7275830.50	6303052.00
2018-04-20	03:54:22	762297.00	600713.25	861957.25	0.00	24686.93	7275776.00	6303020.00
2018-04-20	03:36:08	757858.25	600713.25	861957.25	0.00	24686.93	7275728.00	6302908.00
2018-04-20	03:17:42	754403.19	600713.25	861957.25	0.00	24686.93	7275598.00	6302892.00
2018-04-20	03:06:37	754364.81	600713.25	861957.25	0.00	24686.93	7275555.00	6302878.00
2018-04-20	02:55:41	753970.88	600713.25	861957.25	0.00	24686.93	7275512.00	6302864.00
2018-04-20	02:44:45	751342.13	600713.25	861957.25	0.00	24686.93	7275465.50	6302840.00
2018-04-20	02:30:19	748142.38	600713.25	861957.25	0.00	24686.93	7275405.00	6302920.00
2018-04-20	02:17:00	744960.81	600713.25	861957.25	0.00	24686.93	7275349.00	6302776.00
2018-04-20	01:59:14	740665.25	600713.25	861957.25	0.00	24686.93	7275274.00	6302736.00
2018-04-20	01:48:18	737623.75	600713.25	861957.25	0.00	24686.93	7275227.50	6302708.00
2018-04-20	01:37:22	734636.13	600713.25	861957.25	0.00	24686.93	7275180.50	6302684.00
2018-04-20	01:21:34	730752.88	600713.25	861957.25	0.00	24686.93	7275114.00	6302642.00
2018-04-20	01:04:19	729014.44	600713.25	861957.25	0.00	24686.93	7275088.00	6302622.00
2018-04-20	00:52:08	725911.63	600713.25	861957.25	0.00	24686.93	7274994.00	6302588.00
2018-04-20	00:36:31	721912.94	600713.25	861957.25	0.00	24686.93	7274926.00	6302542.00
2018-04-20	00:25:34	718969.63	600713.25	861957.25	0.00	24686.93	7274880.00	6302512.00
2018-04-20	00:14:38	716121.94	600713.25	861957.25	0.00	24686.93	7274834.00	6302480.00
2018-04-20	00:03:42	713293.75	600713.25	861957.25	0.00	24686.93	7274787.50	6302450.00
2018-04-19	23:52:46	710376.56	600713.25	861957.25	0.00	24686.93	7274739.50	6302422.00
2018-04-19	23:41:49	707579.88	600713.25	861957.25	0.00	24686.93	7274692.50	6302392.00
2018-04-19	23:30:53	704683.50	600713.25	861957.25	0.00	24686.93	7274646.00	6302364.00
2018-04-19	23:19:57	701790.19	600713.25	861957.25	0.00	24686.93	7274600.00	6302334.00
2018-04-19	23:03:38	697255.94	600713.25	861957.25	0.00	24686.93	7274529.50	6302288.00
2018-04-19	22:44:23	691931.81	598937.69	861957.25	0.00	24686.93	7274446.00	6302234.00
2018-04-19	22:27:43	687296.69	595940.38	861957.25	0.00	24686.93	7274374.50	6302188.00
2018-04-19	22:16:47	684151.63	594960.56	861957.25	0.00	24686.93	7274326.00	6302156.00
2018-04-19	12:43:24	681373.44	518885.97	861957.25	0.00	24686.93	7274256.00	6302040.00
2018-04-19	12:43:24	681373.44	518885.97	861957.25	0.00	24686.93	7274256.00	6302040.00
2018-04-19	12:32:27	681373.44	518885.97	861957.25	0.00	24686.93	7274256.00	6302040.00
2018-04-19	12:32:27	681373.44	518885.97	861957.25	0.00	24686.93	7274256.00	6302040.00
2018-04-19	12:32:27	681373.44	518885.97	861957.25	0.00	24686.93	7274256.00	6302040.00
2018-04-19	12:32:27	681373.44	518885.97	861957.25	0.00	24686.93	7274256.00	6302040.00
2018-04-19	12:32:27	681373.44	518885.97	861957.25	0.00	24686.93	7274256.00	6302040.00
2018-04-19	12:32:27	681373.44	518885.97	861957.25	0.00	24686.93	7274256.00	6302040.00

图7－12　稻米加工数据报表

需要查看稻米加工数据时，首先打开报表显示画面，再使用SQL函数读取数据，这里只显示最新500个记录数据，其主要代码如下：

```
ShowPicture("data manage");
SQLSelect(DeviceID,"数据报表A","数据报表A","","日期 DESC,时间 DESC");NumRows = SQLNumRows(DeviceID);//得到该集合中的总项数
if(NumRows > 500)
  {
```

```
        NumRows = 500;
    }
    StartLine = 1;  //记录开始显示的行数
    SetLineCount = 1;//当前记录的索引
    TempLine = StartLine;//从 StartLine 行起清除插入记录:TempLine 为报表中的行数;SetLineCount 为 SQL 中的索引。
    while(SetLineCount < = NumRows)   //总共要清除一页的记录(共 MaxLinePerPage 条)
    {
        ReportSetCellString("Report0",TempLine,1,"");
        ReportSetCellString("Report0",TempLine,2,"");
        ReportSetCellString("Report0",TempLine,3,"");
        ReportSetCellString("Report0",TempLine,4,"");
        ReportSetCellString("Report0",TempLine,5,"");
        ReportSetCellString("Report0",TempLine,6,"");
        ReportSetCellString("Report0",TempLine,7,"");
        ReportSetCellString("Report0",TempLine,8,"");
        ReportSetCellString("Report0",TempLine,9,"");
        TempLine = TempLine + 1;
        SetLineCount = SetLineCount + 1;
    }
    SetLineCount = 1;//SetLineCount 为 SQL 中的索引,从第一条开始
    if(SetLineCount < = NumRows)
    {
        TempLine = StartLine;
        while(SetLineCount < = NumRows)
        {
            if(SetLineCount = = 1)
            {
                if(SQLFirst(DeviceID) > =0)
                {
                    ReportSetCellString("Report0",TempLine,1,\\本站点\SQL 日期);
                    ReportSetCellString("Report0",TempLine,2,\\本站点\SQL 时间);
                    ReportSetCellValue("Report0",TempLine,3,\\本站点\SQL 毛谷);
                    ReportSetCellValue("Report0",TempLine,4,\\本站点\SQL 白米);
                    ReportSetCellValue("Report0",TempLine,5,\\本站点\SQL 精米);
```

```
  ReportSetCellValue("Report0",TempLine,6,\\本站点\SQL 包装 1);
  ReportSetCellValue("Report0",TempLine,7,\\本站点\SQL 包装 2);
  ReportSetCellValue("Report0",TempLine,8,\\本站点\SQL 电表 1);
  ReportSetCellValue("Report0",TempLine,9,\\本站点\SQL 电表 2);
 }
else
{
  ReportSetCellString("Report0",TempLine,1,"");
  ReportSetCellString("Report0",TempLine,2,"");
  ReportSetCellString("Report0",TempLine,3,"");
  ReportSetCellString("Report0",TempLine,4,"");
  ReportSetCellString("Report0",TempLine,5,"");
  ReportSetCellString("Report0",TempLine,6,"");
  ReportSetCellString("Report0",TempLine,7,"");
  ReportSetCellString("Report0",TempLine,8,"");
  ReportSetCellString("Report0",TempLine,9,"");
 }
  TempLine = TempLine + 1;
  SetLineCount = SetLineCount + 1;
 }
else
 {
  if(SetLineCount < = NumRows)
   {
    if(SQLNext(DeviceID) > =0)
    {
    ReportSetCellString("Report0",TempLine,1,\\本站点\SQL 日期);
   ReportSetCellString("Report0",TempLine,2,\\本站点\SQL 时间);
   ReportSetCellValue("Report0",TempLine,3,\\本站点\SQL 毛谷);
   ReportSetCellValue("Report0",TempLine,4,\\本站点\SQL 白米);
   ReportSetCellValue("Report0",TempLine,5,\\本站点\SQL 精米);
   ReportSetCellValue("Report0",TempLine,6,\\本站点\SQL 包装 1);
   ReportSetCellValue("Report0",TempLine,7,\\本站点\SQL 包装 2);
   ReportSetCellValue("Report0",TempLine,8,\\本站点\SQL 电表 1);
   ReportSetCellValue("Report0",TempLine,9,\\本站点\SQL 电表 2);
    }
```

```
            else
            {
              ReportSetCellString("Report0",TempLine,1,"");
              ReportSetCellString("Report0",TempLine,2,"");
              ReportSetCellString("Report0",TempLine,3,"");
              ReportSetCellString("Report0",TempLine,4,"");
              ReportSetCellString("Report0",TempLine,5,"");
              ReportSetCellString("Report0",TempLine,6,"");
              ReportSetCellString("Report0",TempLine,7,"");
              ReportSetCellString("Report0",TempLine,8,"");
              ReportSetCellString("Report0",TempLine,9,"");
            }
            TempLine = TempLine + 1;
            SetLineCount = SetLineCount + 1;
          }
        else
          {
              ReportSetCellString("Report0",TempLine,1,"");
              ReportSetCellString("Report0",TempLine,2,"");
              ReportSetCellString("Report0",TempLine,3,"");
              ReportSetCellString("Report0",TempLine,4,"");
              ReportSetCellString("Report0",TempLine,5,"");
              ReportSetCellString("Report0",TempLine,6,"");
              ReportSetCellString("Report0",TempLine,7,"");
              ReportSetCellString("Report0",TempLine,8,"");
              ReportSetCellString("Report0",TempLine,9,"");
              TempLine = TempLine + 1;
              SetLineCount = SetLineCount + 1;
          }
      }
    }
    TempLine = StartLine;
}
```

三、数据统计

1. 原料与成品统计

系统数据统计表依据行业需要而设计，输入需要统计的时间段内加工数据情况。系统自动从数据库中读取统计起始数据记录和终止数据记录，通过计算得到统计时间段内各检测量的累积量。

毛谷重量、白米重量和精米重量均由终止重量减去起始重量得到，而电能是电能表 1 和电能表 2 累积量之和，原料及成品统计数据如图 7－13 所示。

原料及成品统计表

单位：某米业公司　　　　统计时间：2018/04/21

项目	毛谷重量(kg)	白米重量(kg)	精米重量(kg)	电能(kW·h)
累计值	135403.1	81827.3	4037.7	2022.0
项目	白米出米率(%)	精米出米率(%)	吨米电耗(kW.h/t)	
数值	60.4	3.0	24.7	

起始日期：2018年04月19日12时32分　　　　终止日期：2018年04月20日08时33分

生产负责人：　　　　车间负责人：

打印　　关闭

图 7－13　原料及成品统计表

系统中需要统计的数据还有白米出米率、精米出米率和吨米电耗，白米出米率表示一定量毛谷清理砻谷、碾米系统后得到的白米的重量与毛谷重量比值的百分数；精米出米率表示一定量毛谷清理砻谷、碾米系统和色选抛光后得到的精米的重量与毛谷重量比值的百分数；吨米电耗则表明生产一吨精米所需要消耗的电能。

2. 数据统计实现

当需要打印或查看图 7－13 所示的统计表时，在数据管理界面安装要求输入需要统计的时间段起始和终止时间，单击数据统计按钮，执行如下的程序。

```
//变量定义
//起始日期处理
//起始时间处理
chaxun ="日期 ='" + \\本站点\起始条件 +"' and 时间 ='" + \\本站点\起始时间 +"'";
SQLSelect(DeviceID,"数据报表 A","返回值 A",chaxun,"");//获取选择集
```

```
temp = SQLNumRows( DeviceID) ;//得到该集合中的总项数
if( temp = =0)
{
  ShowPicture("time") ;
  return;
}
else
{
  \\本站点\起始毛谷 = \\本站点\返回毛谷;
  \\本站点\起始白米 = \\本站点\返回白米;
  \\本站点\起始精米 = \\本站点\返回精米;
  \\本站点\起始包装 1 = \\本站点\返回包装 1;
  \\本站点\起始包装 2 = \\本站点\返回包装 2;
  \\本站点\起始电表 1 = \\本站点\返回电表 1;
  \\本站点\起始电表 2 = \\本站点\返回电表 2;
}
//终止日期处理
//终止时间处理
chaxun ="日期 ='" + \\本站点\终止条件 +"' and  时间 ='" + \\本站点\终止
时间 +"'";
SQLSelect( DeviceID,"数据报表 A","返回值 A",chaxun,"") ;//获取选择集
temp = SQLNumRows( DeviceID) ;//得到该集合中的总项数
if( temp = =0)
{
  ShowPicture("time") ;
  return;
}
else
{
  \\本站点\终止毛谷 = \\本站点\返回毛谷;
  \\本站点\终止白米 = \\本站点\返回白米;
  \\本站点\终止精米 = \\本站点\返回精米;
  \\本站点\终止包装 1 = \\本站点\返回包装 1;
  \\本站点\终止包装 2 = \\本站点\返回包装 2;
  \\本站点\终止电表 1 = \\本站点\返回电表 1;
  \\本站点\终止电表 2 = \\本站点\返回电表 2;
```

```
}
  \\本站点\差值毛谷 = \\本站点\终止毛谷 - \\本站点\起始毛谷;
  \\本站点\差值白米 = \\本站点\终止白米 - \\本站点\起始白米;
  \\本站点\差值精米 = \\本站点\终止精米 - \\本站点\起始精米;
  \\本站点\差值包装 1 = \\本站点\终止包装 1 - \\本站点\起始包装 1;
  \\本站点\差值包装 2 = \\本站点\终止包装 2 - \\本站点\起始包装 2;
  \\本站点\差值电表 1 = \\本站点\终止电表 1 - \\本站点\起始电表 1;
  \\本站点\差值电表 2 = \\本站点\终止电表 2 - \\本站点\起始电表 2;
ShowPicture("list");
```

附录　稻米加工自动控制技术支持案例

序号	使用单位	项目名称
1	武汉市新洲区星球米业有限公司	日产120t大米加工控制系统
2	江西顺发米业有限公司	日产150t大米加工控制系统 日产150t精米加工控制系统
3	福娃集团监利银欣米业有限公司	日产150t大米加工控制系统
4	江西鹏辉高科粮业有限公司	日产150t大米加工控制系统
5	广东煌粮实业有限公司	日产300t大米加工控制系统 日产150t大米加工控制系统
6	湖北龙池米业有限公司	日产300t大米加工控制系统
7	沙洋县雄峰米业有限公司	日产150t大米加工控制系统
8	南陵县永兴米业有限公司	日产120t大米加工控制系统
9	大连富阳农业综合开发有限公司	日产120t大米加工控制系统
10	中央储备粮鞍山千山直属库有限公司	日产150t大米加工控制系统
11	安徽渡民粮油有限公司	日产150t大米加工控制系统
12	黑龙江省北大荒米业集团有限公司八五九制米厂	日产200t大米加工控制系统
13	湖南天泽农业发展有限公司	日产300t大米加工控制系统
14	南昌市彪彪精制米业有限公司	日产300t大米加工控制系统
15	中央储备粮金堂直属库有限公司	日产150t大米加工控制系统
16	中央储备粮贺州直属库有限公司	日产150t大米加工控制系统
17	黑龙江响水米业股份有限公司	日产300t大米加工控制系统
18	南昌县和慈实业有限公司	日产120t大米加工控制系统
19	南昌县振武米业有限公司	日产120t大米加工控制系统
20	河南山信粮业有限公司	日加工稻谷1000t控制系统
21	张家口市宏昊食品开发有限公司	日产20t燕麦片加工控制系统
22	北大荒米业集团（西安）有限公司	日产150t大米加工控制系统
23	东莞市众口福粮油食品有限公司	日产200t大米加工控制系统

续表

序号	使用单位	项目名称
24	抚顺市粮食集团有限公司	日产200t大米加工控制系统
25	福建省龙岩嘉丰米业有限公司	日产300t大米加工控制系统
26	宁波市北仑区粮食收储有限公司	稻谷烘干入仓控制系统
27	宁波市北仑区粮食收储有限公司	日产200t大米加工控制系统
28	安徽省九成米业有限公司	日产150t大米加工控制系统
29	锦州绿地米业有限责任公司	日产300t大米加工控制系统
30	盘锦柏氏米业有限公司	日产400t大米加工控制系统
31	中央储备粮荆门直属库有限公司	日产300t大米加工控制系统
32	盘锦东润米业有限公司	日产150t大米加工控制系统
33	铁岭市制米有限责任公司	日产150t大米加工控制系统
34	江西省君兰现代农业有限公司	日产200t大米加工控制系统
35	汕头市粮丰集团有限公司	日产300t大米加工控制系统
36	汕尾市丰隆米业有限公司	日产150t精米加工控制系统
37	湖北京和米业有限公司	稻谷烘干入仓控制系统
38	湖北京和米业有限公司	营养米生产线控制系统

参考文献

［1］蔡华锋，陈俊．可编程控制器技术及应用－PLC 控制系统设计开发与调试［M］．北京：人民邮电出版社，2016.

［2］蔡华锋，郑晓玲．日加工 300t 稻谷生产线控制系统设计［J］．湖北工业大学学报，2017（4）：47－50.

［3］蔡华锋，廖冬初．项目开发式教学法在 PLC 课程中的探索与实践［J］．全国教育教学改革与管理工程组委会会议论文集，2012：354－357.

［4］蒋志荣，刘华旺，贾雳，等．水稻加工智能工厂浅述［J］．粮食加工，2019（1）：35－37.

［5］刘涛．稻谷加工新工艺的探索［J］．粮食加工，2019（1）：38－39.

［6］李维强．大米加工的自动化监控系统［J］．粮食加工，2018（6）：26－28.

［7］刘静雪，蔡元培，李长乐，等．浅谈稻米加工关键工序控制技术［J］．粮食问题研究，2018（6）：24－28.

［8］王辉，张朝富，李志方，等．单位电耗与大米加工精度等级、生产规模的模型研究［J］．粮食与饲料工业，2018（11）：5－8.

［9］高薇，邱晓红，王柏成．一种新型糙米精选设备——MHDG29×6 厚度分级机［J］．粮食与饲料工业，2002（7）：15－20.

［10］柴玲欢，朱会义．中国粮食生产区域集中化的演化趋势［J］．自然资源学报，2018（6）：908－919.

［11］GI BUM LEE，HAN ZANDONG，JIN S. LEE. Automatic generation of ladder diagram with control Petri Net［J］. Journal of Intelligent Manufacturing，2004（15）：245－252.

［12］林惠标，焦志刚．基于 Petri 网的柔性装配单元建模及 PLC 程序设计［J］．装备制造技术，2007（4）：40－42.

［13］孟庆春，刘云卿．应用于 PLC 控制程序的 Petri 网执行模型［J］．计算机科学，2009（10）：150－152，159.

［14］琚长江，杨根科．Petri 网在模块化制造系统 PLC 程序设计中的应用［J］．低压电器，2006（4）：20－23，45.

［15］焦志刚，杨慧远，杜宁．基于 Petri 网的 PLC 控制系统设计研究［J］．自动化仪表，2017（2）：18－21.

［16］刘杰杰，赵不贿，朱天禹，景亮，孙文．Petri 网平台上的 LNG 钢瓶生产线控制系统建模与设计［J］．现代制造工程，2017（1）：24－28，135.

［17］刘斌友，李赟。Petri 网在 PLC 控制系统程序设计中的应用［J］．自动测量与控制，

2008 (10): 70 - 72.

[18] 王芳芳, 雷建和, 张丹, 聂余满, 高志. 形式化方法和信号解释 Petri 网在 PLC 编程中的应用 [J]. 计算机系统应用, 2014 (9): 198 - 203.

[19] 田海霖, 洪良, 王艺翔, 王晓华. 基于量子遗传算法优化粗糙 - Petri 网的电网故障诊断 [J]. 西安工程大学学报, 2018 (6): 678 - 684.

[20] 李文翔. 温控系统的时序 Petri 网建模与验证 [J]. 山东理工大学学报 (自然科学版), 2018 (6): 24 - 28.

[21] 中华人民共和国国家标准. GB 7450—1987 电子设备雷击保护导则 [S], 1987.

[22] 中华人民共和国国家标准. GB/T 24274—2009 低压抽出式成套开关设备和控制设备 [S], 2009.

[23] 中华人民共和国国家标准. GBJ 149—1990 电气装置安装工程母线装置施工及验收规范 [S], 1990.

[24] 中华人民共和国国家标准. GB 50054—2011 低压配电设计规范 [S], 2011.

[25] 中华人民共和国国家标准. GB/T 21015—2007 稻谷干燥技术规范 [S], 2007.

[26] 中华人民共和国农业行业标准. NY/T 5190—2002 无公害食品 稻米加工技术规范 [S], 2002.

[27] 中华人民共和国农业行业标准. NY 5115—2002 无公害食品 大米 [S], 2002.

[28] 中华人民共和国机械行业标准. JB/T 9792.1—1999 分离式稻谷碾米机 技术条件 [S], 1999.

[29] 中华人民共和国国家标准. GB/T 10233—2005 低压成套开关设备和电控设备基本试验方法 [S], 2005.

[30] 中华人民共和国国家标准. GB 50171—2012 电气装置安装工程盘、柜及二次回路接线施工及验收规范 [S], 2012.

[31] 周显青. 稻谷加工工艺与设备 [M]. 北京: 中国轻工业出版社, 2011.

[32] 阮少兰, 刘洁. 稻谷加工工艺与设备 [M]. 北京: 中国轻工业出版社, 2018.